深度學習—影像處理應用

彭彥璁、李偉華、陳彥蓉　編著

全華圖書股份有限公司

序言

隨著人工智慧技術的發展，深度學習已經成為電腦視覺與影像處理領域的重要技術。本書介紹深度學習於影像處理中的應用，從基礎的機器學習與深度學習技術講起，接著由淺入深地探討深度學習的原理與實現，同時結合實例進行演示和實驗。最後介紹電腦視覺與影像處理的相關技術，並結合深度學習模型應用於多種視覺任務的應用。藉此讓讀者不僅在深度學習和影像處理方面能夠獲得有效的學習，也能靈活應用並更有系統的建立兩者之間的連結，同時希望能成為深度學習在影像處理領域的入門參考書，不論您的背景如何，相信這本書都會對您有所幫助。

書中分為兩大部分：第一部分 (前七章) 將介紹機器學習和深度學習的基礎知識，包括常用的機器學習模型、損失函數、優化算法等，也會在此介紹常見的卷積神經網路 (CNN)、循環神經網路 (RNN) 和生成對抗網路 (GAN) 等。此外，本書還會介紹深度學習套件 PyTorch，讓讀者不僅理解深度學習，還能實踐並應用；第二部分 (第八章) 將深入探討深度學習算法在影像處理中的應用，我們將通過實際案例和實驗，向讀者演示這些算法的原理和實現方法，並探討如何應用這些算法來解決影像處理中的實際問題。

書內設計大量的練習程式，透過實作的方式讓讀者深入淺出地了解深度學習的基本概念。希望讀者在閱讀完本書之後，可以得到以下的收穫：

1. 了解資料表示法 (Data Representation)，以及潛在的數學原理。
2. 學習將深度學習中的數學原理轉換成程式碼。
3. 掌握訓練網路模型的技巧。
4. 學習搭建深度學習網路的架構。
5. 培養理解與解析模型結果的能力。

6. 了解各種深度學習的經典架構。

7. 熟悉影像處理的基礎技術。

8. 了解人工智慧 (AI) 在影像處理任務的應用。

另外，讀者可以至 https://drive.google.com/drive/folders/1bt1POJCX44XUHNlW8VmrHHAGp9U-JEIL?usp=sharing 上取得範例的程式碼，並搭配本書的內容實際操作練習，網址請掃描 QRcode。

本書的編寫過程中，我們參考大量的文獻和教材，力求將深度學習在影像處理中的應用充分地呈現給讀者。最後，我們要感謝所有參與本書編寫和出版的人員，以及所有關注和支持本書的讀者。願讀者在閱讀本書的過程中，收穫滿滿，有所啓發。

彭彥璁　謹誌

2023 年 6 月

編輯部序

「系統編輯」是我們的編輯方針，我們所提供給您的，絕不只是一本書，而是關於這門學問的所有知識，它們由淺入深，循序漸進。

本書介紹深度學習於影像處理中的應用，從基礎的機器學習與深度學習技術講起，接著由淺入深地探討深度學習的原理與實現，同時結合實例進行演示和實驗。最後介紹電腦視覺與影像處理的相關技術，並結合深度學習模型應用於多種視覺任務的應用。書中分爲兩大部分：第一部分 (前七章) 將介紹機器學習和深度學習的基礎知識，包括常用的機器學習模型、損失函數、優化算法等，也會在此介紹常見的卷積神經網路 (CNN)、循環神經網路 (RNN) 和生成對抗網路 (GAN) 等；第二部分 (第八章) 將深入探討深度學習算法在影像處理中的應用，我們將通過實際案例和實驗，向讀者演示這些算法的原理和實現方法，並探討如何應用這些算法來解決影像處理中的實際問題。本書適用大學、科大資工、電機、資訊科學系「深度學習」課程使用。

同時，爲了使您能有系統且循序漸進研習相關方面的叢書，我們以流程圖方式，列出各有關圖書的閱讀順序，以減少您研習此門學問的摸索時間，並能對這門學問有完整的知識。若您在這方面有任何問題，歡迎來函聯繫，我們將竭誠爲您服務。

相關叢書介紹

書號：05990
書名：人工智慧：智慧型系統導論
編譯：李聯旺.廖珠洲.謝政勳

書號：06498
書名：看圖學 Python 人工智慧程式設計(附範例光碟)
編著：陳會安

書號：06487
書名：強化學習導論
編著：邱偉育

書號：06148
書名：人工智慧－現代方法(附部份內容光碟)
編譯：歐崇明.時文中.陳 龍

書號：06443
書名：一行指令學 Python：用機器學習掌握人工智慧
編著：徐聖訓

書號：19382
書名：人工智慧導論
編著：鴻海教育基金會

書號：06492
書名：深度學習－使用 TensorFlow 2.x
編著：莊啓宏

流程圖

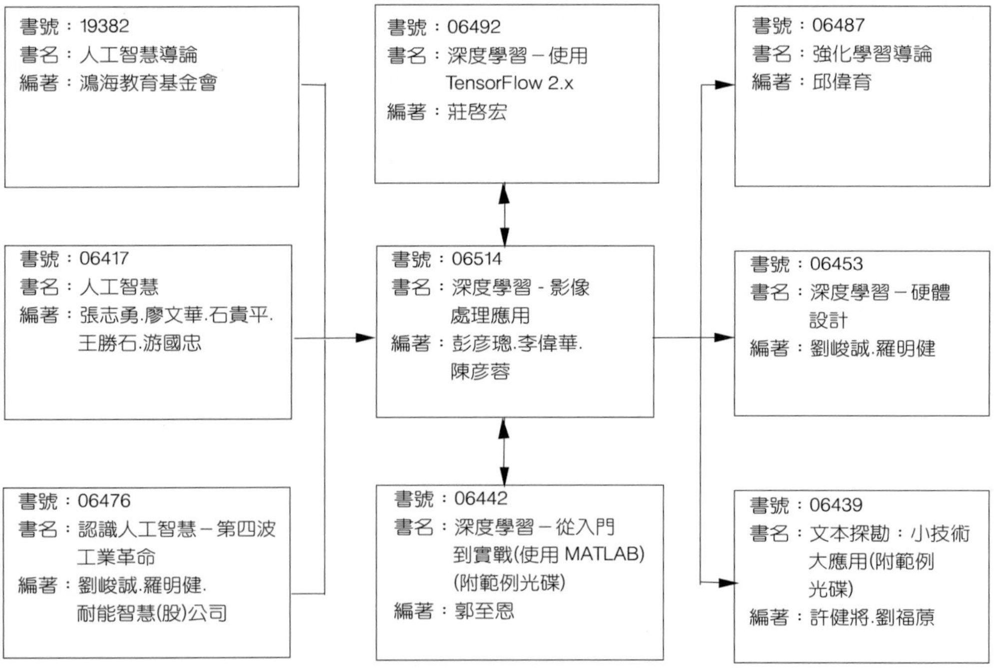

目 錄

CH 5 常用深度學習訓練技巧

CH 6 深度學習架構介紹

CH 7 進階深度學習技術介紹

CH 8 基於影像的深度學習案例

習題演練

1 CHAPTER

人工智慧基本介紹

本章重點

1-1　何謂人工智慧 (Artificial Intelligence, AI)

1-2　人工智慧、機器學習及深度學習

1-3　人工智慧對人類社會的影響

近年來，人工智慧是相當熱門的話題，在金融、醫學、工程等等領域中都可以看見它的應用，而人工智慧 (Artificial Intelligence) 一詞最早是由 AI 之父——約翰·麥卡錫 (John McCarthy) 在達特茅斯學院 (Dartmouth College) 的會議上提出。

AI 是研發智慧機器的一門科學與技術。(AI is the science and engineering of making intelligent machines. - John McCarthy)

1-1 何謂人工智慧 (Artificial Intelligence, AI)

人工智慧 (Artificial Intelligence, AI) 指機器能理解智慧並能演示 (Demonstrate) 智慧的行爲。專家系統是 AI 早期的其中一個形式，形容一個系統能夠模擬人類做選擇的能力，此系統包含推理機 (Inference Engine) 和知識庫 (Knowledge Base)，因此，專家系統也被稱作基於知識的系統。

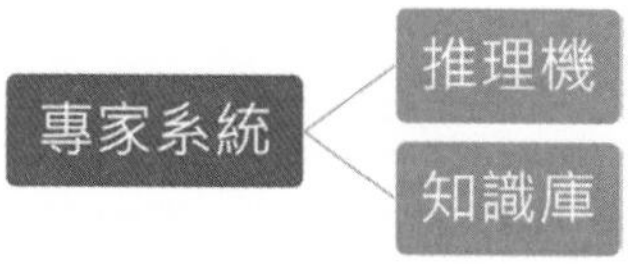

圖 1-1　專家系統

在專家系統中，推理機是扮演著推理和控制的角色，它會去驗證已經知道的事實，並在情況允許時加進新的事實。專家系統會基於知識庫中的知識，進行邏輯推理，最後得到問題的答案。

人工神經網路的歷史演進如圖 1-2(參考：Heaton, J., 2018) 所示。早在 1958 年，Frank Rosenblatt 於 Cornell Aeronautical Laboratory 發明的感知器 (Perceptron)，被視爲是一種最簡單形式的神經網路，它是一種二元線性分類器。1960 到 1970 年代，機器學習理論進一步從決策樹與聚集 (Clustering) 發展到基於知識庫推理的專家系統。而後在 1980 年，福島邦彥提出新認知機 (Neocognitron)(參考：Fukushima, K., 1980) 是一種分層且多層人工神經網絡。1982 年，Hopfield 提出考慮輸入資料時間關聯的 Hopfield Network，是一種循環神經網路 (Recurrent neural network，RNN)。1985 年時，首次出現重要的反向推播演算法 (Backpropagation)。在 1998 年時，Yann LeCun 等人提出 LeNet 的網路架構。

在 1990 年代以前，機器學習發展並非順遂，時而因有新理論提出而備受關注，但因數據量不足且硬體資源無法在有限時間作到有效的訓練，在應用層面常有侷限而令人失望，直到 2000 年代之後，隨著大數據與圖形處理器 (Graphics Processing Unit,

GPU) 的進展，出現多種深度學習的網路模型，並推動電腦視覺、影像處理、語音識別、自然語言處理、機器人等相關技術與應用的蓬勃發展，成為現今最火紅的技術，並引領未來科技演進的重要推手之一。

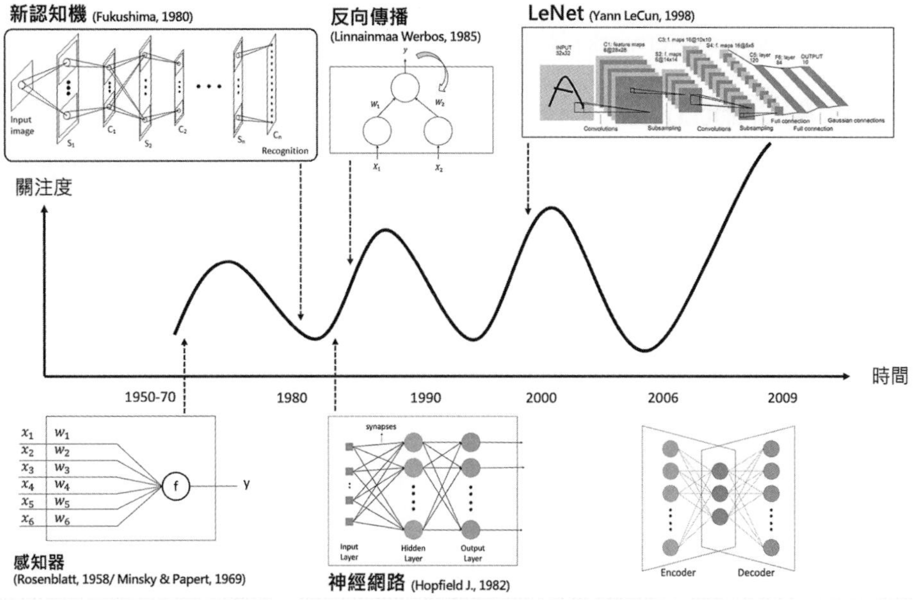

圖 1-2　人工神經網路之歷史演進圖

1-2 人工智慧、機器學習及深度學習

一、AI & ML & DL 三者之間的關聯

人工智慧 (Artificial Intelligence, AI)、機器學習 (Machine Learning, ML)、深度學習 (Deep Learning, DL) 三者的關係可以使用圖 1-3 表示。DL 是 ML 的子集合，ML 又是 AI 的子集合。

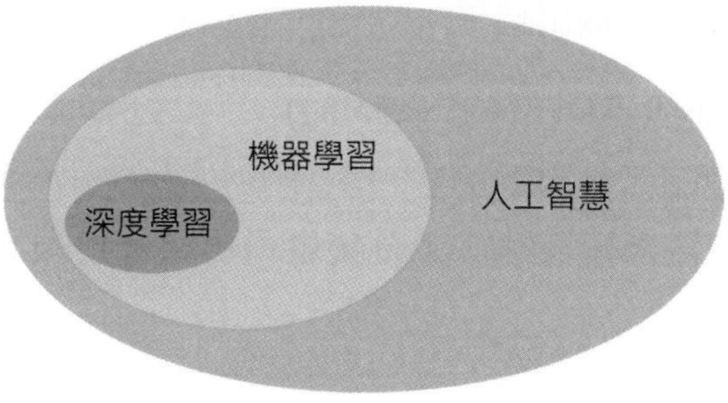

圖 1-3　AI、ML 和 DL 關係示意圖

AI 泛指能夠模擬人類基於已知知識，表現出智慧能力的系統，因此有較大的集合。而 ML 則大多是由可量測的數值進行推導而成的，可藉由學習大量的資料，不斷修正自己的推演方法、模型來提升表現的準確度。而 DL 延續了 ML 的概念，但使用了較「深 (Deep)」的模型架構，此種學習的模型架構往往會由多層的人工神經網路 (Deep Artificial Neural Network) 組成。

二、不同的 AI 系統比較

不同的 AI 系統如圖 1-4 所示，可以分成基於規則的系統、經典機器學習及表徵學習。

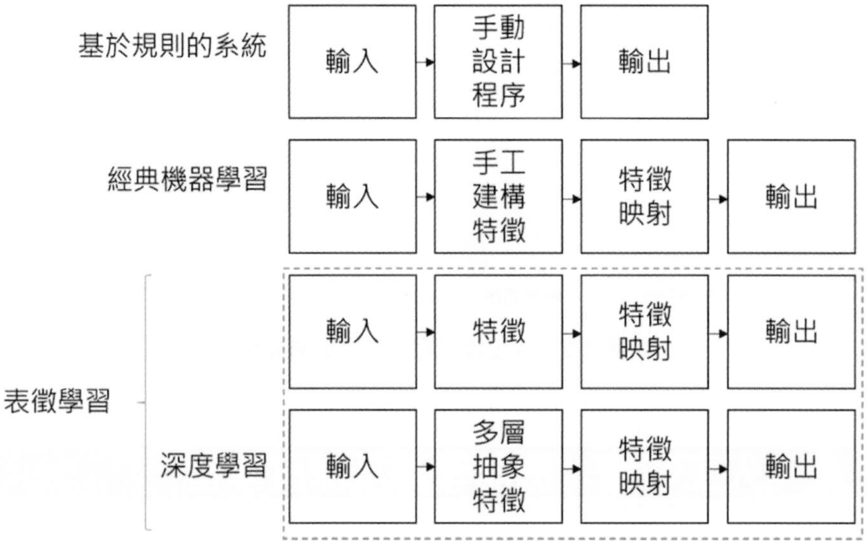

圖 1-4　不同的 AI 系統 (參考：Goodfellow, I., Bengio, Y., & Courville, A. , 2016)

1. **基於規則的系統 (Rule-based systems)：**

   此系統並沒有用到人工神經網路模型，而是使用邏輯的機制來模擬人類的行爲。通常會依據人們先前制定的規則、條件，一旦條件符合時，會行使特定動作，或做出特定的判斷，輸出結果。

2. **經典的機器學習 (Classic Machine Learning)：**

   在傳統的機器學習系統裡，人們會先制定好「如何爲輸入提取特徵」，使用映射 (Mapping) 的方法來提取特徵，系統會再根據此特徵 (Feature) 給出相對應的結果。

3. 表徵學習 (Representation Learning)：

在表徵學習系統中，系統會透過學習，自行找出輸入 (Input) 中相對重要的特徵 (Feature)，由於不同的模型有著不同的深度和廣度，因此會產生不同的抽象特徵，最後系統根據特徵值輸出其結果。

4. 情境範例：在辨識手寫文字 0 時：

Rule-based system 的流程可能如下：我們會告訴電腦：「如果有一個圓形的環在影像的中央」，那麼就輸出結果「零」。

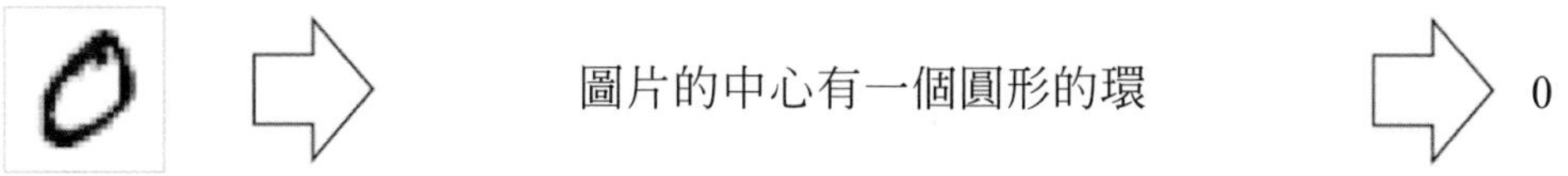

圖 1-5　基於規則的系統流程

Classic machine learning 的流程則如下所示：我們告訴電腦，各個數值在圖像中的像素特徵 (方向及大小)，系統再根據其得到的輸入去對應結果，並輸出「零」。

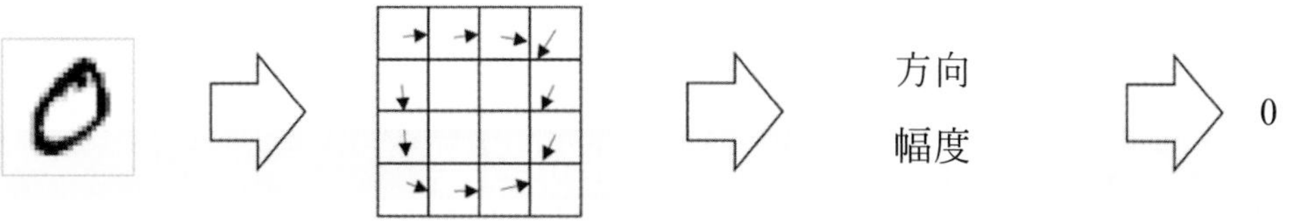

圖 1-6　經典的機器學習流程圖

而在 representation learning 中的流程可能會如下所示，此處使用較淺層的模型來學習：我們給電腦一張圖像，電腦自行從中取出特徵，這些特徵通常透過人眼不容易理解。電腦會去根據這些特徵，判斷應輸出「零」的結果。

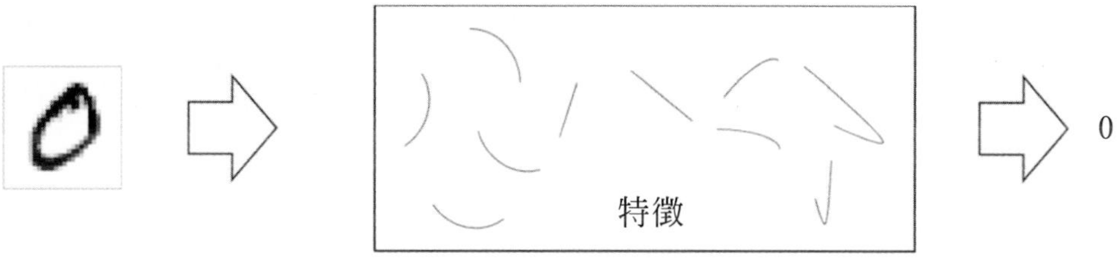

圖 1-7　表徵學習流程圖

另外，使用較深層的模型的學習流程可能會如圖 1-8 所示：在不同的等級下取出特徵，可能在低的等級中會取出一些線，在中的等級中會取出一些快要變成圓的筆劃，在高的等級中抓到了一些圓圈。最後再根據這些特徵判斷最有可能的結果「零」。

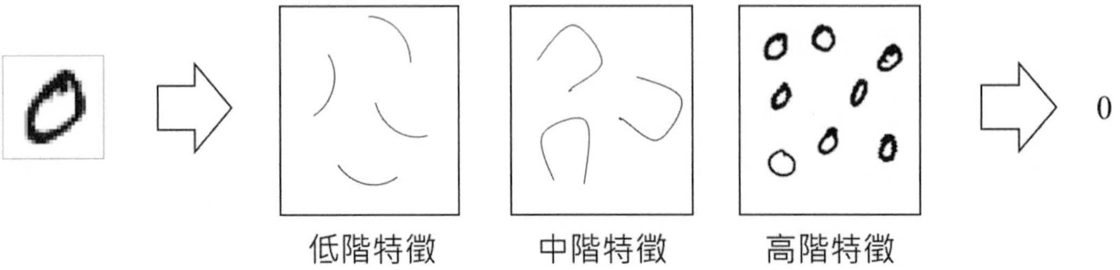

圖 1-8　表徵學習流程圖

三、經典機器學習和深度學習的比較

經典機器學習中，通常會需要根據經驗，手動地去為資料選擇 (設計) 特徵的提取方式，這樣的方式沒有辦法視資料的改變而自動地調整，所以在古典的機器學習中，往往會為了適應不同的任務，花費時間去設計提取特徵的方法。

而深度學習則會自行在不同等級 (Hierarchy) 下提取出特徵，且這樣自行學習特徵的方式，能夠自動地適應在不同的任務下。

1-3 人工智慧對人類社會的影響

在現在的社會中到處都可以看見機器學習的身影，例如在金融領域中，許多專家開發 AI 模型，使用過去的資料來預測未來的股市走向，協助投資人獲利；或是在醫學領域中，智慧醫療一詞，可以說是近年來重要的議題，透過人工智慧來統整各項的數據、影像，協助醫生做出精確的判斷；在工程中也可以看見其應用，例如代工工廠中也可以見到人工智慧協助預測生產良率，提升生產的品質；又或是在我們生活周遭也可看見其應用，例如停車場的車牌辨識，它取代了傳統的人工收費，大幅地降低人事成本。由此可見，許多產業對 AI 都具有高度的需求，對於人類社會的貢獻是不容小覷的。

參考：

- Goodfellow, I., Bengio, Y., & Courville, A. (2016). Deep learning. MIT press.
- Heaton, J. (2018). Ian Goodfellow, Yoshua Bengio, and Aaron Courville: Deep learning: The MIT Press, 2016, 800 pp, ISBN: 0262035618. Genetic Programming and Evolvable Machines, 19(1-2), 305-307.
- Fukushima, K. (1980). Neocognitron: A self-organizing neural network model for a mechanism of pattern recognition unaffected by shift in position. Biological cybernetics, 36(4), 193-202.

NOTE

2

CHAPTER

環境與資料科學套件介紹

本章重點

- 2-1 Google Colab 環境介紹
- 2-2 Numpy 介紹
- 2-3 Pandas 介紹
- 2-4 PyTorch 介紹
- 2-5 Matplotlib 介紹

在本章將會介紹Colab的環境，以及常用的資料科學套件。介紹的套件包含Numpy、Pandas及深度學習套件PyTorch，最後也會介紹好用的資料繪圖工具Matplotlib。

2-1 Google Colab 環境介紹

Colab是由Google提供的一個雲端運算平台，它可以讓我們輕鬆的在上面執行程式，另外，這個平台上也提供免費的GPU運算資源，能夠提升我們訓練模型的速度。Google Colaboratory的連結：https://colab.research.google.com/。

當我們進入Colaboratory後可以在左上的檔案清單中，選擇新增筆記本，或是開啓過去的筆記本。如圖2-1所示。

圖 2-1　Colab 開啓新的筆記本

若選擇新增筆記本，便會呈現如圖2-2的畫面，在左上角的區塊中，有「＋程式碼」及「＋文字」的按鈕，我們可以根據使用情況，新增不同的內容。

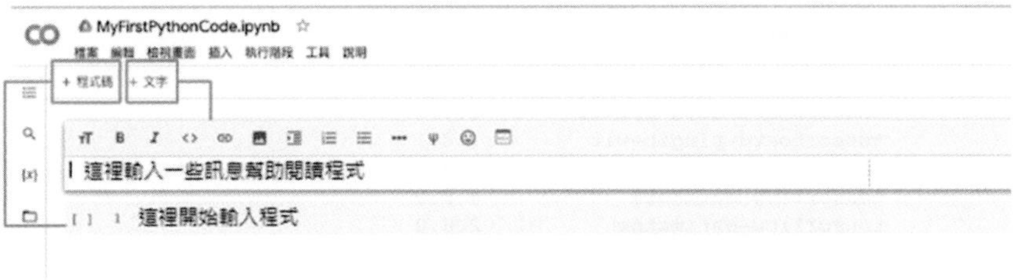

圖 2-2　Colab 新的筆記本

新增文字框，能讓我們在筆記本中打上標題或註解以方便往後回顧程式碼時，了解我們的程式內容。(如圖 2-3 所示)

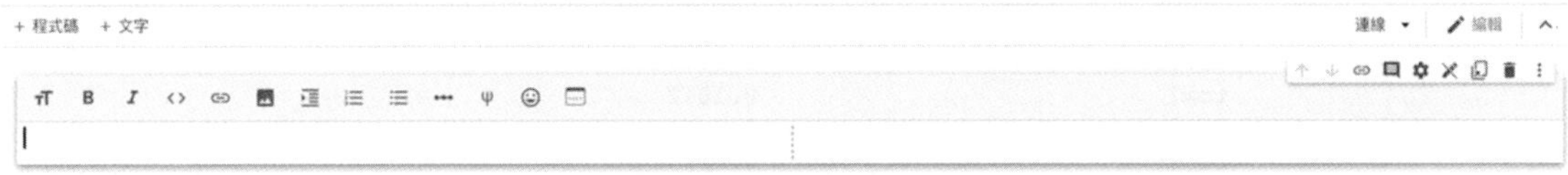

圖 2-3　Google Colab 文字框

我們也可以新增程式碼，在方框中輸入程式碼後，按下前方的按鈕即可執行程式，也可以按下 shift + enter 執行此行程式碼。

```
print("Hello World")
```

執行結果如下：

```
[1] print("Hello World")

Hello World
```

圖 2-4　Google Colab 程式碼

另外，我們可以在筆記本中執行 shell 指令，僅須在前方加入！即可，如圖 2-5 所示：

```
[1] !pip install torch

Looking in indexes: https://pypi.org/simple, https://us-python.pkg.dev/colab-wheels/public/simple/
Requirement already satisfied: torch in /usr/local/lib/python3.7/dist-packages (1.12.1+cu113)
Requirement already satisfied: typing-extensions in /usr/local/lib/python3.7/dist-packages (from torch) (4.1.1)
```

圖 2-5　Google Colab Shell 指令

上述範例使用 pip 指令來下載 PyTorch，然而在 Google Colab 中 PyTorch 早已被安裝好了。為此，讀者可藉由以下指令知道目前 Colab 中已經安裝了哪些套件。

```
[2] !pip list
    tensorboard                      2.8.0
    tensorboard-data-server          0.6.1
    tensorboard-plugin-wit           1.8.1
    tensorflow                       2.8.2+zzzcolab20220719082949
    tensorflow-datasets              4.6.0
    tensorflow-estimator             2.8.0
    tensorflow-gcs-config            2.8.0
    tensorflow-hub                   0.12.0
    tensorflow-io-gcs-filesystem     0.26.0
    tensorflow-metadata              1.10.0
    tensorflow-probability           0.16.0
    termcolor                        1.1.0
    terminado                        0.13.3
    testpath                         0.6.0
    text-unidecode                   1.3
    textblob                         0.15.3
    thinc                            8.1.0
    threadpoolctl                    3.1.0
    tifffile                         2021.11.2
    toml                             0.10.2
    tomli                            2.0.1
    toolz                            0.12.0
```

圖 2-6　Google Colab pip list 指令

若需使用 GPU，則可以在執行階段的清單中，找到變更執行階段類型，點下之後即可改變使用 GPU。

圖 2-7　改變 Colab 的筆記本設定，使用 GPU

2-2 Numpy 介紹

Numpy 這個套件使我們能方便地進行多維度運算，也支援矩陣運算。本書在未來的章節中會介紹影像相關的內容，其中我們的影像其實就是由許多的像素所組成的，因此奠定好 Numpy 的基礎是相當重要的。若要使用 pip 來管理套件的話，我們只需要輸入以下指令就可以安裝 Numpy，若是使用 Google Colab 會發現此套件已經安裝完成了。

```
! pip install numpy

Looking in indexes: https://pypi.org/simple, https://us-python.pkg.dev/colab-wheels/public/simple/
Requirement already satisfied: numpy in /usr/local/lib/python3.7/dist-packages (1.21.6)
```

圖 2-8　Google Colab pip list 指令

那在我們使用之前，需要先匯入 Numpy 的套件，通常會爲了方便而將其別名設爲 np。

```
import numpy as np
```

圖 2-9　匯入 numpy 套件

一、認識 Numpy Array

在機器學習時，我們經常會需要使用陣列的運算，Numpy Array 可用以存放相同型別的資料，且 Array 可爲各種維度，通常稱一維的陣列爲向量 (Vector)，二維陣列爲矩陣 (Matrix)。

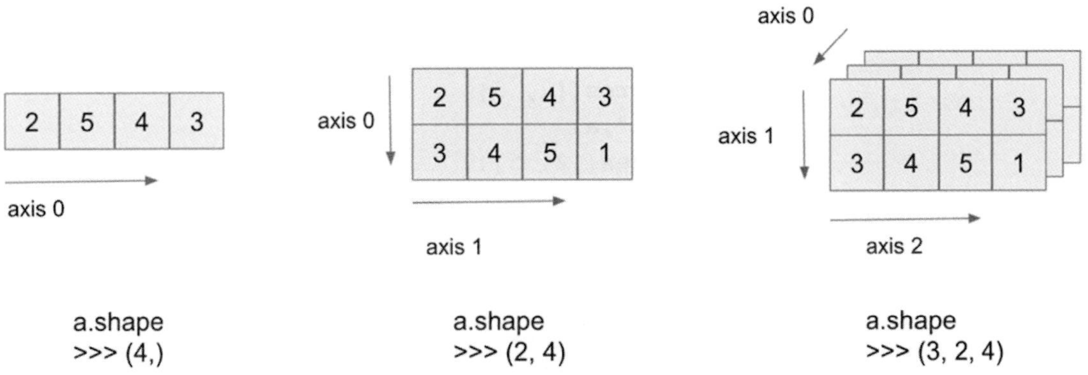

圖 2-10　Numpy 陣列形狀表示方法示意圖

圖 2-10 中顯示三個不同維度的陣列，會使用陣列在每個軸 (Axis) 的數量來表示此陣列的大小。若是一維陣列就包含一個軸，因此 Shape 爲 (4,)。二維陣列包含兩個軸，此時會先計算 Row 的數量，再計算 Column 的數量，因此 Shape 爲 (2, 4)。而三維陣列包含三個軸，此時會先計算有多少個二維陣列，接者會計算每個二維陣列中 Row 的數量，再計算每個 Row 中 Column 的數量，因此右圖的三維陣列他的 Shape 爲 (3, 2, 4)。

二、初始化 Numpy Array

我們可以使用 Python 中的串列 (List) 或元組 (Tuple) 來初始化陣列，作法如下所示：

```
1 a = np.array([2,5,4,3])
2 b = np.array((3,6,5,4))
3 print(a,b)
4 print(type(a), type(b))
```

```
[2 5 4 3] [3 6 5 4]
<class 'numpy.ndarray'> <class 'numpy.ndarray'>
```

圖 2-11　初始化 Numpy 陣列示意圖

第一行程式碼是使用串列 (List) 來進行初始化，第二行則是使用元組 (Tuple) 來初始化的，分別都包含四個整數元素，第三行程式碼將其與其型態印出，會發現兩者皆爲 Numpy Array，其中型態是 ndarray 表示的是多維陣列 (Multidimensional)。我們可以使用 zeros 來建立「全爲 0 的陣列」或用 ones 來建立「全爲 1 的陣列」，如下所示：

```
a = np.zeros([2, 5])
print("a:",a)
b = np.ones([2, 5])
print("b:",b)
```

```
a: [[0. 0. 0. 0. 0.]
 [0. 0. 0. 0. 0.]]
b: [[1. 1. 1. 1. 1.]
 [1. 1. 1. 1. 1.]]
```

圖 2-12　使用 0 或 1 來初始化 Numpy 陣列示意圖

在第一程式碼中使用 np 中的 zeros([2, 5]) 來初始化 2 列 5 行的二維陣列，其中每個元素都是 0，第三行同樣也是初始化 2 列 5 行的二維陣列，但當中的每個元素都是 1。

三、查看陣列的元素數量及維度

我們可以使用以下的方式，來查看陣列的元素數量與維度：

```
a = np.array([[1, 2, 4],[3, 2, 5],[1, 5, 6]])
print("Size: ", a.size)
print("Dimension: ", a.ndim)
```

```
Size:  9
Dimension:  2
```

圖 2-13　查看 Numpy Array 的元素個數與維度

四、給定範圍，建立陣列並改變陣列形狀

另外，我們也可以使用 arrange 來建立陣列，其中第一個參數是起始值 (預設值是 0)，第二個參數是終止值 (不包含終止值)，第三個參數是間隔值 (預設是 1)。如下所示：

```
1 a = np.arange(1,17, 1)
2 print("Before Reshape: ",a)
3 a = a.reshape(4,4)
4 print("After Reshape:\n", a)
```

```
Before Reshape:  [ 1  2  3  4  5  6  7  8  9 10 11 12 13 14 15 16]
After Reshape:
 [[ 1  2  3  4]
 [ 5  6  7  8]
 [ 9 10 11 12]
 [13 14 15 16]]
```

圖 2-14　初始化 Numpy Array 並變形

圖 2-14 中，第一行程式碼建立了從 1 到 16(不包含 17) 間距爲 1 的 Numpy Array，第三行程式碼將其變形成 4×4 的二維陣列。

五、陣列存取

我們可以透過以下方法，存取陣列中的元素：

在圖 2-15 中，同樣先使用第一和第二行程式碼來建立 1 至 16 的二維陣列，接者以中括號來存取陣列中的元素。第五行程式碼中，我們存取第 1 列第 2 行的元素，由於在程式中，都會從 0 開始算，因此會得到陣列中第 2 列第 3 行的元素，也就是 7。而在第 6 行程式碼中，我們存取所有行 (column) 中的第一個元素，也就是存取第一列 (row)。第 7 行程式碼中，我們存取所有列 (row) 中的第一個元素，也就是存取第一個行 (column)。

```
1 a = np.arange(1,17, 1)
2 a = a.reshape(4,4)
3 print("a",a)
4 print("---")
5 print("a[1,2]:\n",a[1,2])
6 print("a[0,:]:\n",a[0,:])
7 print("a[:,0]:\n",a[:,0])
```

```
a [[ 1  2  3  4]
 [ 5  6  7  8]
 [ 9 10 11 12]
 [13 14 15 16]]
---
a[1,2]:
 7
a[0,:]:
 [1 2 3 4]
a[:,0]:
 [ 1  5  9 13]
```

圖 2-15　Numpy Array 的存取

六、陣列運算：針對所有的元素作運算

```
a = np.arange(1,17, 1)
a = a.reshape(4,4)
print("Before add:\n", a)
a = a+1 # 將所有的元素都加上1
print("After add:\n",a)
a = a**2  # 將所有的元素都平方
print("After square:\n", a)
```

```
Before add:
 [[ 1  2  3  4]
 [ 5  6  7  8]
 [ 9 10 11 12]
 [13 14 15 16]]
After add:
 [[ 2  3  4  5]
 [ 6  7  8  9]
 [10 11 12 13]
 [14 15 16 17]]
After square:
 [[  4   9  16  25]
 [ 36  49  64  81]
 [100 121 144 169]
 [196 225 256 289]]
```

圖 2-16　Numpy Array 的運算

七、陣列運算：對應元素相加或相乘

```
a = np.arange(1,5, 1)
a = a.reshape(2,2)
b = np.arange(5,9, 1)
b = b.reshape(2,2)
print("sum: \n",a+b)
print("multiply: \n", a*b)
```

```
sum:
 [[ 6  8]
 [10 12]]
multiply:
 [[ 5 12]
 [21 32]]
```

圖 2-17　Numpy Array 的運算

八、陣列運算：矩陣內積

```
a = np.arange(1,5, 1)
a = a.reshape(2,2)
b = np.arange(5,9, 1)
b = b.reshape(2,2)
print(np.dot(a,b))
```

```
[[19 22]
 [43 50]]
```

圖 2-18　Numpy Array 的內積運算

2-3 Pandas 介紹

Pandas 中經常會使用 DataFrame 來存放資料，DataFrame 是一個具有索引及標籤的二維表格。使用 pip 來管理套件，只需要輸入以下指令就可以安裝 Pandas；若是使用 Google Colab，則會發現 Pandas 套件已經安裝好了。

```
!pip install pandas
```

```
Looking in indexes: https://pypi.org/simple, https://us-python.pkg.dev/colab-wheels/public/simple/
Requirement already satisfied: pandas in /usr/local/lib/python3.7/dist-packages (1.3.5)
Requirement already satisfied: pytz>=2017.3 in /usr/local/lib/python3.7/dist-packages (from pandas) (2022.4)
Requirement already satisfied: numpy>=1.17.3 in /usr/local/lib/python3.7/dist-packages (from pandas) (1.21.6)
Requirement already satisfied: python-dateutil>=2.7.3 in /usr/local/lib/python3.7/dist-packages (from pandas) (2.8.2)
Requirement already satisfied: six>=1.5 in /usr/local/lib/python3.7/dist-packages (from python-dateutil>=2.7.3->pandas) (1.15.0)
```

圖 2-19　下載 Pandas 套件

使用之前請記得匯入 Pandas 這個套件，通常會幫它取個別名叫做 pd。

```
import pandas as pd
```

圖 2-20　匯入 Pandas 套件

一、建立 DataFrame

我們可以使用串列 (List)、元組 (Tuple)、字典 (Dictionary) 或是前面章節提到的 Numpy Array 來初始化 DataFrame，其中 index 指的是列的編號，columns 是行的欄位名稱。例如：建立每個學生的身高與體重。

```
import pandas as pd
```

```
df = pd.DataFrame ([[170, 60],
                    [164, 50],
                    [180, 70]])
df
```

	0	1
0	170	60
1	164	50
2	180	70

圖 2-21　使用 Pandas 初始化 DataFrame

由於初始化時，並沒有指定 row 和 columns 的名稱，因此都是使用預設值，會自動填入從 0 開始的數值。

二、設定 DataFrame 的 Index 和 Columns

請透過以下的方法設定 DataFrame 的 index 和 columns。假設有 A, B, C 三位同學，並在 DataFrame 中紀錄每位同學的身高與體重。

```
import pandas as pd
df = pd.DataFrame ([[170, 60],
            [164, 50],
            [180, 70]], index=['A','B','C'], columns = ["height","weight"])
df
```

	height	weight
A	170	60
B	164	50
C	180	70

圖 2-22　使用 Pandas 初始化 DataFrame

三、DataFrame 的取值方法

以 df.values 的方法取得 DataFrame 中的數值，得到二維陣列數值，延續先前的例子，我們存取學生的身高與體重，從圖 2-23 的結果中，我們會得到一個二維陣列。

```
df.values
```

```
array([[170,  60],
       [164,  50],
       [180,  70]])
```

圖 2-23　使用 df.values 來取得 DataFrame 中的數值資料

還可透過以下方法，指定 column 名稱來取得 DataFrame 其中的一個欄位：

```
df['height']
```

```
A    170
B    164
C    180
Name: height, dtype: int64
```

圖 2-24　指定 column 名稱來取得 DataFrame 中的數值資料

若在取值時給定一個條件，則可以取出符合該條件的值。

```
1 df[df['height']>175]
```

	height	weight
C	180	70

圖 2-25　給定條件來取得 DataFrame 中的數值資料

取值時可以使用 df.loc() 函式，給定索引和欄位名稱，來取得對應的數值資料。在圖 2-26 中，第一行程式碼，指定要存取 A 同學的身高，因此在 loc 後方的中括號中，會分別放入指定的列 (row) 名稱以及行 (column) 名稱。

```
1 print(df.loc["A","height"])
```

```
170
```

圖 2-26　使用 loc 來存取 DataFrame 中的數值資料

透過下方的程式碼可以存取一個列中的多個內容，例如：存取 A 同學的身高與體重。

```
1 print(df.loc["A",["weight","height"]])
```

```
weight     60
height    170
Name: A, dtype: int64
```

圖 2-27　使用 loc 來存取 DataFrame 中的數值資料

接著使用 df.iloc() 以 index 的方式取得 DataFrame 中的數值，如圖 2-28 所示，可存取第 2 列第 0 行的資料。

```
1 print(df.iloc[2,0])
```

```
180
```

圖 2-28　使用 iloc 來存取 DataFrame 中的數值資料

還可以使用 loc 和 iloc 來改值，例如：

```
print("Before:\n ", df)
df.loc["A","height"]=172
print("After:\n ",df)
```

```
Before:
     height  weight
A       170      60
B       164      50
C       180      70
After:
     height  weight
A       172      60
B       164      50
C       180      70
```

圖 2-29　使用 loc 來改變 DataFrame 中的數值資料

四、DataFrame 的排序

我們可以使用 sort_values 來將 DataFrame 中的數值依據「欄位」或「索引」進行排序，例如：

```
print(df)
df = df.sort_values(by="height",ascending=False)  # 根據 height 做排序
# ascending=True 表示遞增排序, ascending=False 表示遞減排序
print(df)
```

```
   height  weight
A     172      60
B     164      50
C     180      70
   height  weight
C     180      70
A     172      60
B     164      50
```

圖 2-30　使用 sort_values 來排序 DataFrame 的資料

五、新增資料

```
print(df)
series = pd.Series({"height": 180,"weight": 60},name="D")
new_df = df.append(series)
print(new_df)
```

```
   height  weight
A     172      60
B     164      50
C     180      70
   height  weight
A     172      60
B     164      50
C     180      70
D     180      60
```

圖 2-31　使用 append 新增 DataFrame 的資料

六、刪除資料

drop 用以刪除 DataFrame 中某一列或某一行的資料。drop 以設定 axis 參數值來控制刪除列或行的資料，axis 預設為 0，即預設會刪除列資料。若將 axis 設為 1，即可刪除一行的資料。圖 2-34 中，我們也可以使用指定 index 的方式來刪除特定幾列的數據。

如下方所示：

```
print(df)
df = df.drop(["A","C"])
print(df)
```

```
   height  weight
A     170      60
B     164      50
C     180      70
   height  weight
B     164      50
```

圖 2-32　使用 drop 刪除 DataFrame 中其中兩列的資料

```
print(df)
df = df.drop(["height"],axis=1)
print(df)
```

```
   height  weight
A     170      60
B     164      50
C     180      70
   weight
A      60
B      50
C      70
```

圖 2-33　使用 drop 刪除 DataFrame 中的 height 的資料

```
print(df)
df = df.drop(df.index[0:2])
print(df)
```

```
       height  age
Allen     170   16
Ken       164   25
John      180   17
Jason     167   19
       height  age
John      180   17
Jason     167   19
```

圖 2-34　使用 drop 與 index 刪除 DataFrame 中的前兩列的資料

七、查看少量的資料

資料量龐大時，可使用 df.head() 查看 DataFrame 中的前幾列資料，或使用 df.tail() 查看 DataFrame 中的後幾列資料。如圖 2-35 與圖 2-36 所示，還可以指定我們希望看到的資料筆數。

```
print(df)
print(df.head(10))
```

```
         height  weight
Mamie       170      61
Billy       169      67
Robert      169      61
Lee         170      53
James       178      50
...         ...     ...
Gabriel     168      60
Kylee       165      62
Lisa        176      56
Edward      162      56
Ruben       166      59

[100 rows x 2 columns]
         height  weight
Mamie       170      61
Billy       169      67
Robert      169      61
Lee         170      53
James       178      50
Anna        163      58
William     180      64
Fred        174      55
Douglas     180      70
Mary        169      59
```

圖 2-35　使用 head 查看 DataFrame 中前幾筆資料

```
1 print(df)
2 print(df.tail(10))
```

```
         height  weight
Gale        176      54
Regina      163      56
James       175      66
Shirley     163      64
Cleo        172      67
...         ...     ...
Edith       174      54
Lee         164      53
Glen        171      66
Mindi       179      63
Rebecka     178      67

[100 rows x 2 columns]
         height  weight
Stanley     179      67
Elaine      180      69
Alma        178      60
Lowell      169      70
Terry       172      52
Edith       174      54
Lee         164      53
Glen        171      66
Mindi       179      63
Rebecka     178      67
```

圖 2-36　使用 tail 查看 DataFrame 中後幾筆資料

八、查看 DataFrame 的數據資料

使用 df.describe，可以查看一個 DataFrame 當中的總結資料，其中的 count 表示的是這個 DataFrame 中一共有多少筆資料，mean 表示的是這一個欄位的平均數，std 表示的是標準差，min 表示的是最小值，25% 表示的是第 25 個百分位的數值，依此類推，而 max 表示的是最大值。

```
1 df.describe()
```

	height	weight
count	100.00000	100.000000
mean	169.65000	59.010000
std	5.96687	5.675563
min	160.00000	50.000000
25%	165.00000	55.000000
50%	170.00000	58.000000
75%	175.00000	63.000000
max	180.00000	70.000000

圖 2-37　使用 describe 來查看 DataFrame 中的總結資料

2-4 PyTorch 介紹

PyTorch 是 Facebook 在 2017 年開源的深度學習套件，其簡單直觀的語法深受許多人喜愛，也有許多傑出的論文都是使用 PyTorch 來架構神經網路，因此本章節將介紹其基礎的使用方式。若使用 pip 來管理套件的話，只需要輸入以下指令就可以安裝 PyTorch，若是使用 Google Colab 也會發現此套件已經安裝完成。

```
!pip install torch
```

```
Looking in indexes: https://pypi.org/simple, https://us-python.pkg.dev/colab-wheels/public/simple/
Requirement already satisfied: torch in /usr/local/lib/python3.7/dist-packages (1.12.1+cu113)
Requirement already satisfied: typing-extensions in /usr/local/lib/python3.7/dist-packages (from torch) (4.1.1)
```

圖 2-38　下載 torch 套件

那在使用時也要記得匯入這個套件：

```
import torch
```

圖 2-39　匯入 torch 套件

一、張量 (Tensor)

在 PyTorch 中我們經常會將資料轉換成張量來做處理，張量是多維度的矩陣。可以使用以下的方式來初始化張量：

```
import torch
import numpy as np
```

```
a = torch.tensor([[1,-1],[1,-1]])
print(a)
b = torch.tensor(np.array([[1, 2, 3],[1,-2, -3]]))
print(b)
```

```
tensor([[ 1, -1],
        [ 1, -1]])
tensor([[ 1,  2,  3],
        [ 1, -2, -3]])
```

圖 2-40　初始化 Tensor

上方的範例中，我們使用 Python 的 List 來初始化 Tensor，也可以使用先前章節提到的 Numpy Array 來初始化 Tensor。

另外，我們可以使用 torch.ones 來初始化所有值為 1 的張量，範例如下：

```
a = torch.ones([2, 3], dtype=torch.float64)
print(a)
```

```
tensor([[1., 1., 1.],
        [1., 1., 1.]], dtype=torch.float64)
```

圖 2-41　使用 ones 來初始化 Tensor

我們也可以使用 torch.zeros 來初始化零張量，範例如下：

```
b = torch.zeros([2, 3], dtype=torch.float64)
print(b)
```

```
tensor([[0., 0., 0.],
        [0., 0., 0.]], dtype=torch.float64)
```

圖 2-42　使用 zeros 來初始化 Tensor

在初始化的時候我們可以指定想要的元素型態，可以使用 dtype 的參數來指定想要的型態，常見的型態包含：torch.float32、torch.float64、torch.uint8、torch.int32。

1. 堆疊運算：torch.stack() (https://pytorch.org/docs/stable/generated/torch.stack.html)

```
a = torch.ones([2, 3], dtype=torch.float64)
b = torch.zeros([2, 3], dtype=torch.float64)
c = torch.stack([a,b], dim=0)
print(c)
print(c.shape)
```

```
tensor([[[1., 1., 1.],
         [1., 1., 1.]],

        [[0., 0., 0.],
         [0., 0., 0.]]], dtype=torch.float64)
torch.Size([2, 2, 3])
```

圖 2-43　使用 stack(dim=0) 來堆疊 Tensor

在上方的例子中我們將 *a* 張量和 *b* 張量，在第 0 個維度去做堆疊，也就是將這兩個二維的張量直接去做堆疊，產生新的張量，此張量有三個維度，且它的形狀爲 (2, 2, 3)。

```
a = torch.ones([2, 3], dtype=torch.float64)
b = torch.zeros([2, 3], dtype=torch.float64)
c = torch.stack([a,b], dim=1)
print(c)
print(c.shape)
```

```
tensor([[[1., 1., 1.],
         [0., 0., 0.]],

        [[1., 1., 1.],
         [0., 0., 0.]]], dtype=torch.float64)
torch.Size([2, 2, 3])
```

圖 2-44　使用 stack(dim=1) 來堆疊 Tensor

在上方的例子中，我們在第 1 個維度去做堆疊，也就是將兩個張量中的列去做堆疊，來產生新的張量，此張量同樣也有三個維度，形狀爲 (2, 2, 3)。

```
c = torch.stack([a,b], dim=2)
print(c)
print(c.shape)
```

```
tensor([[[1., 0.],
         [1., 0.],
         [1., 0.]],

        [[1., 0.],
         [1., 0.],
         [1., 0.]]], dtype=torch.float64)
torch.Size([2, 3, 2])
```

圖 2-45　使用 stack(dim=2) 來堆疊 Tensor

在上方的例子中，我們在第 2 個維度去做堆疊，也就是將兩個張量中的每一列中的每個值去做堆疊，來產生新的張量，此張量同樣也有三個維度，形狀爲 (2, 3, 2)。

2. 連接運算：torch.concat (https://pytorch.org/docs/stable/generated/torch.cat.html)

接下來要介紹的是連接運算 (concat)，連接的運算不會改變原本的張量維度 (即原本是 2 維，經過連接後仍是 2 維)，將兩個張量進行組合，如下範例所示：

```
d = torch.concat([a,b])
print(d)
print(d.shape)
```

```
tensor([[1., 1., 1.],
        [1., 1., 1.],
        [0., 0., 0.],
        [0., 0., 0.]], dtype=torch.float64)
torch.Size([4, 3])
```

圖 2-46　使用 concat 來連接 Tensor

3. 張量的維度調整－壓縮維度：squeeze (https://pytorch.org/docs/stable/generated/torch.squeeze.html)

```
x = torch.zeros(2, 1, 2, 1, 2)
print(x)
print(x.shape)
```

```
tensor([[[[[0., 0.]],

          [[0., 0.]]]],



        [[[[0., 0.]],

          [[0., 0.]]]]])
torch.Size([2, 1, 2, 1, 2])
```

```
y = torch.squeeze(x)
print(y)
print(y.shape)
```

```
tensor([[[0., 0.],
         [0., 0.]],

        [[0., 0.],
         [0., 0.]]])
torch.Size([2, 2, 2])
```

圖 2-47　使用 squeeze 來壓縮 Tensor 維度

squeeze 會將 size 為 1 的維度移除，回傳其他維度 size 不是 1 的結果，在實作上是非常實用的運算。

```
y = torch.squeeze(x, 0)
print(y.shape)
```

```
torch.Size([2, 1, 2, 1, 2])
```

```
y = torch.squeeze(x, 3)
print(y.shape)
```

```
torch.Size([2, 1, 2, 2])
```

圖 2-48　使用 squeeze 來壓縮 Tensor 維度

在圖 2-48 中，我們也可以指定要去 squeeze 第幾個維度的 Tensor，若該維度的 size 為 1 就會將其維度移除，回傳其他維度的結果。

4. 張量的維度調整－擴增維度：unsqueeze (https://pytorch.org/docs/stable/generated/torch.unsqueeze.html)

```
x = torch.tensor([1, 2, 3, 4])
y = torch.unsqueeze(x, 0)
print(y)
print(y.shape)
```

```
tensor([[1, 2, 3, 4]])
torch.Size([1, 4])
```

```
y = torch.unsqueeze(x, 1)
print(y)
print(y.shape)
```

```
tensor([[1],
        [2],
        [3],
        [4]])
torch.Size([4, 1])
```

圖 2-49　使用 unsqueeze 來擴增 Tensor 維度

5. 張量的轉置：transpose (https://pytorch.org/docs/stable/generated/torch.transpose.html)

```
x = torch.randn(2, 3)
print(x)
```

```
tensor([[-0.9296, -0.6468,  0.3403],
        [ 0.9095,  0.0961,  0.3886]])
```

```
y = torch.transpose(x, 0, 1)
print(y)
```

```
tensor([[-0.9296,  0.9095],
        [-0.6468,  0.0961],
        [ 0.3403,  0.3886]])
```

圖 2-50　使用 transpose 來轉置 Tensor

在 transpose 中，我們可以指定要對哪個維度進行轉置，如以下範例所示：

```
x = torch.randn(2, 3, 2)
print(x)
print(x.shape)
```

```
tensor([[[-0.2824, -1.9144],
         [-0.6271,  0.0480],
         [-0.0276, -0.1964]],

        [[ 0.7256,  0.2295],
         [-0.3923,  1.4859],
         [ 0.0988,  0.1962]]])
torch.Size([2, 3, 2])
```

```
y = torch.transpose(x, 1, 2)
print(y)
print(y.shape)
```

```
tensor([[[-0.2824, -0.6271, -0.0276],
         [-1.9144,  0.0480, -0.1964]],

        [[ 0.7256, -0.3923,  0.0988],
         [ 0.2295,  1.4859,  0.1962]]])
torch.Size([2, 2, 3])
```

圖 2-51　使用 transpose 來轉置 Tensor

圖 2-51 中，先初始化一個三維 tensor，接者對其第一維度和第二維度進行轉置，以上的操作，可以想像我們有兩個二維陣列，去對每個二維陣列去做轉置。

```
y = torch.transpose(x, 0, 1)
print(y)
print(y.shape)
```

```
tensor([[[-0.2824, -1.9144],
         [ 0.7256,  0.2295]],

        [[-0.6271,  0.0480],
         [-0.3923,  1.4859]],

        [[-0.0276, -0.1964],
         [ 0.0988,  0.1962]]])
torch.Size([3, 2, 2])
```

```
y = torch.transpose(x, 0, 2)
print(y)
print(y.shape)
```

```
tensor([[[-0.2824,  0.7256],
         [-0.6271, -0.3923],
         [-0.0276,  0.0988]],

        [[-1.9144,  0.2295],
         [ 0.0480,  1.4859],
         [-0.1964,  0.1962]]])
torch.Size([2, 3, 2])
```

圖 2-52　使用 transpose 來轉置 Tensor

圖 2-52 中，我們對此三維 tensor，做不同方向的轉置，可以想像成我們去針對一個方塊，它的不同面去做轉置。

以上內容爲基本的張量運算，而在接下來的內容中，我們會開始介紹在深度學習中，必須要認識的專有名詞與工具。

二、資料集與資料迭代器 (Dataset, Dataloader)

在訓練模型時，我們需要讓模型看過大量的資料，因此通常會使用資料集以及資料迭代器來將我們的資料輸入給模型。在 PyTorch 中有定義好一個抽象類別 torch.utils.data.Dataset，而我們需要定義一個屬於自己任務會用到的 Dataset 來繼承這個抽象類別，其中在抽象類別中有三個必要的方法 (method / function)，需要我們去覆寫 (override)，即將父類別的方法覆蓋，分別是 __init__、__getitem__ 及 __len__，範例的作法如下：

```python
import torch
from torch.utils.data import Dataset, DataLoader
```

```python
class Dataset(Dataset):
    def __init__(self):
        self.data = torch.tensor([[1,1,1,1],[2,2,2,2],[3,3,3,3],[4,4,4,4]])
        self.label = torch.tensor([1, 2, 3, 4])

    def __getitem__(self,index):
        return self.data[index],self.label[index]

    def __len__(self):
        return len(self.data)
```

圖 2-53　Dataset 範例

1. __init__：為 class Dataset 被實例化時會執行的動作，在這個階段通常會將參數初始化，在 self 的後方也可以再放置其他的變數 (在下個例子會解釋這部分)，在上方的例子中初始化了兩個變數，分別是 data 及 label，data 是二維的張量，label 則是一維的張量，而這兩個變數會在之後被使用到。
2. __getitem__：此 function 中我們需要描述的是在 index 為 idx 的時候，這個資料集需要回傳的 item 資料必須有哪些東西，在範例中可以看到會回傳 self.data[idx] 和 self.label[idx]，也就是說如果 idx = 0 就會回傳 data 中的 [1,1,1,1] 和 label 中的 1。
3. __len__：此函式中需要回傳的是有多少的資料量在我們的資料集中。

```python
dataset = Dataset()
dataloader = DataLoader(dataset=dataset,
                        batch_size=1, shuffle=True)
```

```python
device = 'cuda' if torch.cuda.is_available() else 'cpu'
print(device)
for i,(data,label) in enumerate(dataloader):
    data = data.to(device)
    label = label.to(device)
    print(data,label)
```

```
cuda
tensor([[2, 2, 2, 2]], device='cuda:0') tensor([2], device='cuda:0')
tensor([[4, 4, 4, 4]], device='cuda:0') tensor([4], device='cuda:0')
tensor([[1, 1, 1, 1]], device='cuda:0') tensor([1], device='cuda:0')
tensor([[3, 3, 3, 3]], device='cuda:0') tensor([3], device='cuda:0')
```

圖 2-54　Dataset 範例

上方的例子中，將先前定義好的 Dataset 呼叫出來做使用，我們實例化了一個 Dataloader 名爲 dataloader，並設定 batch_size = 1，因此每一次的迭代中，都會從 dataloader 中獲得一個單位的資料，即 [2, 2, 2, 2] 及 2，並且會將回傳的元素蒐集起來，因此 data 的回傳值爲 [[2, 2, 2, 2]]，label 的回傳值爲 [2]。

```
dataset = Dataset()
dataloader = DataLoader(dataset=dataset,
                        batch_size=2, shuffle=True)
```

```
device = 'cuda' if torch.cuda.is_available() else 'cpu'
print(device)
for i,(data,label) in enumerate(dataloader):
    data = data.to(device)
    label = label.to(device)
    print(data,label)
```

```
cuda
tensor([[1, 1, 1, 1],
        [4, 4, 4, 4]], device='cuda:0') tensor([1, 4], device='cuda:0')
tensor([[3, 3, 3, 3],
        [2, 2, 2, 2]], device='cuda:0') tensor([3, 2], device='cuda:0')
```

圖 2-55　Dataset 範例

由上方的例子可以看到當 batch_size 設爲 2 時，便會在每一次的迭代中獲得兩個單位的資料，data 的部分爲 [1, 1, 1, 1] 和 [4, 4, 4, 4]，label 的部分爲 1 和 4，也如同先前所說的會再將這些元素蒐集起來，故 data 的回傳值爲 [[1, 1, 1, 1], [4, 4, 4, 4]]，label 的回傳值爲 [1, 4]。

在 PyTorch 的官方文件中，可以看到下方的例子：(https://pytorch.org/tutorials/beginner/basics/data_tutorial.html)

```
class CustomImageDataset(Dataset):
    def __init__(self, annotations_file, img_dir, transform = None, target_transform = None):
        self.img_labels = pd.read_csv(annotations_file)
        self.img_dir = img_dir
        self.transform = transform
        self.target_transform = target_transform

    def __len__(self):
        return len(self.img_labels)
```

此例子是在處理影像的資料，由上方的程式碼中，可以看到在 __init__ 中，初始化時還傳了 annotations_file, img_dir, transform, target_transform 的參數，其中 annotation_file 表示的是 csv 的路徑位置，而 img_dir 是影像的位置，下方的 transform 中可以寫入影像應該經過哪些轉換 (在下一個部分中會詳加說明)。__len__ 中如同前方提到的部分，需要回傳的是資料集的數量大小。

```
    def __getitem__(self, idx):
        img_path = os.path.join(self.img_dir, self.img_labels.iloc[idx, 0])
        image = read_image(img_path)
        label = self.img_labels.iloc[idx, 1]
        if self.transform:
            image = self.transform(image)
        if self.target_transform:
            label = self.target_transform(label)
        return image, label
```

而 __getitem__ 中會讀取 image 和 label，並將需要傳給模型的資料回傳。製作完成 Dataset 後就可以將其放在 Dataloader 中，以進行迭代。在 Dataloader 中我們可以調整 batch_size 的參數，來控制批大小，也可以設定是否要隨機抽取資料給模型訓練。

三、GPU 運算 (電腦需有 GPU)

使用 GPU 可以提升運算的速度，在 PyTorch 中有些實用的 function 可以幫助我們在 GPU 上運算。首先，需要先將資料從 CPU 搬動到 GPU 上，可以透過以下函數達成：

```
tensor = torch.randn(2, 3, 2)
tensor.to(torch.float64)                # 轉換張量型態
cuda0 = torch.device('cuda:0')          # 初始化 GPU 裝置
tensor.to(cuda0)                        # 將張量傳到裝置上
```

```
tensor([[[-0.6310,  0.2347],
         [ 0.3527, -0.2922],
         [-0.9908, -0.0294]],

        [[ 0.0639, -0.5080],
         [-1.0289, -0.7127],
         [ 0.8832,  0.9584]]], device='cuda:0')
```

四、影像的資料擴增與轉換 (Augmentation & Transform)

在 PyTorch 中有一些實用的方法可以來幫助我們進行資料擴增與資料轉換。以下例子說明：

```
from torch.utils.data import Dataset, DataLoader
from torchvision.transforms import functional as F
import torchvision.transforms as transforms
from PIL import Image as Image
import matplotlib.pyplot as plt
import os

class Dataset(Dataset):
    def __init__(self, dir, transform=None):
        self.dir = dir
        self.image_list = os.listdir(dir)
        print(self.image_list)
        self.transform = transform
    def __len__(self):
        return len(self.image_list)

    def __getitem__(self,index):
        image = Image.open(os.path.join(self.dir,self.image_list[index]))
        if self.transform:
            image = self.transform(image)
        else:
            image = F.to_tensor(image)

        return image

my_transform = transforms.Compose([
    transforms.RandomCrop(400),
    transforms.RandomHorizontalFlip(),
    transforms.RandomRotation(20),
    transforms.ToTensor()
])

dataset = Dataset(dir="./img",transform=my_transform)
dataloader = DataLoader(dataset=dataset,
                        batch_size=1, shuffle=True)

for epoch in range(1):
    for i,(image) in enumerate(dataloader):
        plt.imshow(image[0].permute(1, 2, 0))
```

圖 2-56　影像擴增範例程式碼

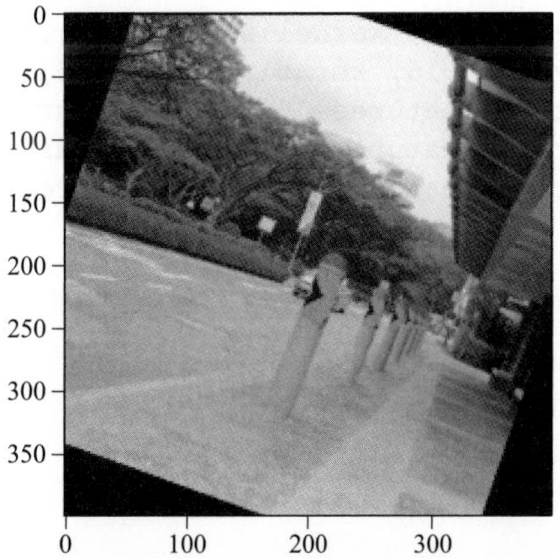

圖 2-57　影像擴增範例

上述範例程式碼中，第 27 行中的 transforms.RandomCrop(400) 表示的是我們會在照片中隨機的去切割照片成 400×400 的大小。而 transforms.RandomHorizontalFlip() 表示的是我們會去隨機的水平翻轉影像，而 transforms.RandomRotation(20) 表示的是我們會去隨機的旋轉影像，而 transforms.ToTensor() 表示的是我們會將影像轉換成 tensor，其中每個數值都介於 0 ～ 1 之間。而我們經過影像擴增的結果如圖 2-57 所示，更多做影像擴增的方法可以參考連結：https://pytorch.org/vision/stable/transforms.html。

五、搭建神經網路 (Neural Network)

我們可以使用 PyTorch 來搭建自己的神經網路，參考官方範例程式碼 (https://pytorch.org/tutorials/beginner/blitz/neural_networks_tutorial.html)：

```
import torch
import torch.nn as nn
import torch.nn.functional as F

class Net(nn.Module):

    def __init__(self):
        super(Net, self).__init__()
        self.conv1 = nn.Conv2d(1, 6, 5)
        self.conv2 = nn.Conv2d(6, 16, 5)
        self.fc1 = nn.Linear(16 * 5 * 5, 120)
        self.fc2 = nn.Linear(120, 84)
        self.fc3 = nn.Linear(84, 10)

    def forward(self, x):
        x = F.max_pool2d(F.relu(self.conv1(x)), (2, 2))
        x = F.max_pool2d(F.relu(self.conv2(x)), 2)
        x = torch.flatten(x, 1)
        x = F.relu(self.fc1(x))
        x = F.relu(self.fc2(x))
        x = self.fc3(x)
        return x

net = Net()
print(net)
```

```
Net(
  (conv1): Conv2d(1, 6, kernel_size=(5, 5), stride=(1, 1))
  (conv2): Conv2d(6, 16, kernel_size=(5, 5), stride=(1, 1))
  (fc1): Linear(in_features=400, out_features=120, bias=True)
  (fc2): Linear(in_features=120, out_features=84, bias=True)
  (fc3): Linear(in_features=84, out_features=10, bias=True)
)
```

圖 2-58　搭建簡單的神經網路範例

上方的程式碼中，我們自行定義 Net 的這個類別，它繼承 PyTorch 已經寫好的 nn.Module 這個類別，當中我們尚需定義會需要用到的模型參數。在這個例子中，我們定義卷積層以及全連接層 (卷積層以及全連階層介紹，請參閱後續章節)。

```
input = torch.randn(1, 1, 32, 32)
out = net(input)
```

模型定義完成並實例化後，我們就可以將欲輸入的資料傳進模型中，並得到預測的結果。

六、優化器 (Optimizer)

在訓練神經網路時，經常會使用不同的優化器來更新模型參數，PyTorch 提供以下幾種函式供我們使用。在後續的章節中，會詳細的介紹各式各樣的優化器。

```
optimizer = optim.SGD(model.parameters(), lr=0.01, momentum=0.9)
optimizer = optim.Adam([var1, var2], lr=0.0001)
```

通常我們會使用以下的方法來進行模型的更新：

```
for input, target in dataset:
    optimizer.zero_grad()
    output = model(input)
    loss = loss_fn(output, target)
    loss.backward()
    optimizer.step()
```

我們會迭代資料集中的資料，並將輸入傳入模型中進行預測，並計算預測結果與標準答案之間的差距 (損失)，再將這個損失用來做反向傳播 (累積梯度)。因此，我們經常會在一開始將梯度歸零，當呼叫 optimizer.step() 時，會將此時累積的梯度進行一次的更新，因此呼叫多次的 loss.backward() 時，就會進行多次的梯度累積。

七、損失函數 (Loss Function)

PyTorch 中也提供許多的損失函數供我們直接使用。例如：常見的 L1 Loss 和 MSELoss 等等。而他們的使用方法，可以參考在 PyTorch 官方文件中的範例碼：

```
loss = nn.L1Loss()
input = torch.randn(3, 5, requires_grad=True)
target = torch.randn(3, 5)
output = loss(input, target)
output.backward()
```

首先，先實例化 Loss Function，接者將我們要比較的對象傳入，接者再將計算出來的結果進行反向傳遞 (backward)。以下爲幾種常見的 Loss，會在後續的章節做詳細的介紹。

1. loss = nn.L1Loss()
2. loss = nn.MSELoss()
3. loss = nn.CrossEntropyLoss()
4. loss = nn.BCELoss()

八、TensorBoard －動態計算圖

另外，在此也要介紹實用的套件 TensorBoard，可以幫我們做視覺化，例如：將模型訓練過程中的損失值以折線圖的形式做視覺化，或是將模型的每一層畫出來。若是在進行影像相關的訓練時，也可以將訓練中產生的影像印出來，相當的方便。

而此套件同樣也是需要額外安裝的，同樣可以使用 pip 來安裝此套件。以下以官方文件中的例子 (https://pytorch.org/tutorials/intermediate/tensorboard_tutorial.html) 進行說明：

```
from torch.utils.tensorboard import SummaryWriter
# default `log_dir` is "runs" - we'll be more specific here
writer = SummaryWriter('runs/fashion_mnist_experiment_1')
```

首先，需要先載入 torch.utils.tensorboard 當中的 SummaryWriter，並將 SummaryWriter 實例化 (當中我們可以設定要將訓練過程中產生的資料存放於哪個資料夾中，預設是在 runs 下)

```
# get some random training images
dataiter = iter(trainloader)
images, labels = dataiter.next()

# create grid of images
img_grid = torchvision.utils.make_grid(images)# 將多張圖片，組合成一張圖片

# write to tensorboard
writer.add_image('four_fashion_mnist_images', img_grid)
```

而我們也可以使用 writer.add_image(參數 1, 參數 2) 將圖片加入 TensorBoard 中，並將其視覺化。當中的參數 1 要輸入的是該照片在 TensorBoard 上該顯示的名稱，參數 2 是照片的變數。在 TensorBoard 中顯示的結果如圖 2-59 所示：

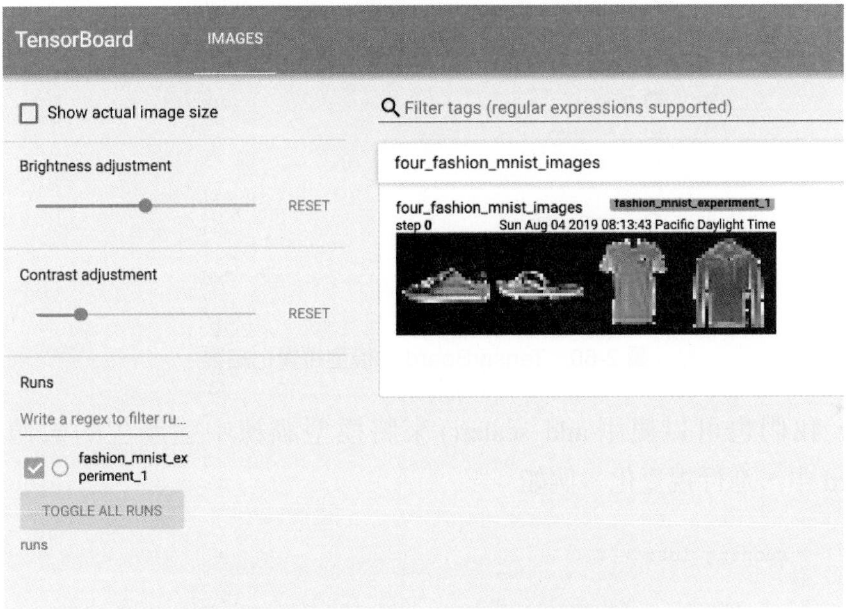

圖 2-59　TensorBoard 中圖片視覺化結果

另外，我們也可以透過 writer.add_graph() 將模型視覺化：

```
writer.add_graph(net, images)
writer.close()
```

其結果如圖 2-60 所示：

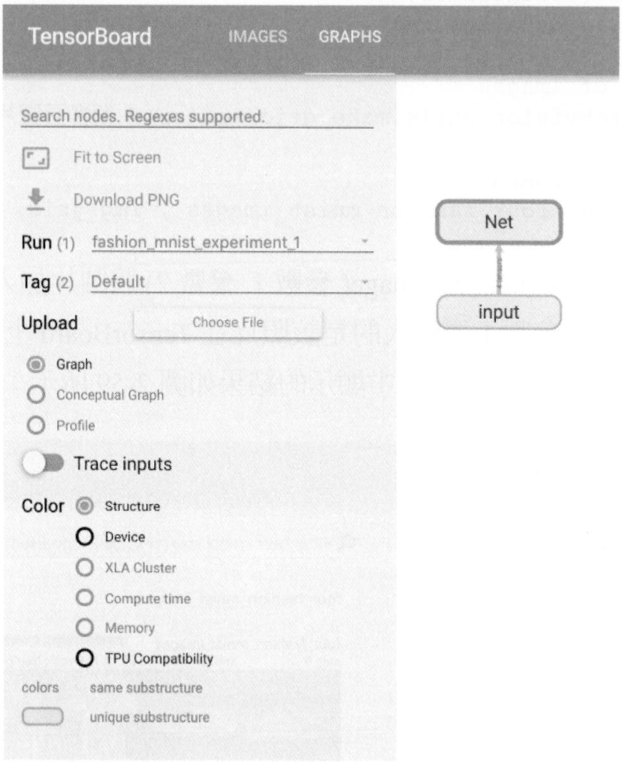

圖 2-60　TensorBoard 中模型視覺化結果

此外，我們也可以使用 add_scalar() 來將模型訓練中途產生的數值資料加入 TensorBoard 中，進行視覺化。例如：

```
running_loss = 0.0

for epoch in range(1): # loop over the dataset multiple times
    for i, data in enumerate(trainloader, 0):
        inputs, labels = data
        optimizer.zero_grad()
        outputs = net(inputs)
        loss = criterion(outputs, labels)
        loss.backward()
        optimizer.step()
        running_loss += loss.item()
```

```
if i % 1000 == 999:
    writer.add_scalar('training loss', running_loss / 1000, epoch * len(trainloader) + i)
    running_loss = 0.0
```

在程式碼中可以看到有使用 writer.add_scalar(參數 1, 參數 2, 參數 3)，參數 1 是這個參數在 TensorBoard 上的名稱，而參數 2 需放入要視覺化的參數名稱，參數 3 則是寫入迭代的次數。其視覺化的結果如圖 2-61 所示：

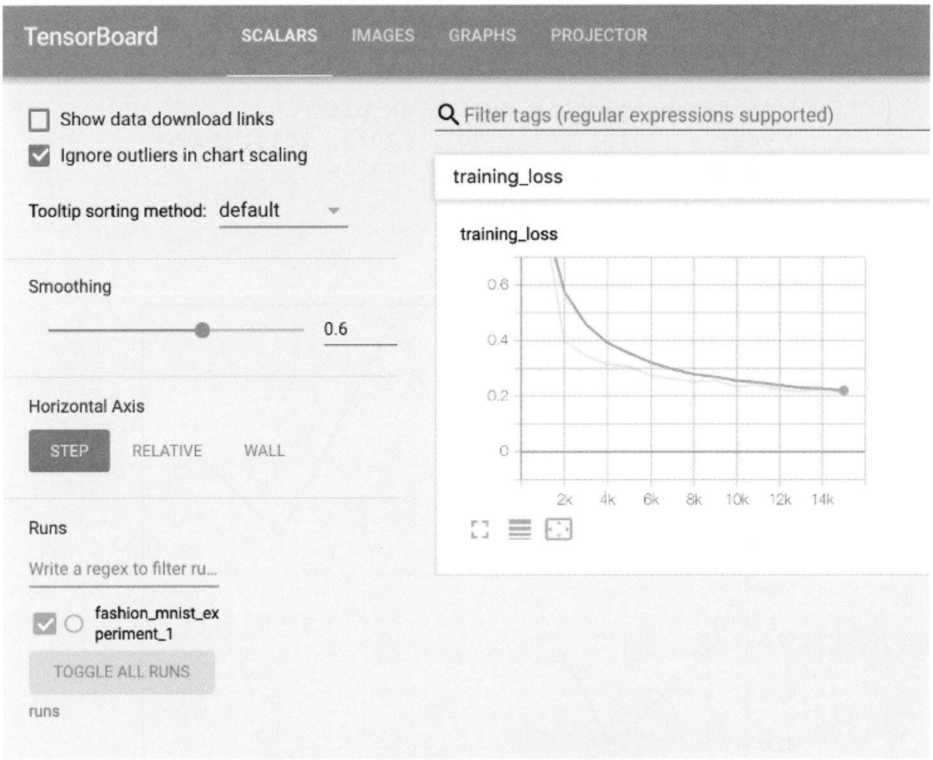

圖 2-61　TensorBoard 中數值視覺化結果

2-5 Matplotlib 介紹

Matplotlib 是一個簡單好用的數據繪圖工具，同樣也可以使用 pip 來安裝。並在使用之前也要記得匯入這個套件：

```
!pip install matplotlib
```

```
Looking in indexes: https://pypi.org/simple, https://us-python.pkg.dev/colab-wheels/public/simple/
Requirement already satisfied: matplotlib in /usr/local/lib/python3.7/dist-packages (3.2.2)
Requirement already satisfied: kiwisolver>=1.0.1 in /usr/local/lib/python3.7/dist-packages (from matplotlib) (1.4.4)
Requirement already satisfied: numpy>=1.11 in /usr/local/lib/python3.7/dist-packages (from matplotlib) (1.21.6)
Requirement already satisfied: cycler>=0.10 in /usr/local/lib/python3.7/dist-packages (from matplotlib) (0.11.0)
Requirement already satisfied: python-dateutil>=2.1 in /usr/local/lib/python3.7/dist-packages (from matplotlib) (2.8.2)
Requirement already satisfied: pyparsing!=2.0.4,!=2.1.2,!=2.1.6,>=2.0.1 in /usr/local/lib/python3.7/dist-packages (from matplotlib) (3.0.9)
Requirement already satisfied: typing-extensions in /usr/local/lib/python3.7/dist-packages (from kiwisolver>=1.0.1->matplotlib) (4.1.1)
Requirement already satisfied: six>=1.5 in /usr/local/lib/python3.7/dist-packages (from python-dateutil>=2.1->matplotlib) (1.15.0)
```

```
import matplotlib.pyplot as plt
```

圖 2-62　Matplotlib 的安裝與匯入

一、折線圖

(官方文件：https://matplotlib.org/stable/api/_as_gen/matplotlib.pyplot.plot.html)

我們可以使用 matplotlib.pyplot.plot()，由於我們設定 matplotlib.pyplot 的別名爲 plt，因此在下方的例子中可以看到使用 plt.plot() 來繪製折線圖，範例如下所示：

```
import matplotlib.pyplot as plt
year = [2010, 2011, 2012, 2013, 2014, 2015]
weight = [62, 61, 63, 65, 63, 64]
plt.plot(year, weight)
plt.show()
```

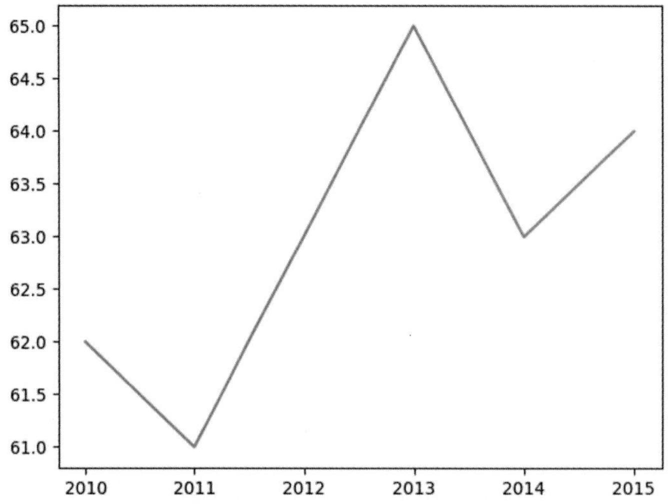

圖 2-63　使用 Matplotlib 繪製折線圖

plt.plot() 可以接收我們給它的 x 軸資料串列與 y 軸的資料串列，然後依序對應，將資料繪製在圖上。在上方的例子中，我們初始化了兩個串列，分別是年份及一個人的體重，將其傳入 plt.plot() 中，即可繪出下方的圖。而根據官方文件的說明，我們還可以傳入以下幾個參數：

參數名稱 (Property)	型別 (DataType)	用途描述 (Description)	預設值 (Default)
linewidth / lw	浮點數 (Float)	設定折線寬度	1.0
color	字串 (String)	設定折線顏色	'b', 'blue'
linestyle	字串 (String)	設定折線的樣式	'-'
marker	字串 (String)	設定折點的樣式	''
markersize/ ms	浮點數 (Float)	設定折點大小	12

```
year = [2010, 2011, 2012, 2013, 2014, 2015]
weight = [62, 61, 63, 65, 63, 64]
plt.plot(year, weight, color='g', marker='*', ms=8.5)
plt.show()
```

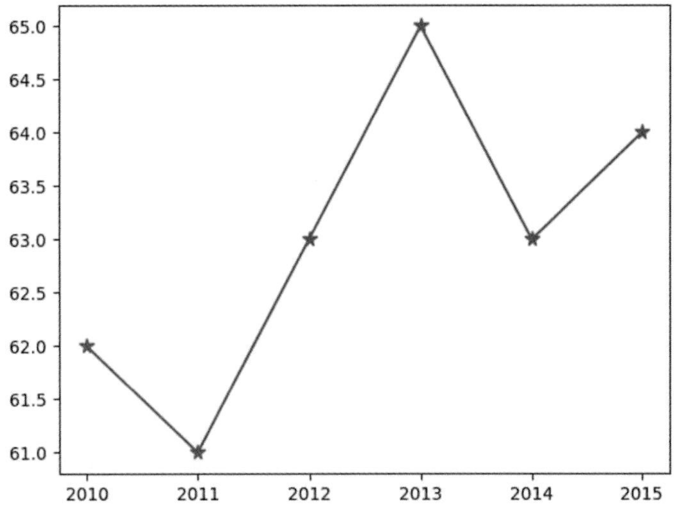

圖 2-64　使用 Matplotlib 繪製不同型式的折線圖

我們也可以繪製多條折線圖，如以下範例所示：

```
year = [2010, 2011, 2012, 2013, 2014, 2015]
weight = [62, 61, 63, 65, 63, 64]
weight2 = [63, 62, 62, 66, 63, 62]
plt.plot(year, weight, color='g', marker='*', ms=8.5)
plt.plot(year, weight2, color='r', marker='p', ms=8.5)
plt.show()
```

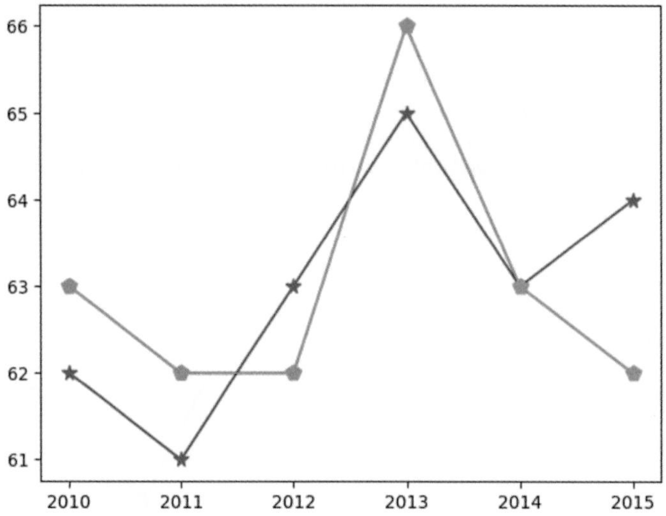

圖 2-65　使用 Matplotlib 繪製多條折線圖

二、圓餅圖

(官方文件：https://matplotlib.org/stable/gallery/pie_and_polar_charts/pie_features.html)

我們可以使用 matplotlib.pyplot.pie() 來繪製圓餅圖，如下所示：

```
labels = ['Protein','Fat','Carbohydrate','Sodium']
weight = [2,2,1,1]
plt.pie(x = weight, labels = labels, autopct='%.2f%%')
plt.axis('equal')
plt.show()
```

圖 2-66　使用 matplotlib.pyplot.pie() 繪製圓餅圖

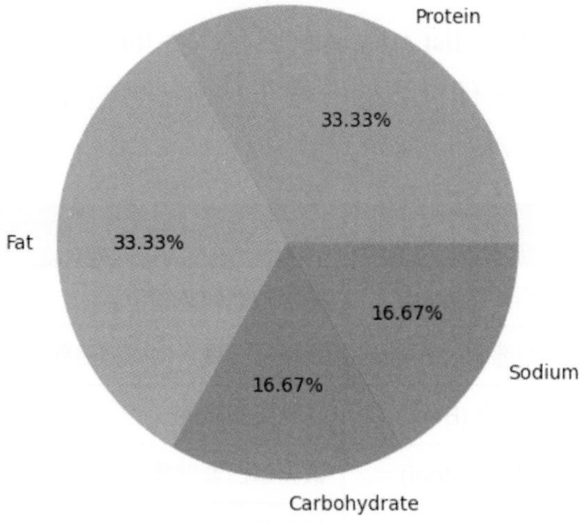

圖 2-66　使用 matplotlib.pyplot.pie() 繪製圓餅圖 (續)

plt.pie() 可以接收我們給它的類別資料，與每個類別各自的數據資料，以上圖爲例，我們將一個食品的營樣成份數據繪製成圓餅圖，其中使用 weight 串列來儲存每個成份佔有多少重量，而 labels 串列中會是記錄每個成分的英文名稱。接者我們可以將其傳給 pie，並將圓餅圖繪出。在 pie 中還有一個參數是 autopct，表示的是我們希望呈現的數值格式。其中 1.2f 表示的是我們希望要呈現到小數點下第二位。

```
separated = [0.1,0,0,0]
plt.pie(x = weight , labels = labels, autopct='%1.1f%%',explode=separated, \
        shadow=True)
plt.axis('equal')
plt.show()
```

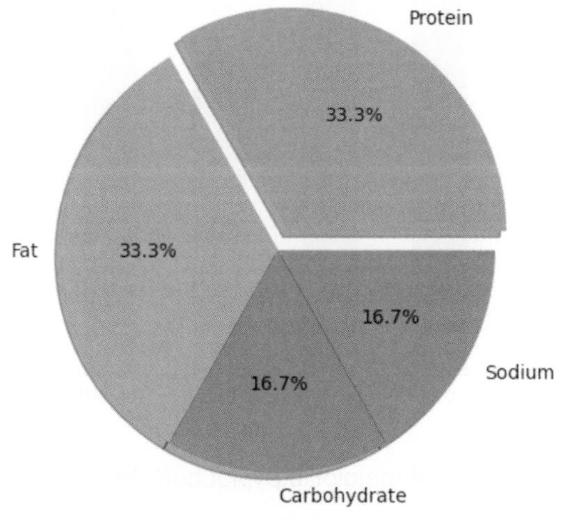

圖 2-67　使用 matplotlib.pyplot.pie() 繪製不同的圓餅圖

另外，在上圖 2-67 中，若我們想要凸顯 protein 的重要，也可以設定 explode 的值，需要給的參數是 tuple 或是 list，給定的值越大，則該餅就會離得越遠，分得越開。我們也可以設定 shadow，但需要給一個布林值，若給 True，呈現的圓餅圖就會有陰影，如圖 2-67 所示。並列出一些常見的參數。

參數名稱 (Property)	型別 (DataType)	用途描述 (Description)	預設值 (Default)
autopct	字串 (String)	調整圓餅圖數值格式	None
explode	陣列型態 (Array-like)	調整每一塊與中心的距離	None
shadow	布林值 (Bool)	是否要有陰影	False
normalize	布林值 (Bool)	數值是否要做標準化	True
counterclock	布林值 (Bool)	是否順時針呈現數值	True
colors	陣列型態 (Array-like)	調整顏色	None

三、長條圖

(官方文件：https://matplotlib.org/stable/api/_as_gen/matplotlib.pyplot.bar.html)

我們可以使用 matplotlib.pyplot.bar() 來繪製長條圖，如下所示：

```
x = ["(0,50]","(50,60]","(60,70]","(70,80]","(80,90]","(90,100]"]
h = [8,12,14,10,15,9]
plt.bar(x,h, color='b', width=0.5)
plt.show()
```

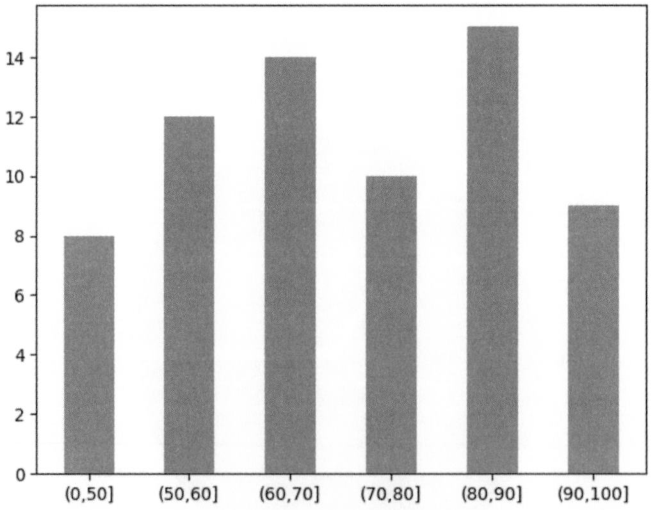

圖 2-68　使用 matplotlib.pyplot.bar() 繪製長條圖

plt.bar() 可以接收我們給它 x 軸的資料類別，與每個類別各自的數據資料，以上圖為例，我們將一個考試分佈圖，繪製在長條圖中。而它也可以接收我們給的額外參數，例如：width 即是設定每一條長條圖的寬度，可以透過 color 來設定每一條長條圖的顏色。如圖 2-69 所示，我們也可以在圖中劃上平均線，以呈現每條長條圖是否處於平均之上，如圖 2-70 所示。在下表中提供了其他常見的參數介紹。

```
x = ["(0,50]","(50,60]","(60,70]","(70,80]","(80,90]","(90,100]"]
h = [8,12,14,10,15,9]
color = ['r','r','b','b','b','b']
plt.bar(x,h, color=color, width=0.5)
plt.show()
```

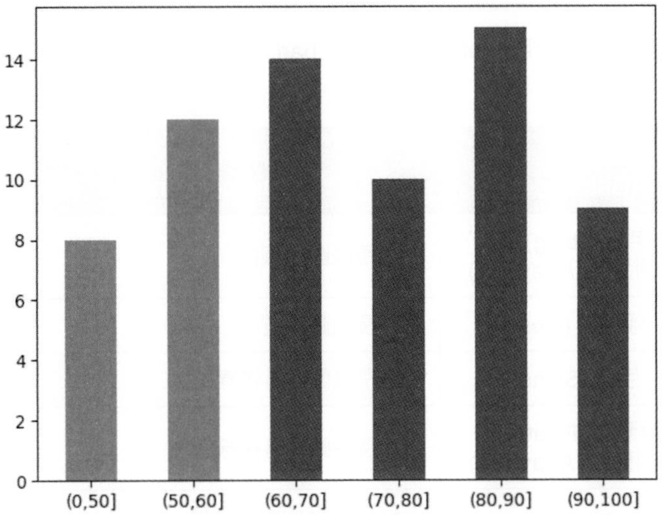

圖 2-69　使用 matplotlib.pyplot.bar() 繪製不同的長條圖

```
x = ["Taipei","New Taipei","Taoyuan","Taichung","Kaohsiung","Tainan"]
h = [264, 401, 224, 279, 277, 188]
color = ['b','r','b','b','b','b']
plt.bar(x,h, color='b', width=0.7, edgecolor=color, linewidth=2, align='edge')
plt.axhline(y=sum(h)/len(h), c="r", ls="--", lw=2)
plt.show()
```

圖 2-70　使用 matplotlib.pyplot.bar() 繪製不同的長條圖

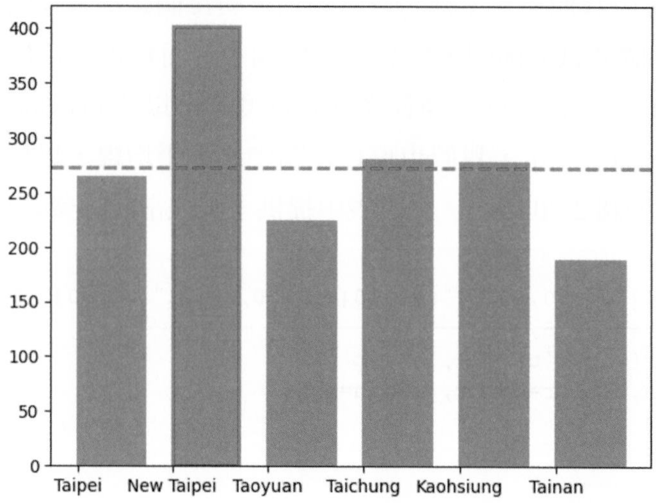

圖 2-70　使用 matplotlib.pyplot.bar() 繪製不同的長條圖 (續)

參數名稱 (Property)	型別 (DataType)	用途描述 (Description)	預設值 (Default)
color	字串 (String) 或 陣列型態 (Array-like)	調整長條圖的顏色	‘b’
width	浮點數 (Float)	調整長條圖的寬度	0.8
edgecolor	字串 (String)	調整長條圖的外邊線顏色	None
linewidth	浮點數 (Float) 或 陣列型態 (Array-like)	調整長條圖的外邊線粗度	0 (沒有外邊線)
align	字串 (String)	調整長條圖的對齊位置，如為‘edge’，長條圖會移到下方標籤的邊緣。	‘center’

四、直方圖

(官方文件：https://matplotlib.org/stable/api/_as_gen/matplotlib.pyplot.hist.html)

我們可以使用 matplotlib.pyplot.hist() 來繪製直方圖，如下所示：

```
data = ["Sunny","Rainy","Cloudy", "Sunny", "Sunny", "Rainy","Rainy","Rainy", "Cloudy"]
plt.hist(data, bins=3, orientation='vertical')
plt.xlabel('weather')
plt.ylabel('counts')
plt.show()
```

圖 2-71　使用 matplotlib.pyplot.hist() 繪製直方圖

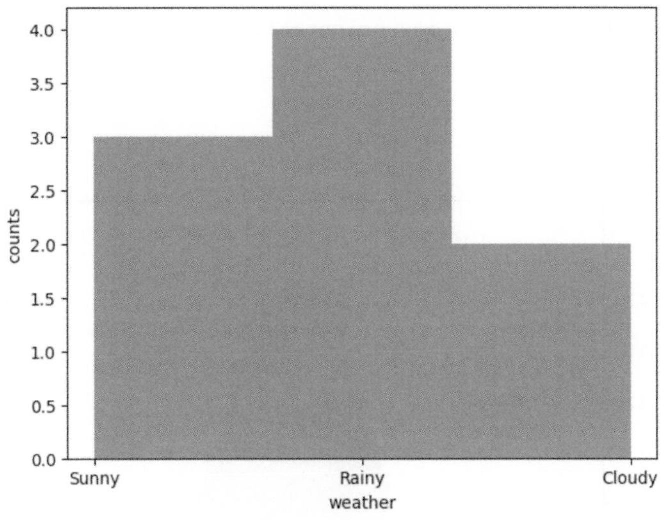

圖 2-71　使用 matplotlib.pyplot.hist() 繪製直方圖 (續)

直方圖主要會用來計算每個資料出現的次數，其中 bins 表示的是組距，我們可以給‘auto’的字串，讓它自動的調整組距 (圖 2-73)。另外，我們也可以透過 density 這個參數，來換算成每一個數值出現的機率，如圖 2-72 所示。

```
import random
data = [random.normalvariate(0, 1) for _ in range(10000) ]
plt.hist(data, bins=1000, orientation='vertical', density=True)
plt.xlabel('values')
plt.ylabel('density')
plt.show()
```

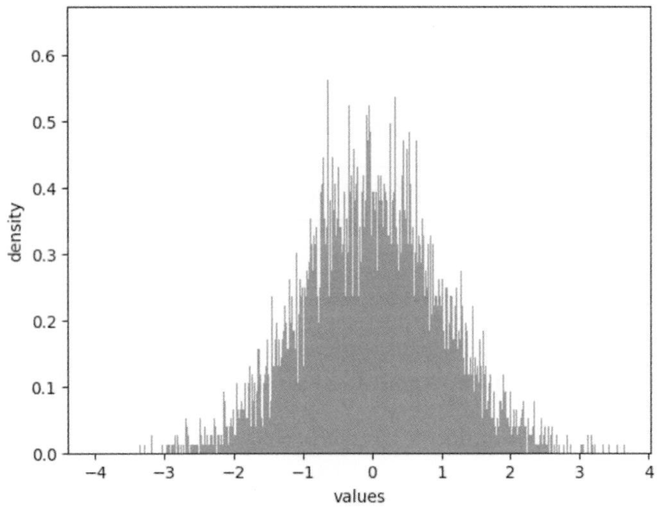

圖 2-72　使用 matplotlib.pyplot.hist() 繪製不同的直方圖 (bins=1000)

```
plt.hist(data, bins='auto', orientation='vertical', density=True)
plt.xlabel('values')
plt.ylabel('density')
plt.show()
```

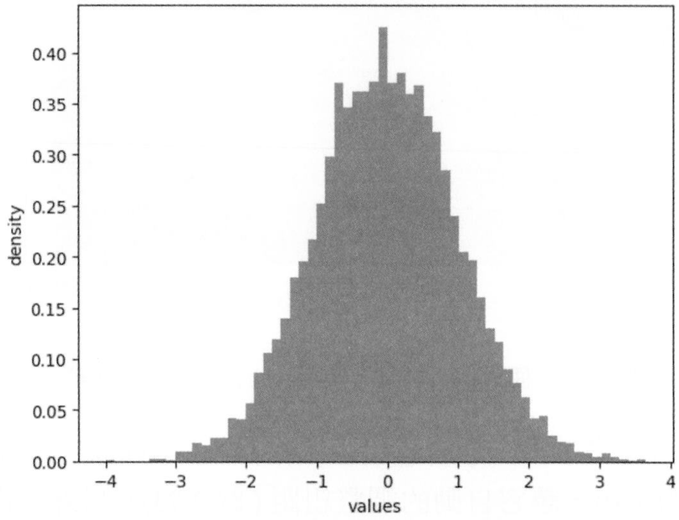

圖 2-73　使用 matplotlib.pyplot.hist() 繪製不同的直方圖 (bins= ‘auto’)

參數名稱 (Property)	型別 (DataType)	用途描述 (Description)	預設值 (Default)
bins	整數 (Integer) 或 字串 (String) 或 陣列型態 (Array-like)	調整直方圖的組距	10
orientation	字串 (String)	調整直方圖的方向，僅可選擇 ‘vertical’ 或是 ‘horizontal’	‘vertical’
density	布林值 (Bool)	選擇是否呈現每個數值出現的機率值	False
color	字串 (String) 或 陣列型態 (Array-like)	調整直方圖的顏色	‘b’
cumulative	布林值 (Bool)	是否呈現累積值	False

五、散佈圖

(官方文件：https://matplotlib.org/stable/api/_as_gen/matplotlib.pyplot.scatter.html)

我們可以使用 matplotlib.pyplot.scatter() 來繪製散佈圖，如下所示：

```
x = [random.randint(10,500) for _ in range(60)]
y = [random.randint(10,500) for _ in range(60)]
plt.scatter(x,y)
plt.show()
```

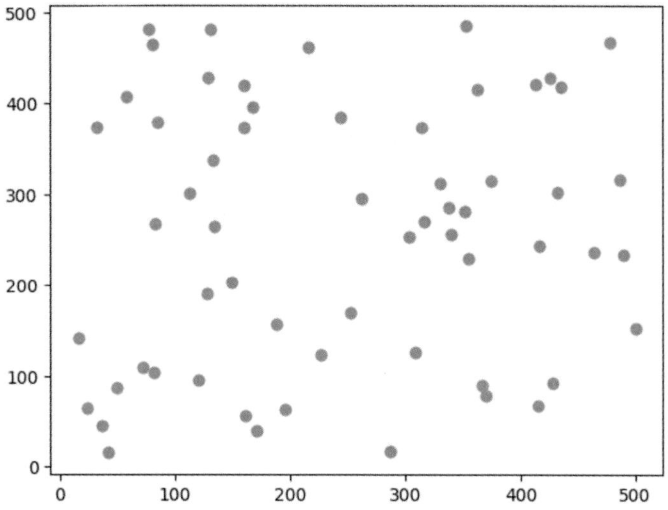

圖 2-74　使用 matplotlib.pyplot.scatter() 繪製散佈圖

```
import numpy as np
x = [i for i in range(50)]
y = [[3*x_element+random.randint(10,100) for x_element in x] for _ in range(3)]
size2 = np.random.randint(10,60, size=(3,50))
for i in range(0,3):
  plt.scatter(x, y[i], s=size2[i], alpha=0.8)
plt.show()
```

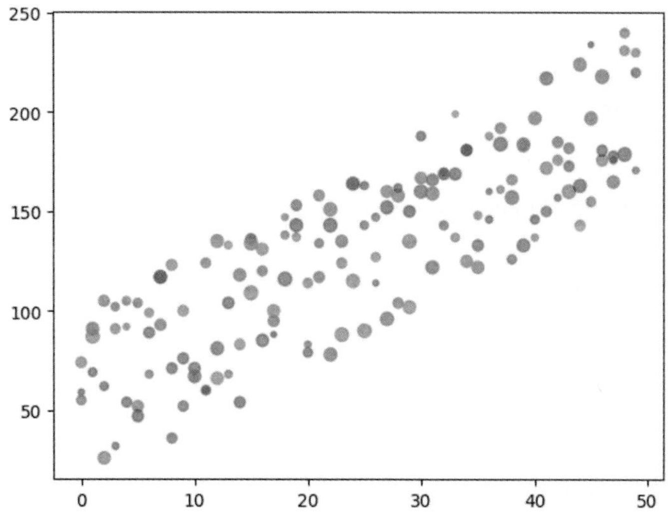

圖 2-75　使用 matplotlib.pyplot.scatter() 繪製多組資料的散佈圖

參數名稱 (Property)	型別 (DataType)	用途描述 (Description)	預設值 (Default)
alpha	浮點數 (Float)	調整透明度，越接近 0 越透明	1
s	浮點數 (Float) 或 陣列型態 (Array-like)	調整散佈圖上點的大小	None
c	陣列型態 (Array-like)	調整散佈圖上點的顏色	None

六、繪製多張數值圖，並組合成一張圖

我們可以使用 plt.subplots 來繪製子圖。範例程式碼如圖 2-76：

```
1 plt.style.use('dark_background')
2 figure, axes = plt.subplots(2,2, constrained_layout=True)
3
4 # pie chart
5 labels = ['Protein','Fat','Carbohydrate','Sodium']
6 weight = [2,2,1,1]
7 axes[0, 0].pie(x = weight, labels = labels, autopct='%.2f%%', textprops={'fontsize': 8})
8 plt.axis('equal')
9
10 # plot
11 year = [2010, 2011, 2012, 2013, 2014, 2015]
12 weight = [62, 61, 63, 65, 63, 64]
13 weight2 = [63, 62, 62, 66, 63, 62]
14 axes[0, 1].plot(year, weight, color='g', marker='*', ms=8.5)
15 axes[0, 1].plot(year, weight2, color='r', marker='p', ms=8.5)
16
17 # bar
18 x = ["50","60","70","80","90","100"]
19 h = [8,12,14,10,15,9]
20 axes[1, 0].bar(x,h, color='b', width=0.5)
21
22 # histogram
23 data = [random.normalvariate(0, 1) for _ in range(10000) ]
24 axes[1, 1].hist(data, bins=1000, orientation='vertical', density=True)
25 plt.xlabel('values')
26 plt.ylabel('density')
27
28
29 axes[0, 0].set_title("pie chart", fontsize=12)
30 axes[0, 1].set_title("line chart", fontsize=12)
31 axes[1, 0].set_title("bar chart", fontsize=12)
32 axes[1, 1].set_title("histogram", fontsize=12)
33
34 plt.show()
```

圖 2-76　使用 matplotlib.pyplot.subplots() 繪製多組不同的資料圖

在以上的例子中，我們結合前面介紹的圓餅圖、折線圖、長條圖及直方圖在同一張圖中，在第一行程式碼中我們改變繪圖的風格，使用的是“ggplot”的繪圖風格，另外也有“dark_background”，“grayscale”，“fivethirtyeight”等風格可以選擇。在第二行程式碼中，我們可以設定子圖要有幾列幾行，在上方的例子設定要有 2 列 2 行，而後方的參數，contrained_layout 若設定爲 True，我們的子圖就會被自動的調整大小與間距，避免文字有重疊的現象。

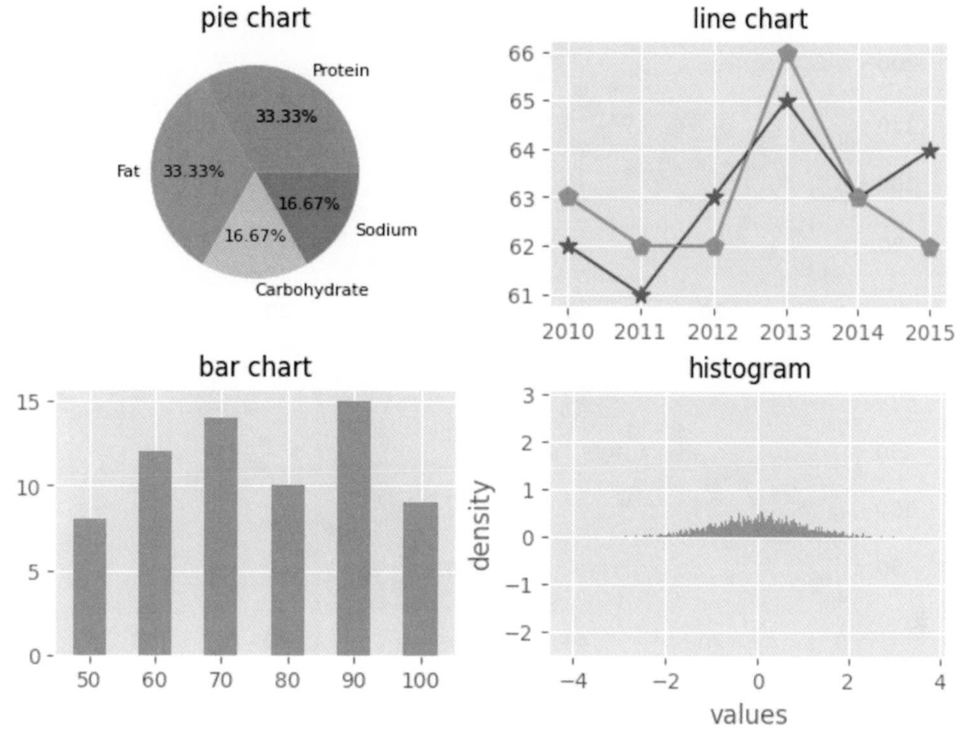

圖 2-76　使用 matplotlib.pyplot.subplots() 繪製多組不同的資料圖 (續)

在下方的程式碼中，我們可以設定每個子圖需要被擺放的位置，例如第 7 行、第 14-15 行、第 24 行與第 27 行，透過 axis[x,y] 來將子圖放在第 *x* 列第 *y* 行的地方，而在第 29 ～ 32 行程式碼中，可以設定每個子圖的標題，後方的 fontsize 也可以設定標題的大小。

另外，還有一種設定繪製子圖的方式，如以下範例程式碼：

```
x = [i for i in range(50)]
y = [[3*x_element+random.randint(10,100) for x_element in x] for _ in range(4)]
size = np.random.randint(10,60, size=(4,50))

for i in range(0,4):
    plt.subplot(221+i)
    plt.scatter(x, y[i], s=size[i], alpha=0.8)
plt.show()
```

圖 2-77　使用 matplotlib.pyplot.subplots() 繪製多張散佈圖

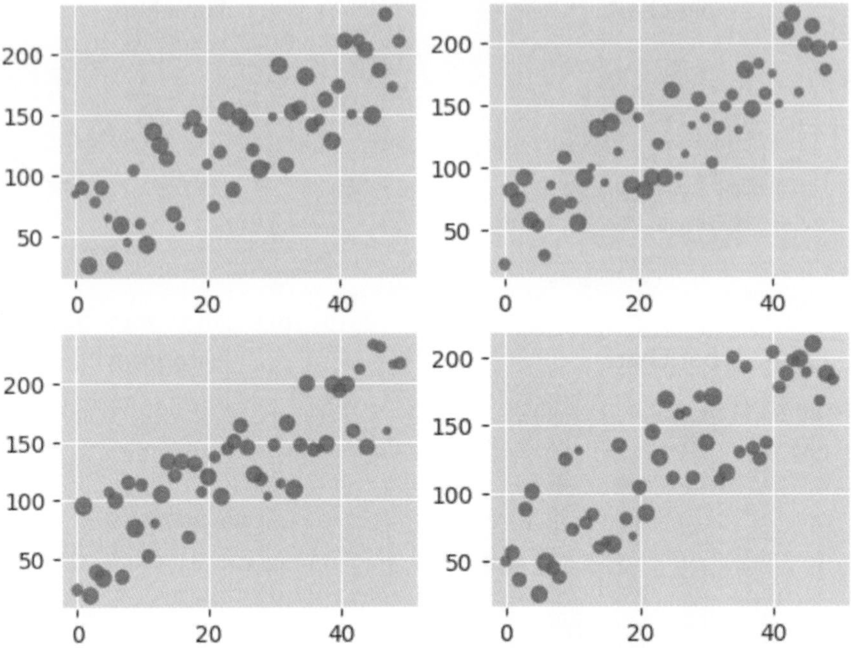

圖 2-77　使用 matplotlib.pyplot.subplots() 繪製多張散佈圖 (續)

我們可以直接使用 plt.subplot 來繪製，在上方的第 6 行程式碼中，可以看到使用 plt.subplt(221)(在第一次的迭代中)，221 表示的是要畫 2 列 2 行的圖，而 1 表示的是 index，也就是會畫在四個子圖中左上的位置。其 index 的順序關係是由上而下，由左而右的順序，示意圖如圖 2-78 所示：

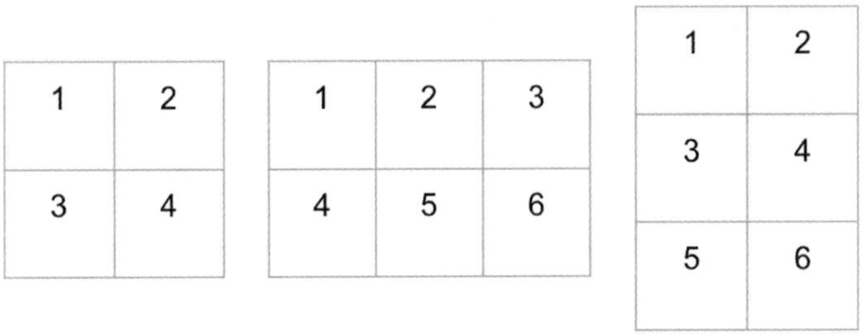

圖 2-78　index 的順序示意圖

參考：

- Google Colab (https://colab.research.google.com/)
- Numpy (https://numpy.org/)
- Pandas (https://pandas.pydata.org/)
- PyTorch (https://pytorch.org/)
- Matplotlib (https://matplotlib.org/)

NOTE

3 CHAPTER

機器學習與深度學習基礎

本章重點

3-1 機器學習基礎 (Basic of Machine Learning)

3-2 深度學習基礎 (Basic of Deep Learning)

3-1 機器學習基礎 (Basic of Machine Learning)

近年來，機器學習有相當多的應用情境，而機器學習一詞顧名思義就是要讓機器可以跟人類一樣具備學習能力。回想一下，在過去的求學階段我們如何進行學習？一部分來自師長的教導，一部分有來自接受大量的資訊，更解了許多習題及歷經大大小小的考試等，在解習題和考試中所犯的各種錯誤，使我們有機會修正自己的思路。

機器學習的方式與人類的學習過程相當類似。我們會告訴機器一個學習的方向，讓機器看過很多資料，並回饋給機器目前學習的結果，讓它能夠修正、找到一個方法來得到距離目標最近的答案。在接下來的小節中，會介紹機器學習的框架、機器學習的分類，以及常見的機器學習模型。

一、機器學習框架 (Machine Learning Framework)

那應該如何教導機器在不同的任務下去作出正確的判斷呢？也許我們可以告訴機器一些規則或是演算法，讓它記取一些判斷式，也就是讓機器基於事先訂定好的規則去做判斷。但是在現實生活中，我們會面臨的狀況實在是太多了，一一列舉出所有的情況並告訴機器似乎變得不太可行。因此後來出現機器學習的方式，也出現五花八門的學習方式，不同的學習方式有著不同的學習框架，但目標都是希望機器可以模擬人類的學習方式，當面臨新的樣本時能跟人類一樣聰明的做出判斷。

而我們其實可以將學習的過程，想像成是一個黑盒子，這個函數它可以接收各式各樣的輸入，並回傳各式各樣的結果。例如：進行分類任務的時候，我們可以把影像交給這個黑盒子，並預期它可以回傳分類結果。在一開始的時候，這個黑盒子回傳的結果可能都是錯誤的，但我們在發現錯誤的時候，可以去修整這個黑盒子並讓它離我們預期的答案越接近越好，也有人會把黑盒子比喻成一個複雜的函數，這個函數可以接收五花八門的輸入，並回傳結果。而學習就是要去找尋一個適合的函數，這個函數在我們的任務下可以表現最好。在機器學習中訓練時的框架如圖 3-1：

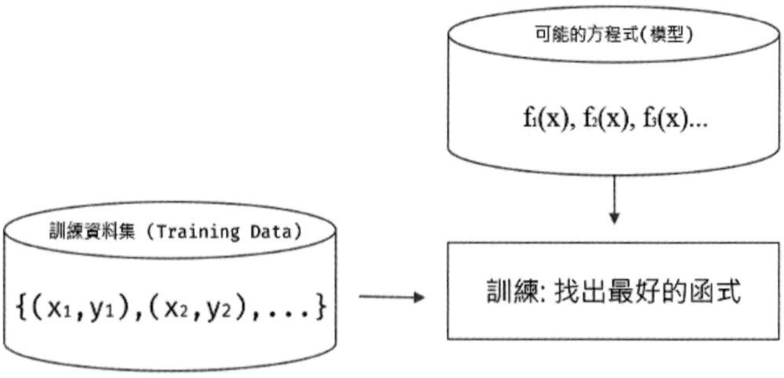

圖 3-1　機器學習的訓練架構圖 (以監督式學習為例)

在學習的過程中，我們通常會準備一大筆資料去找出最適合的模型。圖 3-2 中的 x 表示的是輸入資料，y 表示的是標準答案，而我們的目標就是希望可以讓這個函數看過許多的樣本資料，藉此幫助它找到一個最適合的函數 (或稱作模型)，讓它在面臨沒有看過的資料時，也能夠透過輸入資料，回傳最正確的答案 (如圖 3-2 所示)。

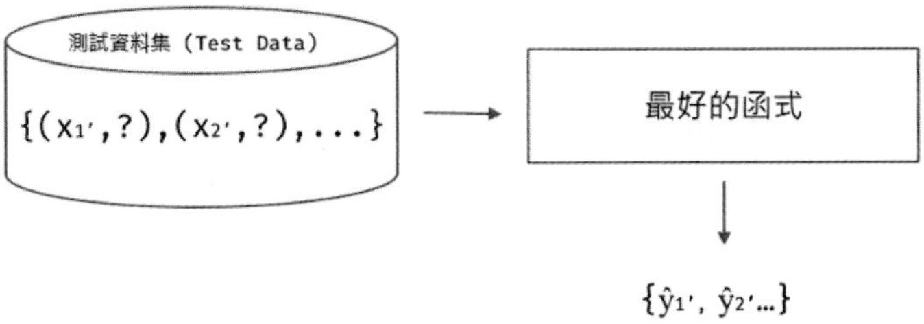

圖 3-2　機器學習的測試架構圖 (以監督式學習為例)

二、機器學習的分類

在機器學習中往往會根據訓練資料集中「被標籤的資料 (labeled data)」的多寡來做分類。標籤指的是我們替輸入的資料標上預期輸出結果的標籤，通常可以透過人力來進行，但這樣就會需要額外的人力成本，又或者是使用一些開發工具來進行快速且粗淺的標籤，但這樣標籤的品質可能就不如人力標籤的好。標籤的品質通常也會直接地影響到模型的表現。在機器學習中有各式各樣的學習方式，接者將會逐一介紹：

1. 監督式學習 (Supervised Learning)

監督式學習相當的直觀，是指訓練資料中有完整的標記過的資料 (labeled data or ground truth data)，當模型在得到輸入之後，產生輸出結果，因爲我們擁有標準答案，因此可以計算每一筆的輸出結果和標準答案相差多遠，並且參考這個差距來改良模型，使其往預期的表現前進，常見的應用爲迴歸和分類。

2. 非監督式學習 (Unsupervised Learning)

又稱作無監督式學習，這類學習和監督式學習相反，是指訓練資料中並沒有任何已標籤的資料，因此模型必須從數據資料集本身找出一定的規則，產生某種能給出結果的模式。而在非監督學習中最經典的應用就是分群演算法，另外近年來很熱門的生成對抗網路 (GAN) 也是屬於非監督式學習的一種，在後續的章節中我們會再詳細的介紹。

3. 半監督式學習 (Semi-supervised Learning)

半監督式學習可以說是介於監督式學習和非監督式學習之間，訓練資料會有一群有標記過的資料，以及一群沒有標籤的資料，且有標記的資料往往會比沒有標記的資料要少很多。

4. 弱監督式學習 (Weakly-supervised Learning)

訓練資料集的品質較差，可能有些標記錯誤或是有些雜訊。

5. 小樣本學習 (Few-shot Learning)

訓練資料集中有標註的資料更少，可能僅使用 1-shot、3-shot、5-shot，即代表使用一筆、三筆或五筆有標註的訓練資料。

6. 持續學習 (Continuous Learning)

持續學習主要是要解決災難性遺忘問題 (Catastrophic Forgetting)，而所謂的災難性遺忘問題指的是，當模型在學習完一個任務之後要再去學習新的任務的時候，有可能會遺忘過去學過的內容，因此持續學習就是希望模型可以不要忘記過去學習內容的一種學習方式。

三、監督式學習：迴歸分析 (Regression)

迴歸是很常見的分析數據方法，屬於監督式學習的一種，其主要的目的是要了解自變數與應變數之間的關係。根據自變數和應變數的多寡又可以分成簡單迴歸或是多元迴歸，也可以根據我們使用的迴歸方法分成線性迴歸或是非線性迴歸，而以下會使用線性迴歸進行介紹：

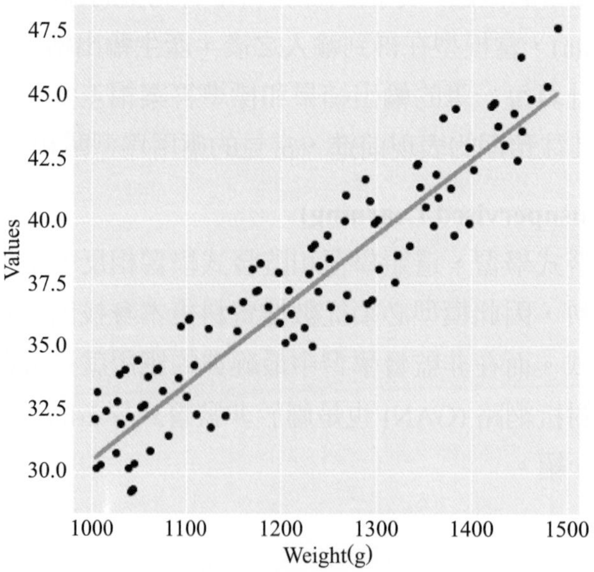

圖 3-3　線性迴歸示意圖

如圖 3-3 所示，假設我們想知道蘋果的重量和價錢的關係，大致上的關係如何，我們就可以搜集許多蘋果相關的資料點，再進行迴歸分析。

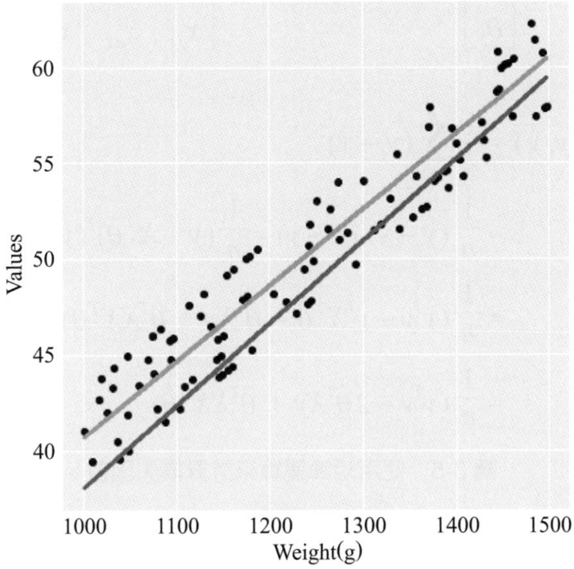

圖 3-4　線性迴歸示意圖

圖 3-4 中我們可以發現，藍色的線比綠色的線還來得適合描繪蘋果的關係，因爲各點到藍色線的距離比起各點到綠色線的距離還要來得少。因此，我們的目標就是希望可以找出一條線，利用這條線預測出的結果產生的誤差越小越好。而線性迴歸可以透過兩個方法來實作：分別是正規方程法及梯度下降法。

1. 正規方程法：

在這個方法中，我們需要使用矩陣運算來求得模型參數 (此處模型指的是預測的直線)，假設單變量的輸入爲 x，應變量爲 y，且共有 n 個資料點，此 n 個資料點可以使用 x 和 y 來表示。假設簡單線性迴歸模型之參數爲 $\theta=[\theta_0,\theta_1]^T$，而我們的目標是希望這個模型可以越精確地描繪出資料的趨勢越好，因此將目標函數 (損失函數) 設爲 $\sum_{i=0}^{n}[y_i-(\theta_0+x_i\theta_1)]^2$ (此時所使用的損失函數爲 L2 的損失函數)，此損失函數計算的是模型預測結果和標準答案的誤差，將所有預測結果和標準答案 (應變量) 相減，計算兩者之間的差距，再進行平方的運算，我們希望可以極小化這個誤差來取得最好的預測模型。

$$y=\begin{bmatrix} y_1 \\ y_2 \\ \vdots \\ y_3 \end{bmatrix},\theta=\begin{bmatrix} \theta_1 \\ \theta_2 \\ \vdots \\ \theta_3 \end{bmatrix},x=[x_1\ x_2\ x_3\cdots x_n]=\begin{bmatrix} 1 & 1 & 1 & \cdots & 1 \\ x_{11} & x_{12} & x_{13} & \cdots & x_{1n} \\ \vdots & \vdots & \vdots & & \vdots \\ x_{d1} & x_{d2} & x_{d3} & \cdots & x_{dn} \end{bmatrix}$$

$$\begin{aligned} MSE(y,\hat{y}) &= \frac{1}{n}\sum_{i=1}^{n}(y_i-\hat{y})^2 \\ &= \frac{1}{n}(y-\hat{y})^T(y-y)=\frac{1}{n}(y-X^T\hat{\theta})^T(y-X^T\hat{\theta}) \\ &= \frac{1}{n}(y^Ty-y^TX^T\hat{\theta}-\hat{\theta}^TXy+\hat{\theta}^TXX^T\hat{\theta}) \\ &= \frac{1}{n}(y^Ty-2\hat{\theta}^TXy+\hat{\theta}^TXX^T\hat{\theta}) \end{aligned}$$

圖 3-5　使用矩陣運算來計算損失函數

$$\begin{aligned} \frac{\partial MSE(y,\hat{y})}{\partial\hat{\theta}} &= \frac{\partial\frac{1}{n}(y^Ty-2\hat{\theta}^TXy+\hat{\theta}^TXX^T\hat{\theta})}{\partial\hat{\theta}} \\ &\Rightarrow -2Xy+2XX^T\hat{\theta}=0 \\ &\Rightarrow XX^T\hat{\theta}=Xy \\ &\Rightarrow \hat{\theta}=(XX^T)^{-1}Xy \end{aligned}$$

圖 3-6　使用矩陣運算來進行線性迴歸，求得模型參數

而簡單線性迴歸的做法可以使用矩陣運算來進行處理，矩陣的運算如上所示，而其中 $f(x)$ 為損失函數，矩陣的上標 T 表示的是矩陣轉置 (Transpose)，$\hat{\theta}$ 表示的是最好的迴歸模型的參數。而最好的參數即為可以使得損失函數最小的參數。另外，我們可以使用機器學習套件— scikit-learn 來做迴歸，範例程式碼如下：

首先我們要引入套件：

```python
# 引入程式碼所需套件
import random
import numpy as np
import pandas as pd
import matplotlib.pyplot as plt

# 引入 sklean 相關套件
from sklearn.linear_model import LinearRegression
from sklearn.model_selection import train_test_split
from sklearn.preprocessing import StandardScaler
from sklearn.metrics import mean_squared_error
```

圖 3-7　引入範例程式碼需使用的套件

並產生我們需要使用的資料集，延續先前的例子，假設我們想知道蘋果的重量及價錢之間的關係，可以使用線性方程式來表示。

產生蘋果與價格的資料集，可以切割我們的訓練及測試資料集：

```python
# 自行產生樣本點，假設蘋果的重量和價值呈線性關係
weight = [i for i in range(100, 600)]
values = [weight[i]/1000*40+random.randint(-2, 3) for i in range(500)]

# 將重量與價值用 x 與 y 表示
x, y = weight, values

# 切割訓練集與測試集，test_size設0.2，表示將有20%的資料成為測試集，80%的資料為訓練集。
x_train, x_test, y_train, y_test = train_test_split(x, y, test_size =0.2)

# 對資料進行標準化
std_x = StandardScaler()
x_train = std_x.fit_transform(np.array(x_train)[:,np.newaxis])
x_test = std_x.fit_transform(np.array(x_test)[:,np.newaxis])

std_y = StandardScaler()
y_train = std_y.fit_transform(np.array(y_train)[:,np.newaxis])
y_test = std_y.fit_transform(np.array(y_test)[:,np.newaxis])

# 實例化 sklearn 的 LinearRegression
lr = LinearRegression()

# 將訓練集餵給模型，找尋模型參數
lr.fit(x_train, y_train)

# 將測試集的自變數(蘋果的重量)餵給模型，預測可能的結果.
y_pred = lr.predict(x_test)

# 對預測的結果進行反標準化
y_pred = std_y.inverse_transform(y_pred)
y_real = std_y.inverse_transform(y_test)
x_test = std_x.inverse_transform(x_test)

# 使用 matplotlib 畫圖
plt.scatter(x_test, y_real, color="blue")
plt.plot(x_test, y_pred, color="red", linewidth=3)

# 設定x軸與y軸的名稱
plt.xlabel("Weight(g)")
plt.ylabel("Values")
plt.show()
```

圖 3-8　引入範例程式碼需使用的套件

接者會將我們的資料做標準化 (第 7 ～ 13 行)，再進行迴歸的計算 (第 15 ～ 16 行)，接下來將測試資料丟入我們的模型中預測結果 (第 18 行)，並將產生的結果進行反正規化 (第 18 ～ 20 行)，最後將我們的預測線及眞實資料分布繪製出來 (第 22 ～ 27 行)。

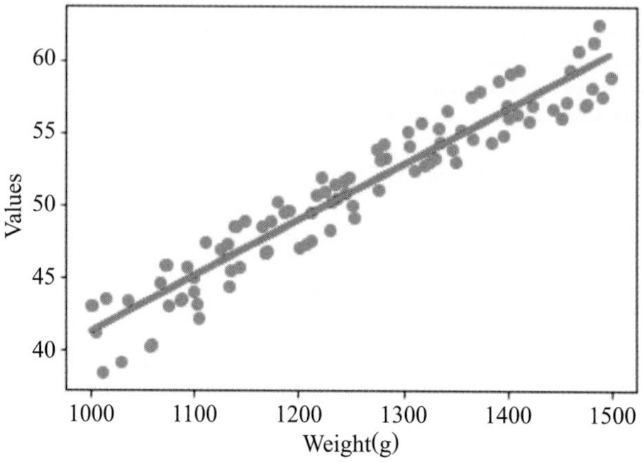

圖 3-9　線性迴歸結果

2. 梯度下降法

另外，我們也可以使用梯度下降法 (請參考範例程式碼)。在這項實作中，我們會讀取一個資料 (data.mat)，若將此資料繪製出來會如圖 3-10 所示。

```
import numpy as np
from scipy.io import loadmat
import matplotlib.pyplot as plt

# 讀取提供的資料 data.mat
data = loadmat('./data.mat')

# 將 data 中的 x 與 y 分別讀出
x, y = data['x'],data['y']

# 使用 matplotlib 做圖
plt.plot(x,y); plt.show()
```

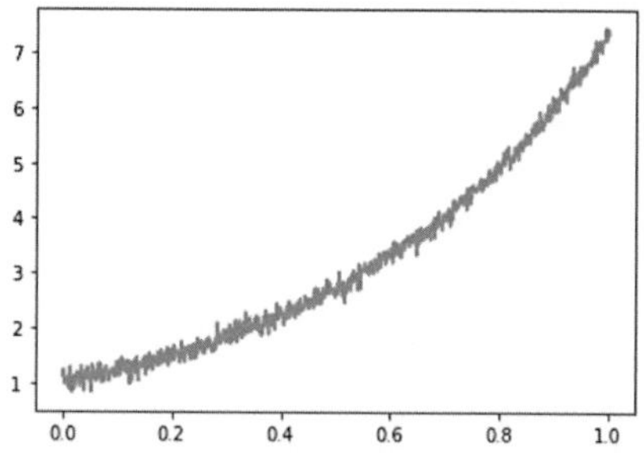

圖 3-10　線性迴歸示意圖

其中自變數爲 x，應變數爲 y，我們的目標是要用一條直線來找 x 與 y 之間的關係，範例程式碼如下：

```
# 簡單線性回歸,即要預測一條直線,此直線的表達式: y = ax + b
a = 1; b = 0                # 初始化 a 與 b
n = len(data['x'])          # n 為樣本點數
learning_rate = 0.3         # 設定學習率
epochs = 1000               # 設定 Epoch 數

for i in range(epochs):

    # 根據目前的模型參數產生預測結果
    y_predicted = a*x + b

    # 計算梯度值
    d_a = (-2/n) * sum(x * (y - y_predicted))
    d_b = (-2/n) * sum(y - y_predicted)

    # 更新參數
    a = a-learning_rate*d_a
    b = b-learning_rate*d_b

# 印出經由梯度下降法求得的參數 a 以及 b
print('a, b =',a[0],b[0])
y_predicted = a*x + b

# 計算預測結果與標準答案的均方誤差(Mean Square Error, MSE)
print('L2 Loss = ', np.mean(pow(y_predicted-y,2)))

# 繪圖 (樣本點以及預測出的直線)
plt.plot(x, y)
plt.plot(x, y_predicted,'r-')
plt.show()
```

```
a, b = 5.98091716963753 0.20702719954941007
L2 Loss =  0.20580596682517396
```

圖 3-11　線性迴歸範例程式碼

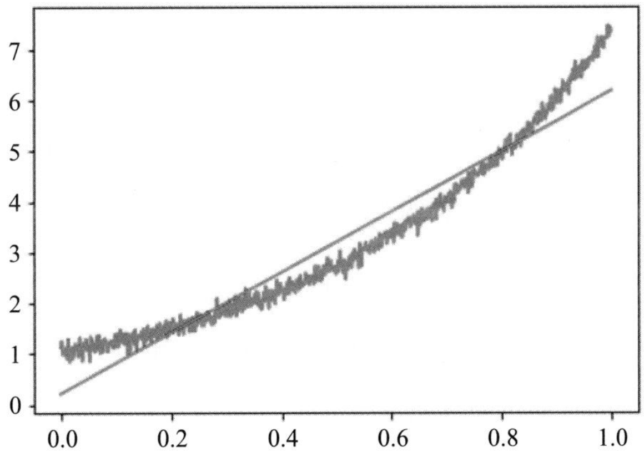

圖 3-12　線性迴歸結果示意圖

而我們也可以使用程式碼來實作在先前提到的，使用矩陣運算來進行線性迴歸，結果如下所示：

```
y_predict = np.array(y)
# 將x補上1的值, 如以上數學式所示
X = np.concatenate((np.ones((1001,1)),np.array(x)),axis=1).T

# 計算模型參數
b, a = (np.dot(np.dot(np.linalg.inv(np.dot(X,X.T)),X),y_predict)).tolist()

# 產生預測結果
y_predicted= b[0] + a[0]*x

# 印出模型參數並計算 L2 Loss
print('a, b = ', a[0],b[0])
print('L2 Loss = ',np.mean(pow(y_predicted-y,2)))

# 繪圖
plt.plot(x,y)
plt.plot(x,y_predicted,'r-')
plt.show()
```

```
a, b =  5.98091716963754 0.20702719954940532
L2 Loss =  0.20580596682517402
```

圖 3-13　使用矩陣運算進行線性迴歸

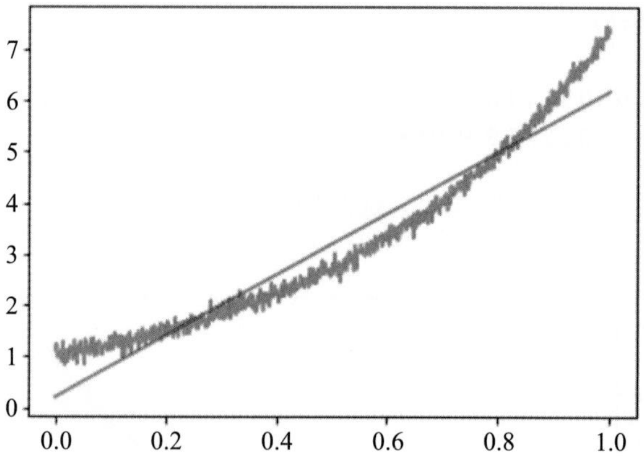

圖 3-14　使用矩陣運算進行線性迴歸結果圖

而以上的方法，我們可以發現迴歸線並不太適合來描繪自變數 x 與應變數 y 之間的關係，因此，我們可以更近一步使用曲線來描繪，範例程式碼如下所示：

```
# 非線性回歸,此處希望預測一條曲線,此曲線的表達式: y = ax^2 + bx + c
a = 1; b = 0; c = 0       # 初始化模型參數 a, b, c
n = len(data['x'])        # n 為樣本點數
learning_rate = 0.3       # 設定學習率
epochs = 2000             # 設定 Epoch 數

for i in range(epochs):

    # 根據目前的模型參數產生預測結果
    y_predicted = a*x*x + b*x + c

    # 計算梯度
    d_b = (-2/n) * sum(x * (y - y_predicted))
    d_c = (-2/n) * sum(y - y_predicted)
    d_a = (-2/n) * sum(x *x *(y - y_predicted))

    # 更新模型參數
    a = a-learning_rate*d_a
    b = b-learning_rate*d_b
    c = c-learning_rate*d_c

# 印出經由梯度下降法求得的參數 a, b, c
print('a, b, c =',a[0], b[0], c[0])
y_predicted = a*x*x + b*x + c

# 計算預測結果與標準答案的均方誤差(Mean Square Error, MSE)
print('L2 Loss = ',np.mean(pow(y_predicted-y,2)))

# 繪圖 (樣本點以及預測出的曲線)
plt.plot(x,y)
plt.plot(x,y_predicted,'r-')
plt.show()
```

```
a, b, c = 5.746239695873643 0.2380015284105624 1.1620685451366861
L2 Loss =  0.015792146372415744
```

圖 3-15　使用梯度下降法進行二次方迴歸結果圖

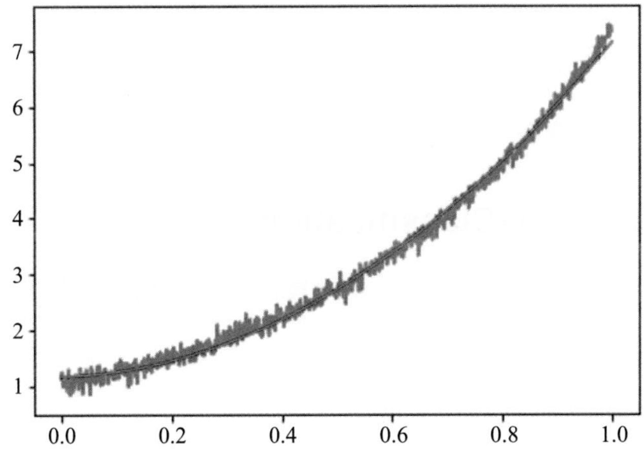

圖 3-16　非線性迴歸結果示意圖

同樣我們也可以使用矩陣運算來進行非線性迴歸。

```
y_predict = np.array(y)
# 將x補上1的值，如以上數學式所示
X = np.concatenate((np.ones((1001,1)),np.array(x),np.array(pow(x,2))),axis=1).T

# 計算模型參數
c, b, a = (np.dot(np.dot(np.linalg.inv(np.dot(X,X.T)),X),y_predict)).tolist()

# 產生預測結果
y_predicted= c[0] + b[0]*x + a[0]*x*x

# 印出模型參數並計算 L2 Loss
print('a, b, c = ',a[0], b[0], c[0])
print('Loss = ',np.mean(pow(y_predicted-y,2)))

# 繪圖
plt.plot(x,y)
plt.plot(x,y_predicted,'r-')
plt.show()
```

```
a, b, c =  5.837350079181457 0.14356709045604127 1.1789459877331252
Loss =  0.015744919931207565
```

圖 3-17　矩陣運算的非線性迴歸程式碼

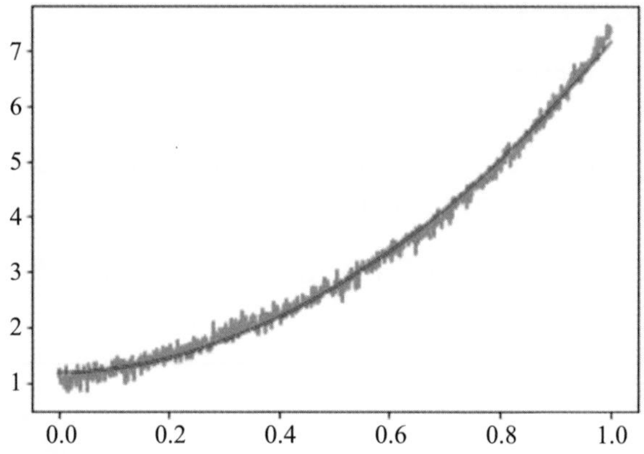

圖 3-18　矩陣運算的非線性迴歸結果示意圖

四、監督式學習：分類 (Classification)

在分類任務中，有很多的演算法可以去實作分類任務，常見的演算法包含：

(一) 決策樹 (Decision Tree)

樹是一種資料結構，往往會由多個節點所組成。

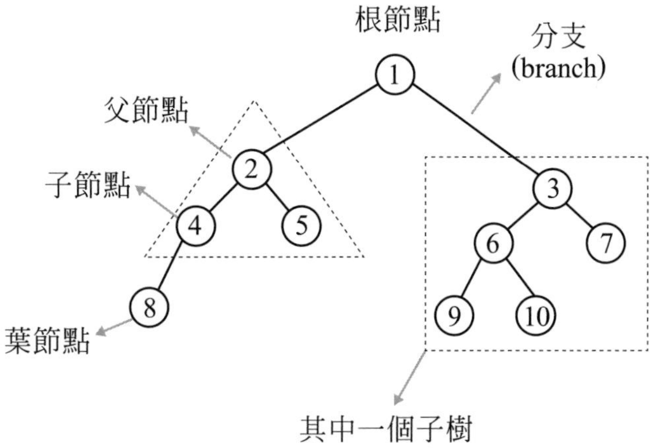

圖 3-19　樹結構示意圖

決策樹是一種如圖 3-19 樹架構圖常見的分類方式，它的優點在於有高度的可解釋性且能夠在短時間內處理大量的資料。其結構會如圖 3-20 所示：

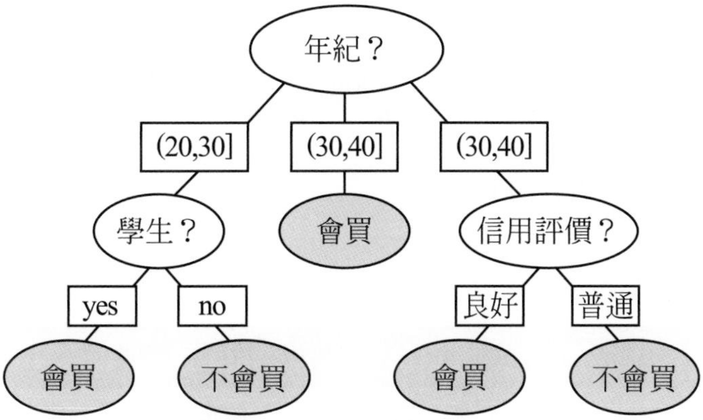

圖 3-20　決策樹架構圖

可以從圖中看到，在葉節點的部分我們會放的是分類的結果，而在其餘的節點中我們會問一些有助於分類任務的問題，經過層層的問題後，就能夠做出判斷。那要如何決定決策樹該怎麼建置呢？我們通常會希望決策樹不要建得太高，因此會傾向於將能夠分得比較乾淨的問題放在離根部比較近的地方。

而我們會使用混亂評估指標，來幫助我們決定每個節點應該要放入什麼條件，常見的亂度評估指標有：資訊獲利 (Information gain)、增益比率 (Gain ratio)、吉尼係數 (Gini index)。

而在解釋以上的亂度評估指標之前，要先介紹熵 (Entropy) 的概念，熵經常被用來評估自然系統中的亂度。如圖 3-21 中，我們可以看到若被分類到其中一類的機率是 0.5 的話，就會有比較高的亂度。

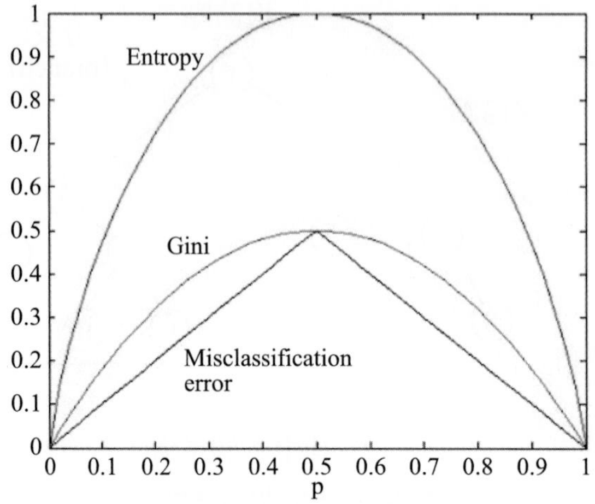

圖 3-21　Entropy、Gini、Misclassification 示意圖

而 Information gain 的計算方法如下所示：

$$\text{Gain}(x) = I(p,n) - E(x)$$

$$I(p,n) = -\frac{p}{p+n}\log_2\frac{p}{p+n} - \frac{n}{p+n}\log_2\frac{n}{p+n}$$

$$E(x) = \sum_{i=1}^{V}\frac{p_i+n_i}{p+n}I(p_i,n_i)$$

以下方例子爲例：

年齡	年收入	是否為學生	信用評價	是否買電腦
(20, 30]	高	否	普通	否
(20, 30]	高	否	良好	否
(30, 40]	高	否	普通	是
(40, 50]	中	否	普通	是
(40, 50]	低	是	普通	是
(40, 50]	低	是	良好	否
(30, 40]	低	是	良好	是
(20, 30]	中	否	普通	否
(20, 30]	低	是	普通	是
(40, 50]	中	是	普通	是
(20, 30]	中	是	良好	是

我們需使用以上的樣本來建立決策樹，因此這裡就需要計算分別的 information gain 是多少：

1. 年齡的 Information Gain：

年齡	p_i	n_i	$I(p_i,n_i)$
(20, 30]	2	3	0.971
(30, 40]	2	0	0
(40, 50]	3	1	0.811

$$E(\text{年齡}) = \frac{5}{11}I(2,3) + \frac{2}{11}I(2,0) + \frac{4}{11}I(3,1) = 0.736$$

$$I(7,4) - E(\text{年齡}) = 0.945 - 0.736 = 0.209$$

2. 年收入的 Information Gain：

年收入	p_i	n_i	$I(p_i,n_i)$
低	3	1	0.811
中	3	1	0.811
高	1	2	0.918

$$E(\text{年收入}) = \frac{4}{11}I(3,1) + \frac{4}{11}I(3,1) + \frac{3}{11}I(1,2) = 0.845$$

$$I(7,4) - E(\text{年收入}) = 0.945 - 0.845 = 0.105$$

3. 是否爲學生的 Information Gain：

是否為學生	p_i	n_i	$I(p_i,n_i)$
是	5	1	0.650
否	2	3	0.970

$$E(\text{年齡}) = \frac{6}{11}I(5,1) + \frac{5}{11}I(2,3) = 0.795$$

$$I(6,5) - E(\text{年齡}) = 0.994 - 0.795 = 0.199$$

4. 信用評價的 Information Gain：

信用評價	p_i	n_i	$I(p_i,n_i)$
普通	5	2	0.863
良好	2	2	1

$$E(\text{ 年齡 }) = \frac{7}{11}I(5,2) + \frac{4}{11}I(2,2) = 0.912$$

$$I(7, 4) - E(\text{ 年齡 }) = 0.945 - 0.912 = 0.033$$

因此從以上的計算結果，可以發現若選擇年齡作爲分類的依據，會有較高的 information gain，因此就會選擇年齡作爲分類的節點。

(二) 單純貝氏分類器 (Naive Bayes Classifier)

$$p(c \mid x_1, x_2, x_3 \ldots x_n) = \frac{p(x_1, x_2, x_3 \ldots x_n \mid c)p(c)}{p(x_1, x_2, x_3 \ldots x_n)}$$

接著要介紹的是單純貝氏分類器，這邊會用到一些機率中的貝氏定理的概念。會稱作單純的原因是因爲它假設樣本中的屬性彼此都是獨立的，雖然現實生活中的例子往往都不是如此，但因爲它的運算速度快，複雜度不高，所以還是有很廣泛的應用。

在上方的式子中，左式的條件機率中 $x_1, x_2, x_3 \ldots x_n$ 中表示的是每一個樣本的屬性，而 c 表示的是分類的結果。其中我們關心的是它應該要被分到哪一個類別中，右式中的分母，對於分類的結果並沒有影響，可以省略不考慮。因此，我們可以將原式整理成如下：

$$\begin{aligned}
&p(C \mid F_1,\ldots,F_n)\\
&\propto p(C)p(F_1,\ldots,F_n \mid C)\\
&\propto p(C)p(F_1 \mid C)p(F_2,\ldots,F_n \mid C,F_1)\\
&\propto p(C)p(F_1 \mid C)p(F_2 \mid C,F_1)p(F_3 \mid C,F_1,F_2)p(F_4,\ldots,F_n \mid C,F_1,F_2,F_3)\\
&\propto p(C)p(F_1 \mid C)p(F_2 \mid C,F_1)p(F_3 \mid C,F_1,F_2)\ldots p(F_n \mid C,F_1,F_2,F_3,\ldots,F_{n-1})
\end{aligned}$$

再根據原本的獨立假設：

$$p(F_i \mid C,F_j) = p(F_i \mid C)$$

因此又可將上方的式子，整理成如下：

$$p(C \mid F_1,\ldots,F_n) \propto p(C)p(F_1 \mid C)p(F_2 \mid C)p(F_3 \mid C)\ldots$$
$$\propto p(C)\prod_{i=0}^{n} p(F_i \mid C)$$

以下我們使用一個情境進行說明：

候選人政黨	候選人性別	候選人出生地	是否與現任總統同黨	候選人是否當選
A	男	北部	是	否
C	女	南部	否	否
B	男	北部	是	是
A	男	中部	是	是
B	女	南部	是	是
A	女	南部	否	否
C	女	南部	否	是
B	男	中部	否	否
C	女	南部	是	是
A	女	中部	是	是
C	女	中部	否	否
B	男	中部	否	是
B	女	北部	是	是
A	男	中部	否	否

在這個情境中，有過去總統候選人的相關資料及是否當選的紀錄，我們要使用這些歷史紀錄，來預測未來某候選人當選的機率。因此，根據此表整理出以下幾個表格，方便利用單純貝氏分類器來進行預測。下表爲計算在當選與否的情況下，候選人是某個政黨的機率：

候選人政黨	是否當選	
	是	否
A	2/8	3/6
B	4/8	1/6
C	2/8	2/6

下表爲計算在當選與否的情況下，候選人爲特定性別的機率值：

候選人性別	是否當選	
	是	否
男	3/8	3/6
女	5/8	3/6

下表爲計算在當選與否的情況下，候選人出生於特定地區的機率值：

候選人出生地	是否當選	
	是	否
北部	2/8	1/6
中部	3/8	3/6
南部	3/8	2/6

下表爲計算在當選與否的情況下，候選人是否與現任總統同個政黨的機率值：

是否與現任總統同黨	是否當選	
	是	否
否	2/8	5/6
是	6/8	1/6

此時，我們要來預測新的樣本中，某人是否會當選：

候選人政黨	候選人性別	候選人出生地	是否與現任總統同黨	候選人是否當選
C	男	南部	是	?

根據貝式分類器的公式：

$$p(C \mid F_1,\ldots,F_n) \propto p(C)p(F_1 \mid C)p(F_2 \mid C)p(F_3 \mid C)\cdots$$

$$\propto p(C)\prod_{i=1}^{n} p(F_i \mid C)$$

$p($ 會當選 | 政黨 = C, 性別 = 男 , 出生地 = 南部 , 是否與現在總統同黨 = 是)

$= p($C| 會當選) $p($ 男 | 會當選) $p($ 南部 | 會當選) $p($ 是 | 會當選) $p($ 會當選)

$$= \frac{2}{8}\times\frac{3}{8}\times\frac{3}{8}\times\frac{6}{8}\times\frac{8}{14}=0.01506$$

$p($ 不會當選 | 政黨 = C, 性別 = 男 , 出生地 = 南部 , 是否與現在總統同黨 = 是)

$= p($C| 不會當選) $p($ 男 | 不會當選) $p($ 南部 | 不會當選) $p($ 是 | 不會當選)

$$= \frac{2}{6}\times\frac{3}{6}\times\frac{2}{6}\times\frac{1}{6}\times\frac{6}{14}=0.00396$$

因此會當選的機率是：

$$\frac{0.01506}{0.01506+0.00396}\approx 0.79$$

不會當選的機率是：

$$\frac{0.00396}{0.01506+0.00396}\approx 0.21$$

因此，此人在這樣的條件下，有較高的機率會當選。

(三) 最近鄰居分類法 (Nearest Neighbor Classification，簡稱 NNC)

接著介紹最近鄰居分類法，其演算法流程如下：

1. 計算新的樣本點與其他點的距離
2. 選出 *k* 個最近的鄰居
3. 進行多數決

我們也可以使用以下程式碼來實現 KNN 分類演算法：

我們自行生成不同群的資料，且這些群分別是使用不同的常態分佈製作出來的，有不同的平均值：

```python
import random
import numpy as np
import matplotlib.pyplot as plt
from sklearn.neighbors import KNeighborsClassifier

# 產生樣本點
X = []
center = [[1,2],[3,5],[5,7], [1,5]] # 設定中心點
for idx in range(len(center)):
  for sample_num in range(200):
    vx = np.random.normal(0, 0.5, 1)
    vy = np.random.normal(0, 0.5, 1)
    X.append([float(center[idx][0])+float(vx), float(center[idx][1])+float(vy), idx])
X = np.array(X)

features=list(zip(X[:,0],X[:,1]))
label = X[:,2]

# 實例化KNN分類器
model = KNeighborsClassifier(n_neighbors=5)

# 將資料傳入模型中
model.fit(features, label)

# 產生預測結果
predicted= model.predict([[1.2, 4]])
print("The point is clse to", center[int(predicted[0])])

# 繪圖


#plt.scatter(X[:, 0], X[:, 1], c = label, s=20)

markers = ["*", "o", "v", "s"]
for i in range(4):
    plt.scatter(X[label==i][:,0],X[label==i][:,1], marker=markers[i], s=20)

plt.scatter(1.2, 4, c="black", marker="x", s=100)
plt.show()
```

```
The point is clse to [1, 5]
```

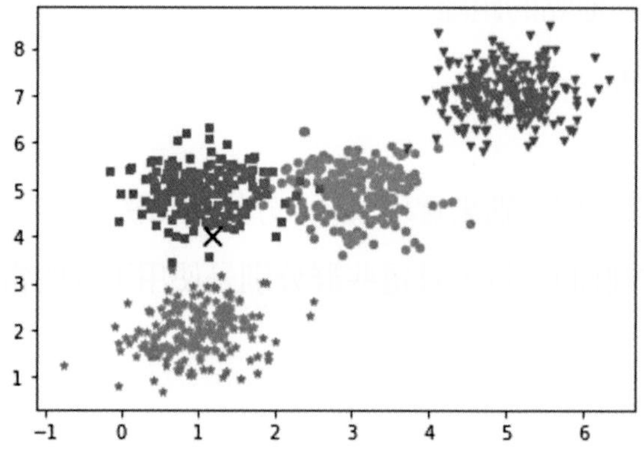

圖 3-22 KNN 範例程式碼

預測結果為 3，代表的是此點屬於由第三個 (1, 5) 中心點生成的群中。且我們將樣本的分佈圖繪出，可以看到我們好奇的點 (1.2, 4) 確實位於經由 (1, 5) 此平均點產生的群中。

(四) 邏輯迴歸 (Logistic Regression)

在邏輯迴歸中我們會結合輸入特徵的線性組合及激活函數 Sigmoid，由於 Sigmoid 可以將定義域的值對應到 0 到 1 的值域，因此它的輸出結果只會介於 0 到 1 之間，我們就可以使用這樣的手法來進行二分類的任務。

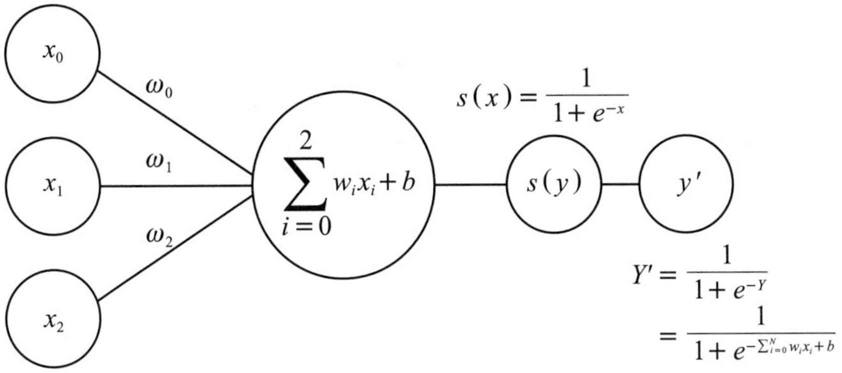

圖 3-23　邏輯迴歸示意圖

(五) 支持向量機 (Support Vector Machine, SVM)

支持向量機透過支持向量進行運算，在求解的過程中只需要根據部分的資料就可以確定分類器，而這些資料就是所謂的支持向量。SVM 模型做的是二分類的任務，它會將低維度空間中，線性不可分的樣本映射到高維的空間，並利用一個超平面對樣本進行分割。我們以一群人與一條繩子爲例，我們要用一條繩子將所有的人分成男生與女生，如示意圖 3-24，我們可以使用邏輯迴歸將男女分開，但這時又來了一群人導致部分分類錯誤，因此我們必須調整繩子才能正確的分類，但這時人群都擠在一起之後，邏輯迴歸已經無法將男生女生分開。然而如圖 3-25，SVM 的演算法可以做到非線性的分類。

圖 3-24　一般的線性可分割任務示意圖

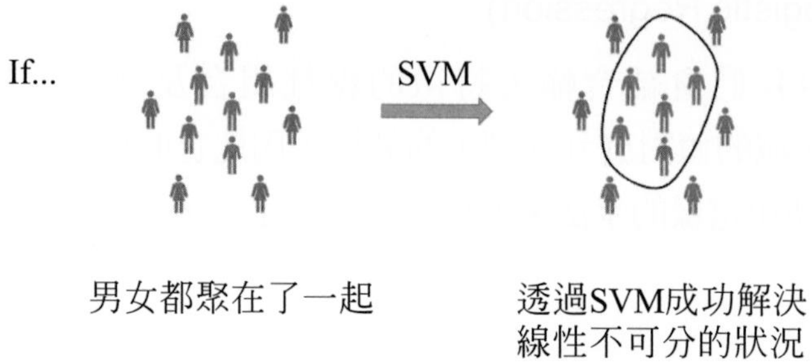

圖 3-25　SVM 處理線性不可分任務示意圖

另外，SVM 的示意圖如圖 3-26 所示，分割的演算法是邊界 (Margin) 最大化來對問題進行求解。

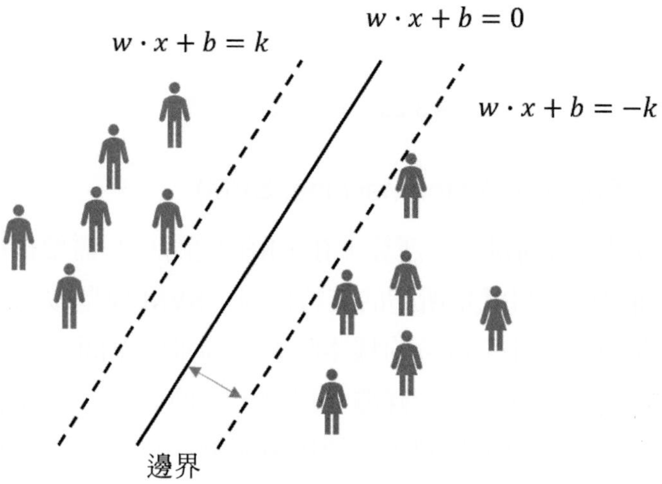

圖 3-26　SVM 分割演算法示意圖

五、非監督式學習：主成分分析 (Principal Component Analysis, PCA)

主成分分析經常被用來做特徵的降維。在處理資料時，有時會面臨維度詛咒 (又稱維數災難) 的問題，亦即當我們的特徵太多，而訓練樣本太少，就會使得模型的預測表現變得不好。因此我們會使用一些演算法來降低維度，盡量地在減少維度的情況下，保留原本樣本的特徵豐富度，而 PCA 就是一個經常被使用的方法。

在 PCA 中，我們會將高維度的特徵做投影，下方的例子，即是將二維平面上的樣本點做投影，投影到一維的線上。圖 3-27 中的 x 軸與 y 軸表示的是樣本的兩個特徵，如果希望只能用一個特徵來表示這些樣本之間的關係，就會透過投影來做降維。

但在投影時有許多選擇，假設有一種是投影到 Z_1 上，另外一種是投影到 Z_2 上，很顯然地，若選擇投影到 Z_2 上，則幾乎所有的樣本都會擠在一個很小的區段之間；反之，若選擇投影在 Z_1 上的，這些樣本就會散落在比較長的區段中。換言之，我們也可以理解爲：在 Z_2 上的新樣本變異數會比較小，在 Z_1 上的新樣本變異數會比較大。

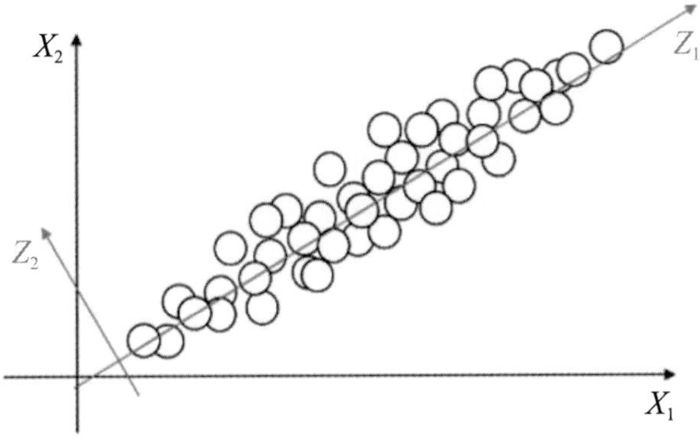

圖 3-27　投影示意圖

基於希望保留樣本的差異性，因此選擇投影到 Z_1 上會比較好。

介紹其數學推導前需先介紹一些數學符號。因爲 PCA 就是要做降維，假設希望可以把原本 d 個維度的特徵降到 d' 維度，其中 d' 會小於等於 d。以下會使用矩陣運算來演示降維的運算：

首先，設原始資料爲 X，以二維陣列表示，共有 m 個樣本點，且每個樣本點有 d 個維度。

$$X = (x_1, x_2, \ldots, x_m) \in R^{d \times m}$$

由於希望將每個樣本點，從原本的 d 維降到 d' 維，因此需要一個轉移矩陣，這個轉移矩陣是二維陣列，有 d 行 d' 列的大小，可以透過矩陣相乘將的每個樣本點投影至 d' 維。

$$W=\begin{bmatrix} w_{11} & w_{12} & \cdots & w_{1d} \\ w_{21} & w_{22} & \cdots & w_{2d} \\ w_{31} & w_{32} & \cdots & w_{3d} \\ \vdots & & & \\ w_{d'1} & w_{d'2} & \cdots & w_{d'd} \end{bmatrix}=\begin{bmatrix} w^1 \\ w^2 \\ w^3 \\ \vdots \\ w^{d'} \end{bmatrix}$$

$$\begin{bmatrix} z_{11} \\ z_{21} \\ z_{31} \\ \vdots \\ z_{d'1} \end{bmatrix}=\begin{bmatrix} w_{11} & w_{12} & \cdots & w_{1d} \\ w_{21} & w_{22} & \cdots & w_{2d} \\ w_{31} & w_{32} & \cdots & w_{3d} \\ \vdots & & & \\ w_{d'1} & w_{d'2} & \cdots & w_{d'd} \end{bmatrix}\begin{bmatrix} x_{11} \\ x_{21} \\ x_{31} \\ \vdots \\ x_{d1} \end{bmatrix}$$

因此，可以想像在上方的 w^1 會負責產生新的第一個維度的特徵，若我們需要找到 d' 個維度的特徵，就需要找到 w^1，w^2，w^3，$w^{d'}$。

延續前述，希望經過降維後的特徵，變異數越大的越好，所以我們需要透過優化方法協助找到合適的 W。

新的第一個特徵的變異數計算如下：

$$\overline{z_1}=\frac{1}{n}\sum z_1=\frac{1}{n}\sum w^1x=w^1\frac{1}{n}\sum x=w^1\overline{\mathrm{x}}$$

$$\mathrm{var}(z_1)=\sum(z_1-\overline{z_1})^2=\sum[w^1(x-\overline{\mathrm{x}})]^2$$

$$\begin{aligned}\mathrm{var}(z_1)&=\sum(w^1)^T(x-\overline{\mathrm{x}})(x-\overline{\mathrm{x}})^T w^1\\&=(w^1)^T\mathrm{cov}(x)w^1\end{aligned}$$

若我們要讓 $\mathrm{var}(z_1)$ 越大，就必須要讓 $(w^1)^T\mathrm{cov}(x)w^1$ 越大，故使用拉格朗日乘數的方法來解：

$$L(w^1)=(w^1)^T\mathrm{cov}(x)(w^1)-\lambda[(w^1)^T(w^1)-I]$$

$$\left.\begin{array}{l}\dfrac{dL(w^1)}{dw_1^1}=0\\[2ex]\dfrac{dL(w^1)}{dw_2^1}=0\\[2ex]\dfrac{dL(w^1)}{dw_3^1}=0\\ \quad\vdots\\ \dfrac{dL(w^1)}{dw_n^1}=0\end{array}\right\}\ 2\,\mathrm{cov}(x)w^1-2\alpha w^1=0$$

經過整理之後會發現，我們要找的 w^1 是 $\text{cov}(x)$ 的特徵向量，且這個特徵向量是對應著 $\text{cov}(x)$ 最大的特徵值。那如果我們要找的是 w^2，就是要找第二大的特徵值，它所對應的向量。

$$(\text{cov}(x) - \alpha I)w^1 = 0$$

$$\text{cov}(x)w^1 = \lambda w^1$$

特徵向量（eigenvector, W）　特徵值（eigenvalue, λ）

$$(w^1)^T\, cov(x)\, w^1 = (w^1)^T \lambda w^1 = \lambda\, (w^1)^T w^1 = \lambda$$

而我們也可以使用 scikit-learn 來實現 PCA：

```
# 引入程式碼所需套件
from sklearn.decomposition import PCA
# 實例化 sklearn 中的 PCA
pca = PCA(n_components=2) #n_components表示的是欲降的維數
data = pca.fit_transform([[2, 4, 4, 4, 9],
                          [6, 3, 0, 8, 7],
                          [5, 4, 9, 1, 8]])
print(data)
```

```
[[-0.30638074  2.58532563]
 [ 5.91855094 -1.18962148]
 [-5.6121702  -1.39570416]]
```

圖 3-28　Scikit-learn 中 PCA 範例程式碼

首先需引入 sklearn 中 PCA 降維套件，並實例化 PCA 的降維方法，n_componets 可以設定我們降到多少個資料個數。

於下方例子中，使用 PCA 在 Mnist 手寫數字影像上，將大小 28×28 的二維影像轉換到一維，降低特徵的維度，接者再轉換回來原特徵大小，來看看不同維度對於影像造成的影響。我們先準備 Mnist 資料集，並將其做標準化。

```
import keras
from keras.datasets import mnist
import numpy as np

# 準備 Mnist 資料集
(x_train, y_train), (x_test, y_test) = mnist.load_data()

# 將資料轉換成浮點數
x_train = x_train.astype('float32')
x_test = x_test.astype('float32')
x_train /= 255; x_test /= 255
```

圖 3-29　Mnist 資料集及下載與前處理

```
import matplotlib.pyplot as plt

dict = {} # 取出每個數字各100張
for n in range(x_test.shape[0]):
    if y_test[n] in dict:
        if dict[y_test[n]].shape[0] > 99:
            continue
        dict[y_test[n]] = np.concatenate((dict[y_test[n]],x_test[n][np.newaxis,:]),0)
    else:
        dict[y_test[n]] = x_test[n][np.newaxis,:]

# 將 dict 中的每個數字取出並拼接成 numpy (N=1000, H=28, W=28)
all_image = dict[0]
for n in range(1,10):
    all_image = np.concatenate((all_image,dict[n]),0)

# 顯示 mnist 影像
def showimg(x_test):
    amount= 50
    lines = 5
    columns = 10
    number = np.zeros(amount)

    for i in range(amount):
        number[i] = y_test[i]

    fig = plt.figure()

    for i in range(amount):
        ax = fig.add_subplot(lines, columns, 1 + i)
        plt.imshow(x_test[i,:,:], cmap='binary')
        plt.sca(ax)
        ax.set_xticks([], [])
        ax.set_yticks([], [])

    plt.show()

# 印出每隔 20 張的手寫影像
showimg(all_image[::20])
```

圖 3-30　影像處理範例程式碼

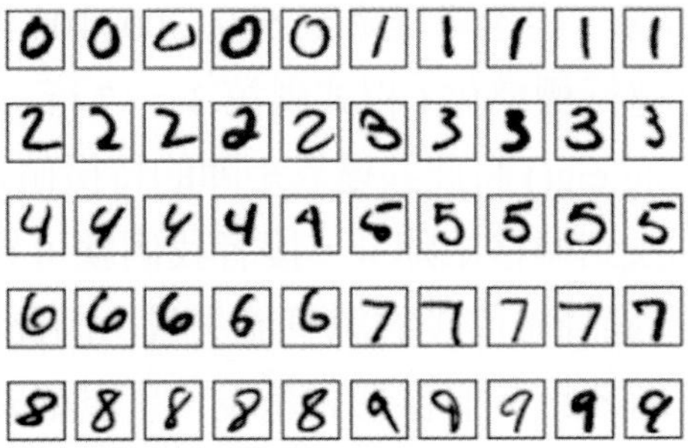

圖 3-31　Mnist 資料影像呈現

接著透過圖 2-30 中的程式碼來查看 Mnist 中的數字 0 ～ 9 的影像，在上方的程式碼中，定義 showimg() 的 function，負責將我們的每一張圖片排列成五列十行的格式，顯示的結果如圖 2-31 所示。接著針對此影像進行降維：

```
# 開始進行不同維度的降維
dimensions = [784, 500, 300, 100, 50, 30]

for d in dimensions:

    # 計算x的共變異矩陣
    flat_x = all_image.reshape(1000,784).T
    flat_x_mean = np.mean(flat_x, axis=1,keepdims=True)
    flat_x_std = np.std(flat_x, axis=1,keepdims=True, ddof=1)
    flat_x_std[flat_x_std == 0] = 1e-10
    flat_x_normalized = ((flat_x - flat_x_mean)/flat_x_std).T
    x_covariance = np.dot(flat_x_normalized.T,flat_x_normalized)

    # 計算共變異矩陣的特徵值以及特徵向量
    eig_value, eig_vector = np.linalg.eig(x_covariance)

    # 對特徵值排序
    eigen_index = np.argsort(-eig_value)
    eigen_index = eigen_index[:d]
    eig_vector = eig_vector[:,eigen_index]

    # 與特徵向量相乘, 進行編碼(Encode)
    xvector = np.dot(flat_x_normalized , eig_vector)

    # 與特徵向量的轉置相乘, 進行解碼(Decode)
    img_pca = np.dot(xvector , eig_vector.T)
    img_pca = img_pca*flat_x_std.T + flat_x_mean.T
    img_pca = img_pca.reshape(1000,28,28)

    print(f'下降至 {d} 維(編碼), 再進行升維(解碼)的結果')
    showimg(np.float32(img_pca).reshape(1000,28,28)[::20])
    print('-'*50)
```

圖 3-32　PCA 範例程式碼

將原本為 28×28 的影像，經過降維降至 500, 300, 100, 50 及 30 個維度。在上方程式碼中我們須先將資料進行標準化 (程式碼第 3 ～ 7 行)，求得共變異矩陣 (程式碼第 9 行)，並透過 np.linalg.eig() 將此共變異矩陣的特徵值以及特徵向量求出，求得特徵向量後，我們即可以找到轉移矩陣 *w*，接者我們就可以進行降維 (程式碼第 17 行)。由於我們需要呈現經過降維前後的訊息流失量，因此我們須將降維 (編碼) 後的結果，去做解碼，並以 28×28 的影像形式呈現。呈現結果如下所示：

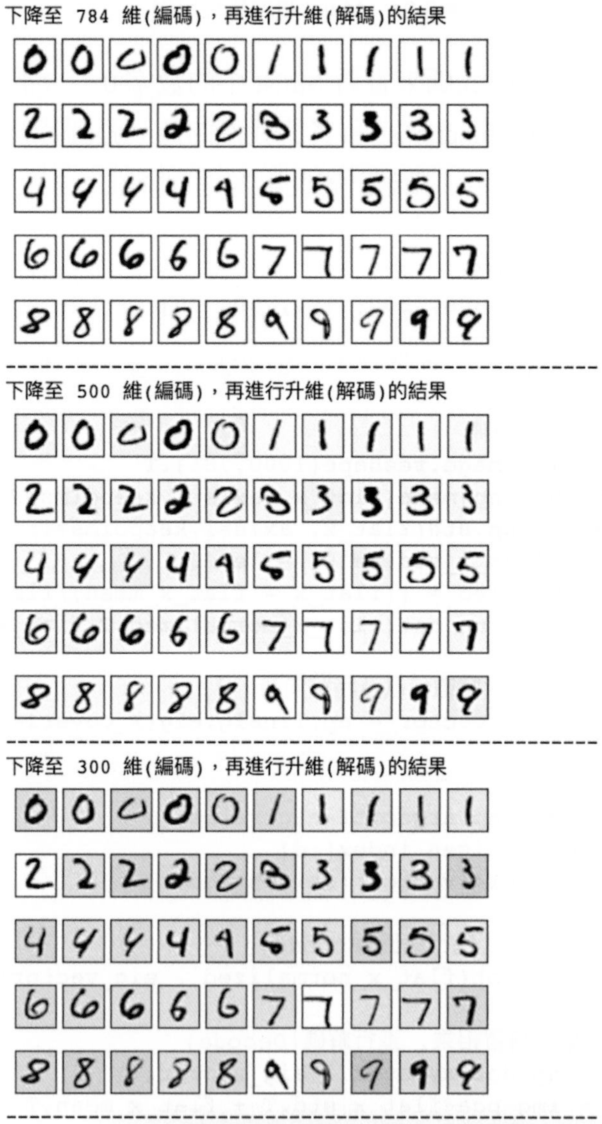

圖 3-33　降至不同維度後再進行升維後的範例結果圖

下降至 100 維(編碼)，再進行升維(解碼)的結果

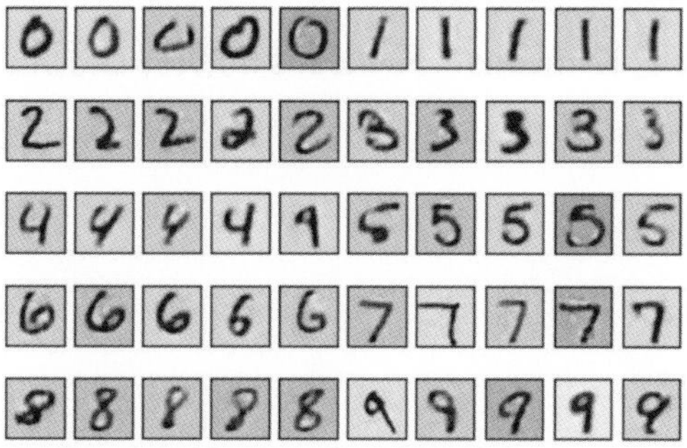

下降至 50 維(編碼)，再進行升維(解碼)的結果

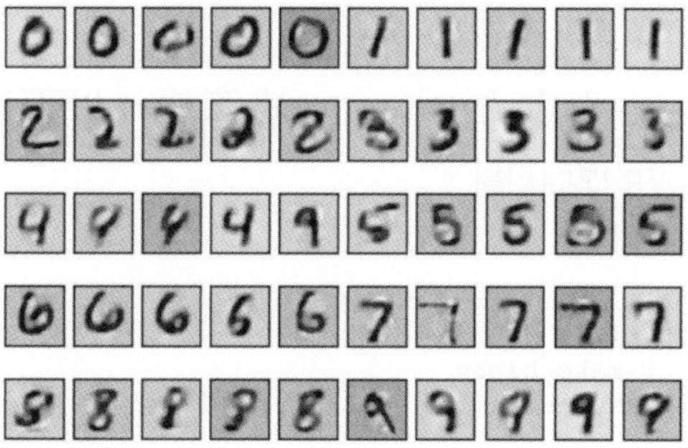

下降至 30 維(編碼)，再進行升維(解碼)的結果

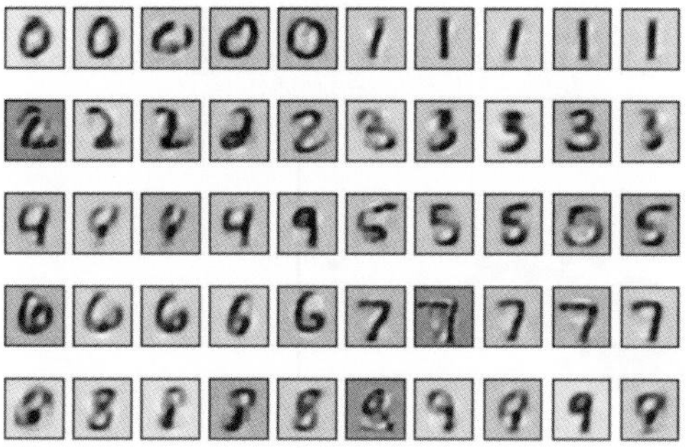

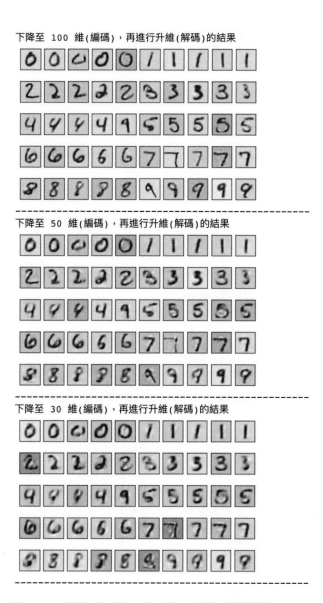

圖 3-33　降至不同維度後再進行升維後的範例結果圖 (續)

根據以上結果發現，當降維降到越少的維度，雖可以降低後續運算的複雜度，但訊息流失量也會越多，影像會變得更不清楚。

六、非監督式學習：分群 (Clustering)

在分群中最經典的演算法是 K-means，K-means 的演算法流程大致如下：

1. 需要設定要分成幾群，k = 群的數量。
2. 隨機分配 k 個樣本，作爲群心。
3. 每個樣本開始和這 k 個群心計算距離。
4. 將每個樣本分配給最近的群心。
5. 根據新的樣本群，來更新群心。
6. 重複 3 ～ 5 步驟直到不再有變動 (收斂)

而我們也可以在 scikit-learn 中實作 K-means 演算法，以下範例中，我們使用 scikit-learn 中提供的方法來生成的點狀圖：

```
import numpy as np
import matplotlib.pyplot as plt
from sklearn.datasets import make_blobs
from sklearn.cluster import KMeans

X, y_true = make_blobs(n_samples=300, centers=4, cluster_std=0.90, random_state=2)
plt.scatter(X[:, 0], X[:, 1], s=20)
```

```
<matplotlib.collections.PathCollection at 0x7fbdc0187dc0>
```

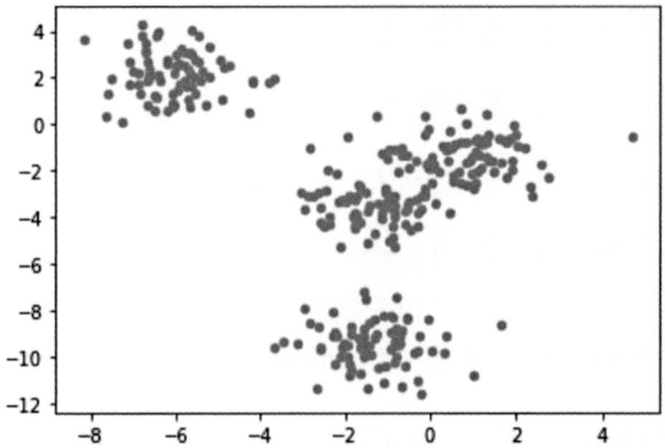

圖 3-34　資料樣本點視覺圖

接著進行分群，並將分群結果視覺化，中心點以 × 標示：

```
# 實例化 sklearn 中的 kmean (n_cluster 表示的是要分的類別數量, n_init 表示的是 k-mean 演算法要跑的次數)
kmeans = KMeans(n_clusters=4, n_init="auto")
kmeans.fit(X)

# 產生預測的結果
y_kmeans = kmeans.predict(X)

# 將不同的結果用不同的顏色與形狀標註
markers = ["*", "o", "v", "s"]
for i in range(4):
    plt.scatter(X[y_kmeans==i][:,0],X[y_kmeans==i][:,1], marker=markers[i], s=20)

# 將每一群的中心點標記出來
centers = kmeans.cluster_centers_
plt.scatter(centers[:, 0], centers[:, 1], c='red', marker="x", s=40, alpha=0.8)
```

```
<matplotlib.collections.PathCollection at 0x7fbdbfe4cac0>
```

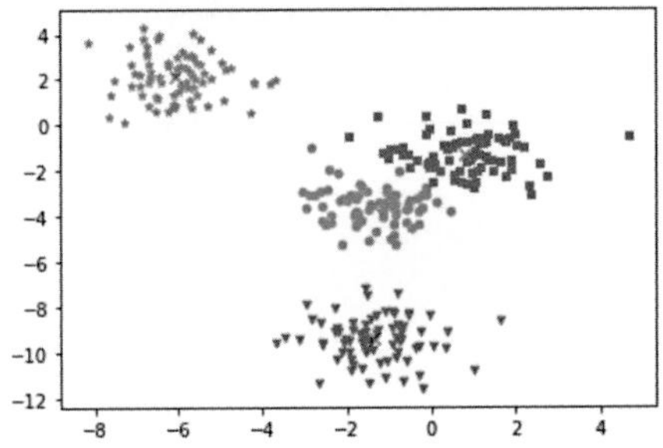

圖 3-35　資料分群結果

我們也可以使用自行生成的資料集來進行分群，並繪製成點狀圖，以下使用常態分佈：

```
import random
import numpy as np

# 生成資料
X = []
center = [[1,2],[3,5],[5,7], [1,5]]
for i in range(len(center)):
  for sample_num in range(200):
    vx = np.random.normal(0, 0.5, 1)
    vy = np.random.normal(0, 0.5, 1)
    X.append([float(center[i][0])+float(vx), float(center[i][1])+float(vy)])

X = np.array(X)

# 繪製資料
plt.scatter(X[:, 0], X[:, 1], s=20)
```

```
<matplotlib.collections.PathCollection at 0x7f4a2ab39810>
```

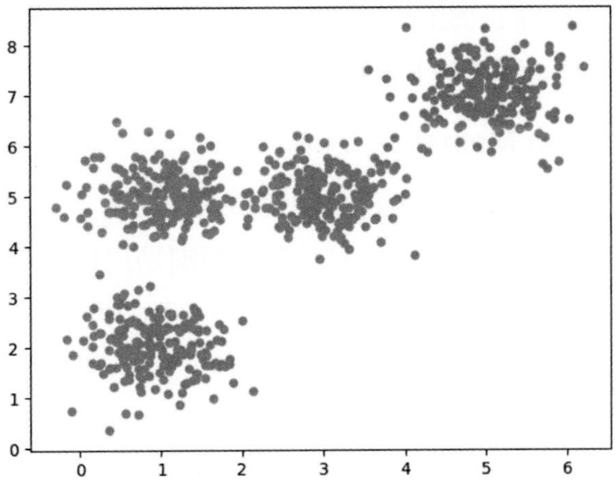

圖 3-36　自行生成預分群的資料

再對此資料集進行分群：

```
# 實例化sklearn中的 K-maens, 並分出4群
kmeans = KMeans(n_clusters=4,n_init="auto")
kmeans.fit(X)

# 產生預測結果
y_kmeans = kmeans.predict(X)

# 將不同的預測結果用不同的形狀呈現於圖中
markers = ["*", "o", "v", "s"]
for i in range(4):
    plt.scatter(X[y_kmeans==i][:,0],X[y_kmeans==i][:,1], marker=markers[i], s=20)

# 將中心點標出
centers = kmeans.cluster_centers_
plt.scatter(centers[:, 0], centers[:, 1], c='red', marker="x", s=40, alpha=0.8)
```

```
<matplotlib.collections.PathCollection at 0x7f4a2abf5ea0>
```

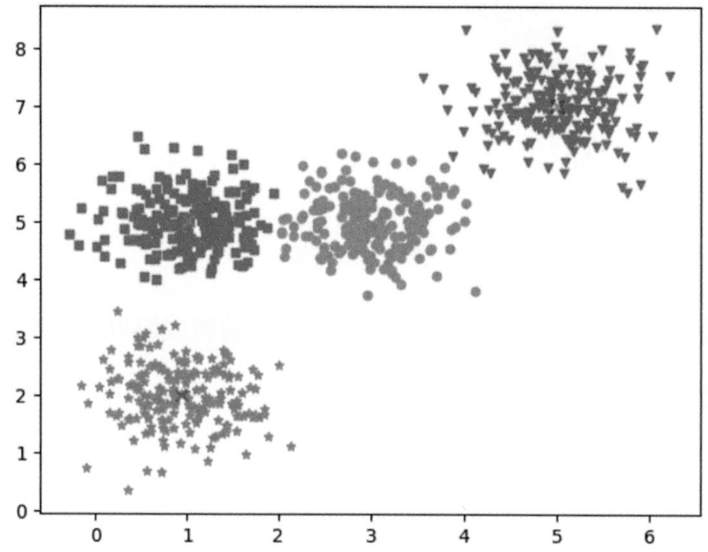

圖 3-37　分群結果

七、模型評估方法

常用的分類模型評估指標有混淆矩陣 (Confusion Matrix)、正確率 (Accuracy)、精確率 (Precision)、召回率 (Recall)、F1 分數 (F1-score)。

(一) 混淆矩陣 (Confusion Matrix)：

混淆矩陣也稱做誤差矩陣，用於表現分類模型的性能，這個矩陣分爲四類，分別是預測結果爲眞 / 假、實際結果爲眞 / 假，這幾個類別是以模型得出的預測結果與眞實情況的正解所相互對應的，以下表格爲混淆矩陣的四個類別：

	預測結果為真	預測結果為假
實際結果為真	True Positive (TP)	False Negative (FN)
實際結果為假	False Positive (FP)	True Negative (TN)

1. True Positive (TP)：預測爲眞，實際也爲眞，兩個結果相同。
2. False Positive (FP)：預測爲假，實際是眞，兩個結果不同。
3. False Negative (FN)：預測爲假，實際也爲假，兩個結果相同。
4. True Negative (TN)：預測爲眞，實際是假，兩個結果不同。

在機器學習領域或是統計問題中，經常透過混淆矩陣的元素來加以計算正確率 (Accuracy)、精確率 (Precision)、召回率 (Recall) 和 F1 分數 (F1-score)，並以上述這些指標來評估模型的表現。

(二)、正確率 (Accuracy)：

模型預測正確的機率值，計算公式爲：

$$\frac{\mathrm{TP}+\mathrm{TN}}{\text{資料總數}}$$

(三) 精確率 (Precision)：

預測結果爲眞的情況下，實際結果如預測爲眞的機率值，計算公式爲：

$$\frac{\mathrm{TP}}{\mathrm{TP}+\mathrm{FP}}$$

(四)、召回率 (Recall)：

實際結果爲眞的情況下，預測結果爲眞的機率值，計算公式爲：

$$\frac{\mathrm{TP}}{\mathrm{TP}+\mathrm{FN}}$$

(五)、F1 分數 (F1-score)：

爲精確率與召回率的調和平均數，是一個可以比較全面的去評估模型表現的綜合指標，計算公式爲：

$$\frac{2}{\frac{1}{\text{precision}}+\frac{1}{\text{recall}}}$$

爲了讓讀者對上述指標之間的關係有更進一步的了解，這邊簡單舉一個例子：我們對影像進行分類並利用模型的預測結果來解釋正確率、精確率以及召回率，如圖 3-38 所示，有許多“馬”及“不是馬”的圖片，以下圖片皆取自 ImageNet 資料集 (參考：Deng, J., Dong, W., Socher, R., Li, L. J., Li, K., & Fei-Fei, L., 2009)。

圖 3-38　“馬”及“不是馬”的圖片

接下來我們可以先自己判斷看看，再來看模型預測的分類結果，如圖 3-39 所示：

圖 3-39　圖片對於是否為“馬”的分類結果

第一個我們依照圖 3-40 的分類結果來解釋正確率，正確率的公式爲 $\frac{\text{TP} + \text{TN}}{\text{資料總數}}$，故正確率爲 $\frac{4+1}{10} = \frac{5}{10} = 0.5$，也就是我們模型的正確率是 0.5，但「正確率」不一定就是描述模型最好的指標。

圖 3-40　圖片分類結果解釋於「正確率」

第二個我們依照圖 3-41 的分類結果來解釋精確率，精確率的公式為 $\frac{\text{TP}}{\text{TP}+\text{FP}}$，我們的模型總共預測了 7 張屬於 positive 的分類，但實際上真的為“馬”的圖片只有 4 張，故精確率為 $\frac{4}{4+3}=\frac{4}{7}\approx 0.57$，也就是模型預測的精確率大概是 0.57。

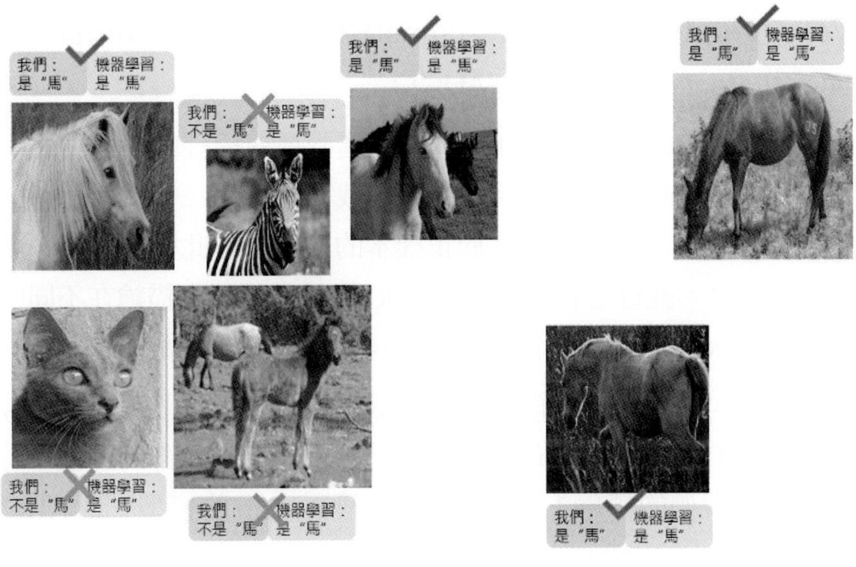

圖 3-41　圖片分類結果解釋於「精確率」

最後一個我們依照圖 3-42 的分類結果來解釋召回率，召回率的公式為 $\frac{TP}{TP+FN}$，是從所有真實應該為馬的圖片，看我們的模型有預測有多準確，故召回率為 $\frac{4}{4+2}=\frac{4}{6}\approx 0.67$，也就是模型預測的召回率大概是 0.67。

圖 3-42　圖片分類結果解釋於「召回率」

(六)Receiver Operating Characteristics(ROC) & Area Under Receiver Operating Characteristics Curve(AUC)：

接下來要介紹的是 ROC 曲線與 AUC 曲線，這兩種曲線經常用來評估模型的好壞，也會被用來比較不同模型間的優劣關係。當我們在進行二分類問題時，我們經常會產生一個機率值，來表示該樣本屬於正樣本的機率，若此機率高於一個門檻，就會判為正樣本，反之，就會是負樣本，而 ROC 曲線就是用來描繪在不同的門檻值時，我們的 True Positve Rate(TPR) 和 False Positive Rate(FPR) 的關係。

而 AUC 表示的是 ROC 下的曲線面積，面積越大的表示模型越好，通常我們會計算出一個介於 0 ～ 1 的值，也就是會將 ROC 下的面積除以全部的面積。若模型是一個完美的模型，則我們的值為 1，若模型是一個 random 的模型，則 AUC 會接近 0.5。

ROC 與 AUC 的相關範例如下：

假設有十個樣本，其預測結果 (Predict) 及各個樣本的標準答案 (Actual) 如下：

Predict	0.12	0.35	0.46	0.24	0.51	0.62	0.76	0.91	0.87	0.05
Actual	0	0	1	1	1	0	0	1	1	0

我們需先將測出來的數值由小到大進行排列，再考慮在不同的門檻下的 True Posive Rate (TPR) 以及 False Positive Rate (FPR)，計算結果如下：

Predict	0.05	0.12	0.24	0.35	0.46	0.51	0.62	0.76	0.7	0.91	-
Actual	0	0	1	0	1	1	0	0	1	1	-

TP	5	5	5	4	4	3	2	2	2	1	0
FP	5	4	3	3	2	2	2	1	0	0	0
TN	0	1	2	2	3	3	3	4	5	5	5
FN	0	0	0	1	1	2	3	3	3	4	5
TPR	1	1	1	0.8	0.8	0.6	0.4	0.4	0.4	0.2	0
FPR	1	0.8	0.6	0.6	0.4	0.4	0.4	0.2	0	0	0

其中 $TPR = \frac{TP}{TP + FN}$，$FPR = \frac{FP}{FP + TN}$，以上方的例子中，第一欄可以看到我們將門檻設爲小於 0.05 的值，若大於該門檻，就會被當作正樣本，小於該門檻會被當作負樣本，在這樣的設定下，我們會將所有的樣本都當作正樣本。因此，會有 5 個樣本是 True Positive，5 個樣本是 False Positive。True Positive Rate 以及 False Positive Rate 皆爲 1。

在第二欄中，可以看到若將門檻設在 0.05 及 0.12 之間的話，會將 0.05 判斷爲負樣本，且其確實爲負樣本，在這樣的情況下，我們會有 5 個 True Positive，4 個 False Positive，1 個 True Negative，0 個 False Negative。True Positive Rate 爲 1，False Positive Rate 爲 0.8。接著照著這樣的邏輯，完成以上的表格。並將 FPR 當作 x 軸，TPR 當作 y 軸，繪製出以下的 ROC 曲線圖。

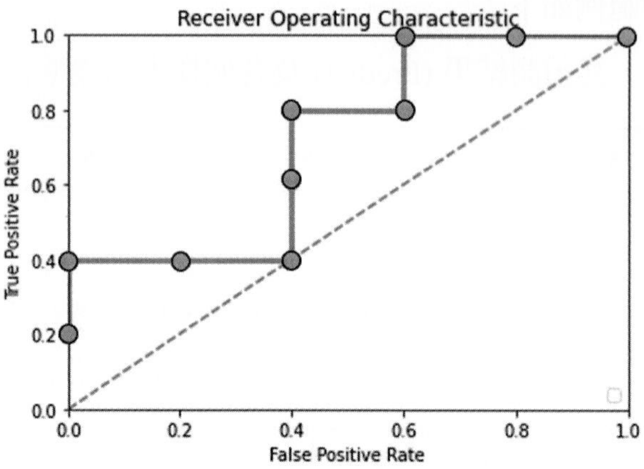

圖 3-43　ROC 曲線結果圖

若是我們有兩個模型時，便可以繪製出兩條 ROC 曲線圖，當其中一條的 AUC 大於另外一條時，我們便可以說有比較大的 AUC 的模型，會有比較好的分類能力。

七、過擬合 (Overfitting) 和欠擬合 (Underfitting)

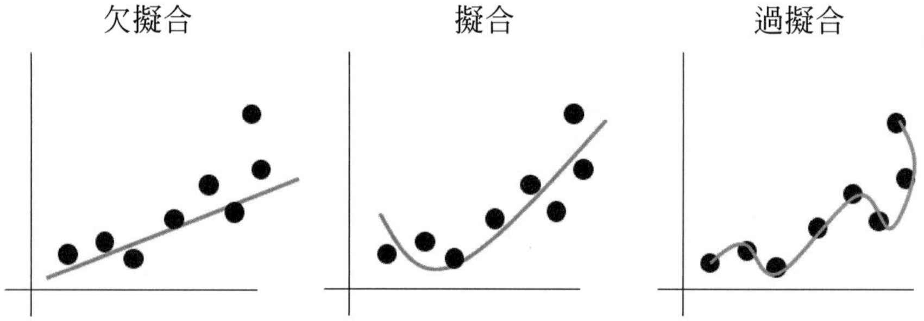

圖 3-44　過擬合和欠擬合之示意圖

(一) 過擬合 (Overfitting)

過擬合表示的是在訓練的過程中，模型過度的去和訓練資料精確的擬合或是緊密的匹配，即如圖 3-44 中右圖所示，可以看到模型和每一筆的訓練資料貼合，然而這樣的模型若是面臨未曾看過的資料時，會因爲預測能力嚴重不足而有不好的表現。

(二) 欠擬合 (Underfitting)

欠擬合表示的是在訓練的過程中，模型尚未和訓練資料擬合，即如圖 3-44 中左圖所示，可以看到模型和訓練資料沒有相當的匹配，這樣的模型無法充分的表達資料的分布，因此預測的表現自然就會比較差。

3-2 深度學習基礎 (Basic of Deep Learning)

一、深度學習的步驟

深度學習的框架大致可以歸納成四個步驟，如圖 3-45 所示：

1. 初始化模型：模型在一開始時，可能是隨機初始化模型，也可能是載入其他已經訓練過的模型來進行模型參數的初始化。模型會以這個參數點作爲起點，開始進行梯度下降。
2. 將訓練資料集中的資料輸入模型，並輸出結果：將訓練資料輸入模型後，並由模型給出當前的預測結果。此結果有助於我們了解到目前模型和最好的標準答案的差距。
3. 使用損失函數 (Loss Function)，計算損失：將目前的預測結果，和理想的目標輸入至損失函數，並計算兩者之間的差距。
4. 將損失值輸入給優化器 (Optimizer) 優化器計算 Gradient 並更新模型參數：優化器會負責計算損失函數的梯度，並給出目前的模型所使用的參數，應該往何處進行參數的更新，才有可能使損失函數的結果變小。

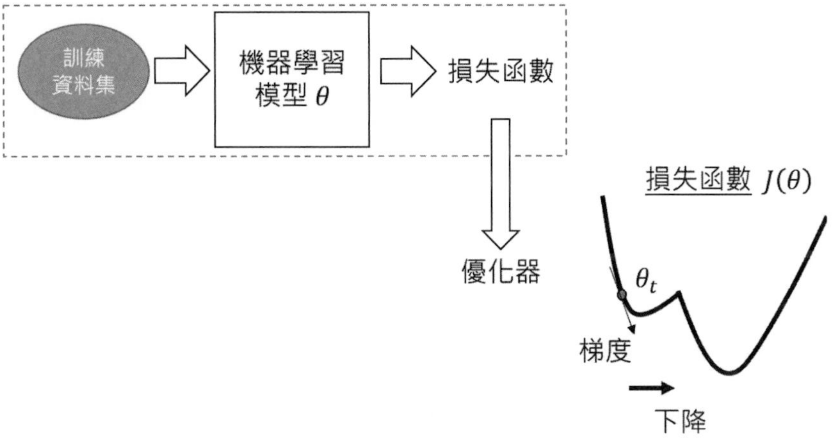

圖 3-45　深度學習流程圖

二、梯度下降 (Gradient Descent)

梯度下降分成確定性梯度下降法 (Deterministic Gradient Descent Method) 和隨機性梯度下降法 (Stochastic Gradient Descent Method) 兩種。確定性梯度下降法會考量整

個訓練資料後再進行一次性的更新模型，而隨機性梯度下降則考量小部分的訓練資料，這個小部分的樣本資料通常會被稱作「批次」(Batch)，其數量大小會被稱作批大小 (Batch size)。而梯度下降的步驟如下：

1. 找到正確的更新方向：$-\frac{\partial f(\theta)}{\partial x}$
2. 選擇適當的更新大小：α
3. 更新參數：$\theta_{t+1} = \theta_t - \alpha \left.\frac{\partial f(\theta)}{\partial x}\right|_{\theta=\theta t}$
4. 檢查微分後的值是否趨近於零：若是趨近於零，則有可能處於極值點 (全域之極值或是區域之極值)，然而在機器學習中鮮少會發生此情況。

三、損失函數 (Loss Function)

損失函數在機器學習中扮演相當重要的角色，而損失函數又可以被稱為目標函數，所謂的目標也就是讓演算法有一個可以優化的方向，能朝著目標前進。而所謂的損失，也就是模型跑出來的預測結果，和標準答案之間的誤差。顯然地，我們希望模型產生的誤差越小越好，所以在機器學習中經常使用最小化損失函數的方式，來讓模型進行學習。以下介紹幾種常見的損失函數：

1. 平均絕對誤差 (MAE or L1 Loss)：

平均絕對誤差的損失函數為：$f(\theta) = \sum_{i=0}^{n} |y_i - f(x_i)|$，其中 n 為樣本個數，而 θ 為模型之參數，此處是希望可以計算模型預測的結果和標準答案之間的距離，因此不在乎正或是負，使用絕對值來做計算。

2. 均方誤差 (MSE or L2 Loss)：

均方誤差的損失函數為：$f(\theta) = \sum_{i=0}^{n} [y_i - f(x_i)]^2$，其中 n 為樣本個數，而 θ 為模型之參數，在此會將模型預測的結果減去標準答案，再取平方。

3. Binary Cross Entropy Loss

此損失函數經常使用在多分類問題上，其數學式為：

$$f(\theta) = -\frac{1}{n}\sum_{i=0}^{n} y_i \ln f(\hat{y}_i) + (1 - y_i) \ln[1 - f(\hat{y}_i)]$$

以下舉例一種範例情境，若我們要進行二分類的問題，其中 1 表示的是狗，0 表示的是貓，y_i 是標準答案，$\hat{y}_i$ 是我們預測出的結果，i 表示的是第 i 個樣本。

y_i	$\hat{y}_i$
1	0.7
0	0.2

圖 3-46　Cross Entropy 計算情境一

在情境一中，我們的模型看到是狗的圖片是會預測出爲 0.7，當看到貓的圖片是會預測爲 0.2，在這樣的情況下的 Binary Cross Entropy Loss 爲：

$$1 \cdot \log(0.7) + (1-1) \cdot \log(0.7) + 0 \cdot \log(0.2) + (1-0) \cdot \log(0.8) = 0.13$$

y_i	$\hat{y}_i$
1	0.7
0	0.8

圖 3-47　Cross Entropy 計算情境二

在情境二中，我們的模型看到是狗的圖片是會預測出爲 0.7，但是當看到貓的圖片是會預測爲 0.8，那在這樣的情況下的 Binary Cross Entropy Loss 爲：

$$1 \cdot \log(0.7) + (1-1) \cdot \log(0.7) + 0 \cdot \log(0.8) + (1-0) \cdot \log(0.2) = 0.42$$

由此可見若我們的模型預測出來的答案距離標準答案越遠，所算出來的 loss 值會越大，因此在進行二分類任務時，經常會使用此 loss function 來做爲我們要去優化的目標。

四、學習率 (Learning Rate)

學習率是重要的超參數，用以反映調整模型參數時的程度大小。表示學習率的參數值若設的太小，則會收斂得慢；反之，設的太大，則可能會錯過極小值，而導致無法收斂。

爲避免發生上述情況，提供兩種簡單常見的學習率調整方法。一種是階梯式的更新方式 (Staircase，如圖 3-48 所示)，也就是在經過一些 epoch 後，降低一個階級學習率，因爲在學習的前期，我們會需要快速的找到相對較低的區塊，所以這時候的學習率會設定的比較大，而到了學習的後期，我們爲了要在局部區域找到最低點，所以會設定較小的學習率。

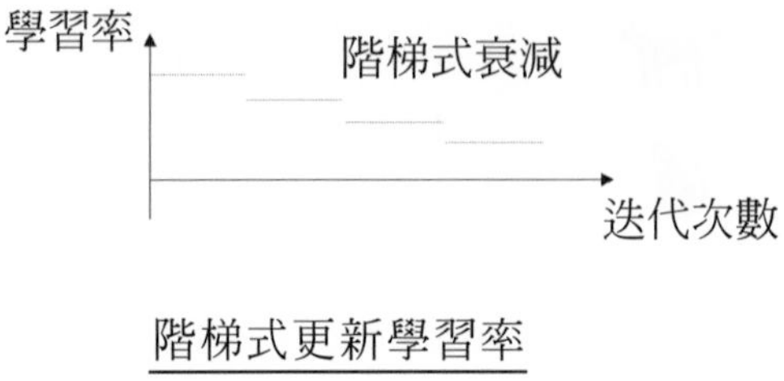

圖 3-48　階梯式調整學習率

而另外一種調整學習率的方法爲指數衰減法 (Exponential Decay)，這種方式主要是透過式子 $\alpha = \rho e^{-kt}$ 來調整的，其中 ρ 和 k 是可以自行調整的超參數，t 代表的是迭代的次數，而 e 爲數學常數，近似於 2.7182。觀察此式，可以發現若是迭代的次數越多次，在 ρ 和 k 皆大於 0 的情況下，α 會指數遞減。

五、Batch size, Epoch, Iteration

(一) Batch size

Batch size 是訓練模型時所需要的一個重要參數，它指的是一次的訓練所選擇的樣本數，而 batch size 設定的大小會影響模型的訓練速度與最佳化的結果，如果沒有使用 batch size，模型在訓練的時候就會一次將全部的資料餵進網路模型中，在計算梯度時會無法使用一個全域的學習率，而且還要面臨記憶體爆炸的問題。

假設我們的資料集有 80 張影像，但電腦的記憶體沒有辦法一次讓 80 張影像一次進入到模型進行訓練，這時候我們就必須以分批的方式將影像輸入到模型中，而這個分批 (batch) 的標準即是 batch size，若是一次選取 16 張影像餵進網路做運算，那 batch size 即爲 16。另外，在選取資料的時候，可以針對需求設置是否針對資料集做打亂 (shuffle) 的操作，意思是要從 80 張影像中，隨機的選取 16 張影像爲一個 batch，還是照資料集的排序，依序選取 16 張影像當做一個 batch。

(二) Epoch

Epoch 也是訓練模型時不可缺少的參數，一個 epoch 代表演算法使用整個訓練集 (全部資料) 對模型進行一次完整的訓練，也就是 epoch 會決定模型將給定的訓練集，完整跑完訓練需要的次數。

假設我們有一個 80 張影像的資料集，那我們把這 80 張影像放進網路做運算，即是完成一個 epoch 的訓練；若是有前述 batch 的概念，若 batch size=8，即是歷經 10 個 batch，完成總共 80 張影像的訓練後，才是完成一個 epoch 的訓練。

(三) Iteration

Iteration 簡單來說是「迭代」的意思，是針對一個批量 (batch) 的資料對模型進行一次更新參數的過程。

結合上述的 batch size 和 epoch，如果我們有 80 張影像，以 batch size 爲 8 的大小進入網路訓練，然後經過 10 個迴圈才能完成一個 epoch，這樣我們可以說在這個訓練過程中迭代了 10 次；所以如果我們用這 80 張影像，以 batch size=8 的條件下，要訓練 10 個 epoch，那這過程中總共迭代了 100 次：

$$\text{Iteration} = \frac{\text{Data size}}{\text{Batch size}} \cdot \text{Epoch} \Rightarrow \frac{80}{8} \times 10 = 100$$

六、優化器 (Optimization)

接者要介紹的是優化器，首先先介紹的是 SGD。

(一) SGD

首先要介紹的優化器是隨機梯度下降法 SGD，此優化器透過將每個樣本的損失函數，對 θ 做偏微分所得到對應的梯度來迭代更新 θ：

$$\theta_{t+1,i} = \theta_{t,i} - \alpha \nabla f(\theta_i)\Big|_{\theta_i=\theta_{t,i}} \text{ , } \theta = \left[\theta_0, \ldots \theta_i, \ldots\right]^T$$

其中的 t 代表的是時間，α 是學習率。提及隨機梯度下降之前，先簡述一般的梯度下降 (GD)，GD 是每當所有訓練集的數據去計算損失函數的梯度時，會迭代更新一次參數，但整體來說更新的次數過少，如果只迭代一次，勢必沒有辦法得到最好的結果，但如果要迭代二十次，就必須遍歷所有的數據樣本 20 遍。然而 SGD 是每一次只會用一個樣本進行參數的更新，增加更新的次數，但是更新的次數太多容易導致更新的方向過多，使結果不容易達到最佳化。因此也有了 Mini-Batch 的梯度下降方法 (MBGD)，就是每次都是使用一小批的樣本來做參數更新，而這些小批次的樣本都是隨機抽取決定的。SGD 伴隨著一些缺點，像是收斂的速度慢，或是如果學習率太大，容易趨使參數更新變成鋸齒狀般的更新模式，導致一個沒效率的運作情況，SGD 在更新參數時，都是用同一個學習率。接下來要講的 Adagrad 算法，在學習的過程中會對學習率不斷的做調整。一般針對使用 SGD 的學習率大多建議設置在 0.1 ～ 0.01 之間。

(二) Adagrad

下一個優化器是 Adagrad，此優化器會根據梯度自動的更新學習率，更新學習率的規則如下：

$$\theta_{t+1,i} = \theta_{t,i} - \frac{\alpha}{\sqrt{c_{t,i} + \int}} \nabla f(\theta_i)\Big|_{\theta_i=\theta_{t,i}} \text{ , } \theta = [\theta_0, \ldots \theta_i, \ldots]^T$$

$$c_{t,i} = c_{t-1,i} + (\nabla f(\theta_i)|_{\theta_i=\theta_{t,i}})^2 \text{ , } c_{0,i} = 0$$

在這兩式中，上式爲模型參數的更新式，從上式中可以發現學習率會受到參數 $c_{t,i}$ 的值影響，若 $c_{t,i}$ 的值很大則原本的學習率就會除上一個很大的值而變得很小。其中 ϵ 爲平滑值，加上 ϵ 的原因是爲了避免分母爲 0 的情況，通常會設定平滑值爲 1e-8。而 $c_{t,i}$ 的計算方式如下式所示，它會是在時間點 t 之前的所有梯度值的平方和，因此在學習的前期的時候，$c_{t,i}$ 會比較小，學習率就會被放大。在後期累積一定的梯度後，$c_{t,i}$ 會變得較大，學習率也就會因而變得較小。這樣也就使得模型在越平緩的會移動的較快，越陡峭的會移動的較慢。這個優化器讓我們可以不使用全域學習率 (Global Learning Rate)，而是不斷的根據梯度去更新學習率。但 Adagrad 有個缺點就是可能會有太早停下來的問題。當 $c_{t,i}$ 的值太過龐大時，會使得學習率下降到幾乎爲 0，此時的模型就會停止更新，同時模型所得到的權重未必是最好的點，爲了解決這樣的問題，也就有了後續的優化器的出現。

(三) Adadelta

接著要介紹的優化器是 Adadelta，此優化器改善了 Adagrad 提到的缺點，它的更新規則式如下方所示：

$$\theta_{t+1,i} = \theta_{t,i} - \frac{\sqrt{\alpha_{t-1,i}}}{\sqrt{c_{t,i} + \int}} \nabla f(\theta_i)\Big|_{\theta_i=\theta_{t,i}} \text{ , } \theta = [\theta_0, \ldots \theta_i, \ldots]^T$$

$$\alpha_{t,i} = \gamma \alpha_{t-1,i} + (1-\gamma)\Delta\theta_{t,i}{}^2$$

$$c_{t,i} = \gamma c_{t-1,i} + (1-\gamma)(\nabla f(\theta_i)|_{\theta_i=\theta_{t,i}})^2 \text{ , } c_{0,i} = \alpha_{0,i} = 0$$

在這三式中，第一式爲模型參數的更新式，使用 $\alpha_{t,i}$ 來表示學習率，其更新方法如第二式中所示，會由前一時間點的學習率加上此一時間點的梯度。當中的 γ 爲超參數，代表的是前一時間點的學習率和此一時間點梯度的權重，若 γ 較大，則代表前一時間點的學習率，對於此一時間點的學習率來說比較重要。而 $c_{t,i}$ 的更新方式如第三式所示，與 Adagrad 類似，同樣考慮了在時間點 t 以前的梯度。因此可以發現它不同於 Adagrad，限制了學習率的下降幅度，也就避免了過早停下的問題。

(四) RMSprop

接者要介紹的優化器是 RMSprop，它的更新規則式如下方所示：

$$\theta_{t+1,i} = \theta_{t,i} - \frac{\alpha}{\sqrt{c_{t,i} + \int}} \nabla f(\theta_i)\Big|_{\theta_i=\theta_{t,i}}$$

$$c_{t,i} = \gamma c_{t-1,i} + (1-\gamma)(\nabla f(\theta_i)\big|_{\theta_i=\theta_{t,i}})^2 \text{ , } c_{0,i} = 0$$

可以發現它是部分的 Adadelta，第一式表示的是模型參數更新的方法，在其分母中會計算其過去所有梯度的方均根 (root mean square)。

(五) Adam

在介紹 Adam 這個優化器之前，必須先介紹動量 (Momentum) 這個概念，在物理學中，物體的動量指的是這個物體在它原本的運動方向上，保持運動的趨勢。而這樣的概念也同樣的被使用在模型的更新過程中，更新的規則如下所示：

$$\theta_{t+1} = \theta_t + v_t$$

$$v_t = \tau \times v_{t-1} - \alpha \nabla f(\theta)\big|_{\theta=\theta_t}$$

$$\tau = c \text{ or } \tau = \frac{1}{1+e^{-\alpha \times \text{epoch}}}$$

第一式同樣的也表達了模型參數的更新方式，可以看到會是由原本的參數加上 v_t，而當中 v_t 的更新方式又如第二式所示，其中的 τ 可以是定量 c，也可以是 $\frac{1}{1+e^{-\alpha \times \text{epoch}}}$，該數會隨 epoch 上升而變大。從此式可以發現在每一次的參數更新時，會去考量前一次計算的梯度，如果前一次更新的方向和這一次的更新方向相反的話，便會有抵銷的現象。示意圖如下圖所示：

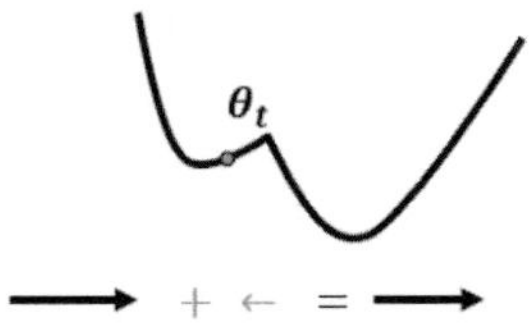

圖 3-49　動量概念示意圖

前一次的計算之梯度爲左式中的黑色箭頭方向，這一次計算之梯度爲左式的灰色箭頭方向，因此相加之後，在這一次的更新，便會朝右方前進。

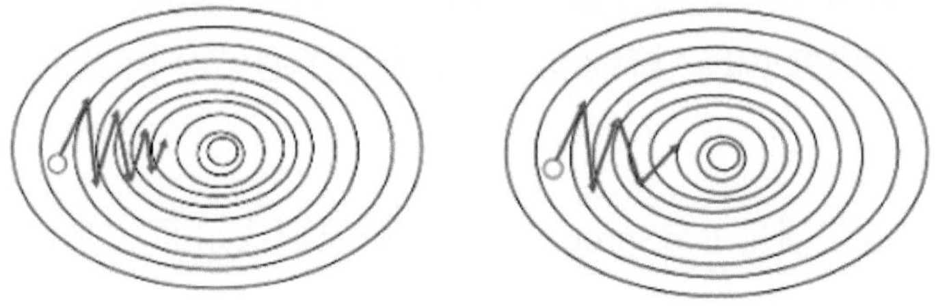

圖 3-50　不同的梯度下降方法比較示意圖

圖 3-50 中的左圖沒有使用動量，而右圖有使用動量，可以發現左圖較爲崎嶇，而右圖更新的方向較爲正確，到達低點之所需步數也比較少。

另外，與 Momentum 概念類似的爲 Nesterov Accelerated Gradient (NAG)，動量會去參考的是前一個時間點的梯度，而在 NAG 會先去看更新參數後的損失值在損失函數上對應的之梯度，作爲這一次更新參數的參考值。更新規則如下所示：

$$\theta_{t+1} = \theta_t + v_{t+1}$$

$$\tilde{\theta} = \theta_t + \tau \times v_t$$

$$v_{t+1} = \tau \times v_t - \alpha \nabla f(\theta)\big|_{\theta=\tilde{\theta}} \text{，} v_0 = 0$$

公式當中的 $\tilde{\theta}$ 爲一次更新過後的參數位置，而此次的更新會考量到參數 $\tilde{\theta}$ 所在位置的梯度值，如第三式所示，其中使用的參數 θ 使用的是 $\tilde{\theta}$ 。

接著便要介紹 Adam 這個優化器，這個優化器是 RMSprop 和 Momentum 的結合，其更新的方式如下方所示：

Momentum：$v_t = \gamma_1 v_{t-1} + (1-\gamma_1)\nabla f(\theta)\big|_{\theta=\theta_t}$，$v_0 = 0$

Adaptive learning rate：$c_t = \gamma_2 c_{t-1} + (1-\gamma_2)(\nabla f(\theta)\big|_{\theta=\theta_t})^2$，$c_0 = 0$

$$\theta_{t+1} = \theta_t - \frac{\alpha}{\sqrt{\widetilde{c_t}} + \epsilon}\widetilde{v_t}$$

$$\widetilde{v_t} = \frac{v_t}{1-\gamma_1^t} \text{，} \widetilde{c_t} = \frac{c_t}{1-\gamma_2^t}$$

第一式和第二式分別是 v_t 和 c_t 的更新方式，如同在前部分所提到的，而模型參數更新的式子如第三式所示，可以看到在更新模型時有用到 $\widetilde{c_t}$ 以及 $\widetilde{v_t}$ ，代表的是經過校正的 c_t 和 v_t。

參考：

- Scikit-learn：https://scikit-learn.org/stable/

NOTE

4 CHAPTER

卷積神經網路

本章重點

- 4-1 類神經網路 (Neural Networks)
- 4-2 卷積神經網路 (Convolutional Network)
- 4-3 轉置卷積 (Transpose Convolution)
- 4-4 其他卷積方法
- 4-5 卷積神經網路於 PyTorch 之實現

4-1 類神經網路 (Neural Networks)

類神經網路受到人類大腦中的神經運作方式所啓發，由層狀結構所組成。在每一層中有著許多的神經元，每個神經元可以接收訊息，並設有門檻，判斷是否需要將訊息繼續向下傳遞。若是將層與層之間的神經元交錯連接，會形成類似下圖的網路結構。在類神經網路中，主要可以分成三層，分別是輸入層、隱藏層和輸入層。如圖 4-1 所示。

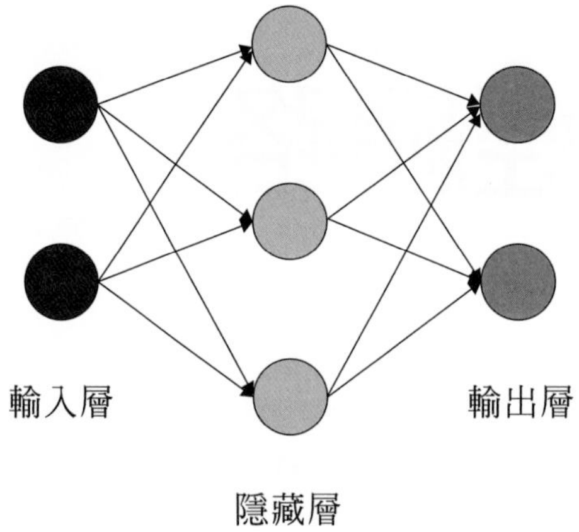

圖 4-1　類神經網路的層狀結構

一、隱藏層

首先要介紹的是隱藏層。在網路中，可能會有多層的隱藏層相互連接，形成縝密的網路。而每層隱藏層中可能擁有著不同數量的神經元個數，當中的神經元會受到訓練而被調整。而究竟要設定多少層隱藏層並沒有一定的標準，可以依據不同的任務考量安排隱藏層的多寡，若是隱藏層設定的多，就會有較多的資訊需要被記憶，也就會帶來較多的參數量。但參數量的增加也會連帶提升複雜度以及計算的所需時間。使用者可以在模型表現和效能之間做取捨，以此來調整神經元的數量。

二、輸入層與輸出層

輸入層和輸出層分別是神經網路中的第一層和最後一層，在這兩層當中通常都不會進行參數的調整，輸入層的目標在於接收資料，將資料傳往下一層，而輸出層是將答案做輸出。而輸入層的神經元數量會由輸入的特徵量決定，輸出層的神經元數量則會根據問題本身去做決定。例如：多分類的問題，可能就會有多個神經元的輸出層，每個神經元代表著是各個類別的機率。

三、模型權重

在每個神經元與神經元之間會有線段連接，有向的線段表達的是資料傳遞的方向，每一條線上都繪有著對應的權重，代表的是這個訊息傳遞的重要程度，如果權重是正的，且數值相當大就代表此神經元對特徵的貢獻越多，如果是負的則可能代表著這個神經元對於特徵的貢獻有負影響。如果數值接近 0 則代表這個神經元的特徵並不太重要，而權重正是模型需要去學習的部分。

四、激活函數

在神經網路中會使用激活函數來增加模型的複雜度，會放置在神經元的後方，將神經元的輸出結果進行轉換，再將轉換的結果傳遞到下一層的神經元中。以下介紹一些常見的激活函數：

1. Sigmoid

$$f(x)=\frac{1}{1+e^{-x}}$$

Sigmoid 函數常被用在分類問題的模型，它的特性是會將任意輸入的值 x，壓到介於 0 和 1 之間，其函數圖形如圖 4-2(a) 所示。

在 Pytorch 中也有寫好的 Sigmoid Function 可以直接呼叫，如圖 4-2(b) 所示：

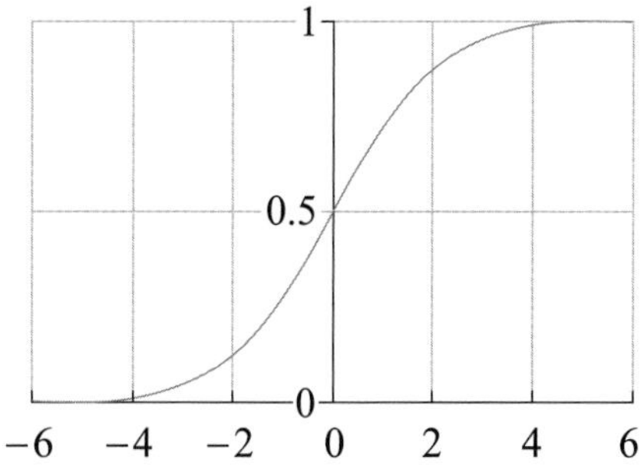

圖 4-2(a)　Sigmoid 函數圖形

```
1 import torch
2 import torch.nn as nn
3
4 sigmoid = nn.Sigmoid()
5 input = torch.randn(5)
6 print("Input: ", input)
7 output = sigmoid(input)
8 print("Output: ", output)
```

```
Input:  tensor([ 1.4013,  1.7844, -0.6311, -1.2409,  0.3107])
Output:  tensor([0.8024, 0.8562, 0.3473, 0.2243, 0.5771])
```

圖 4-2(b)　Sigmoid 程式碼

在第四行程式碼中實例化 nn.Sigmoid() 來產生一個 Sigmoid 的物件，並將 input 傳入，得到輸出結果。

2. Softmax

$$\sigma(x) = \frac{e^{z_j}}{\sum_{k=1}^{K} e^{z_k}}$$

此函數多用來處理多分類的問題，它的二分類情況就是前面講的 sigmoid，它的概念是將一組向量映射爲每個向量當中的元素，一樣會位於 [0, 1] 之間，這個主要是看每個分類的機率分布，所以這個向量的所有元素加總會是 1，通常加在網路的最後一層。

3. ReLU

$$f(x) = \max(0, x)$$

ReLU 函數會將大於 0 的 x 數值維持原樣進行輸出，但會將小於 0 的輸入值以 0 作爲輸出，其函數圖形如圖 4-3 所示。而 ReLU 的優點是在訓練的過程中，收斂的速度很快，但若在訓練的過程中，數值落在負的區域，就會有 0 的輸出結果，當進行梯度更新的時候，梯度會接近 0，也就容易會有梯度消失的問題 (後面會再進行介紹與說明)，在後續的訓練過程中，該節點的權重就不會再被更新，而這個現象也會被稱作「Dead ReLU」，因此後來也有人提出了它的變形，例如 Leaky ReLU 或是 ELU。

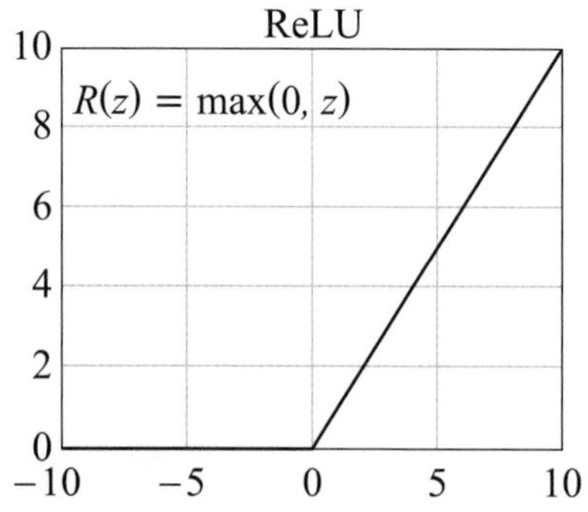

圖 4-3　ReLU 函數圖形

4. Tanh

$$f(x) = \frac{e^x - e^{-x}}{e^x + e^{-x}}$$

Tanh 函數又稱雙曲正切函數，會將輸入壓縮到 –1 和 1 之間，其函數圖形如圖 4-4 所示。

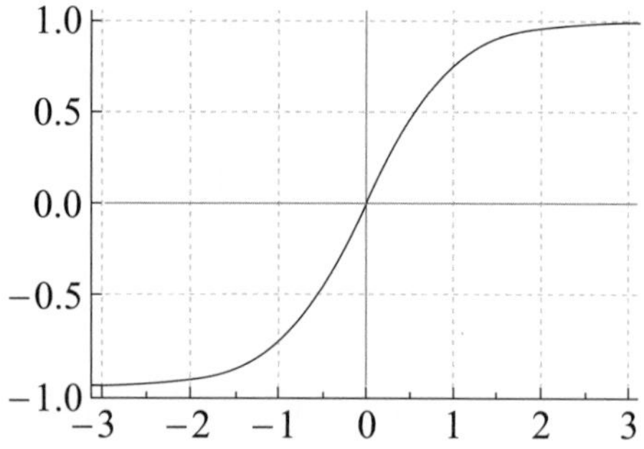

圖 4-4　Tanh 函數圖形

5. Leaky ReLU

$$f(x)=\{x, if\ x\geq 0\ ax, if\ x<0\}$$

Leaky ReLU 和 ReLU 相當的相似，差別僅在於小於 0 的部分會乘上微小的常數 a，其函數圖形如圖 4-5 所示。

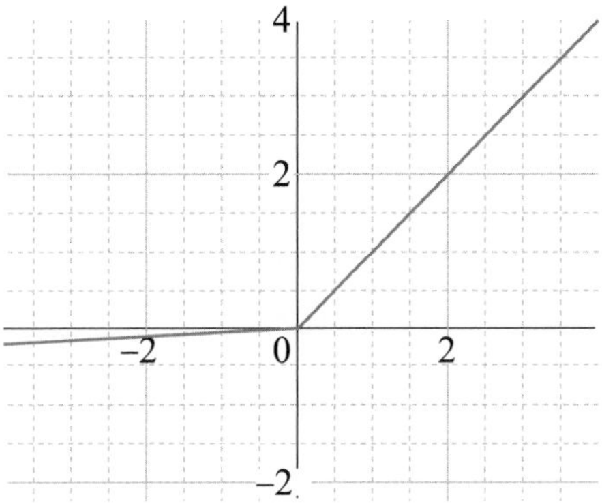

圖 4-5　Leaky ReLU 函數圖形

6. ELU

$$f(x)=\{x, if\ x\geq 0\ a(e^x-1), if\ x<0\}$$

ELU 和 Leaky ReLU 相當的相似，差別僅在於小於 0 的部分使用了 exponential 的 x 次方 -1 後再乘上常數 a，其函數圖形如圖 4-6 所示。

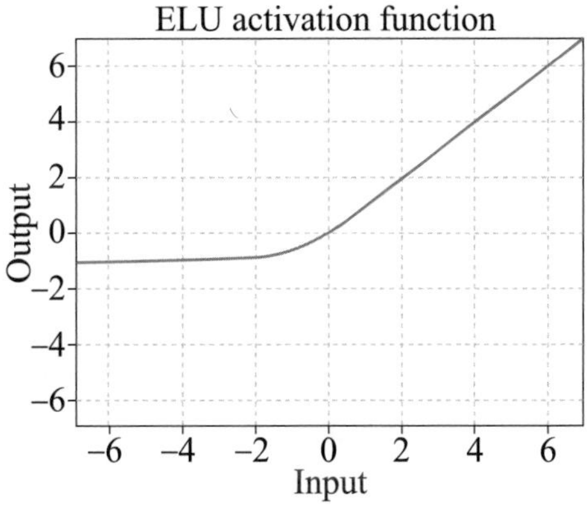

圖 4-6　ELU 函數圖形

五、鏈鎖律 (Chain Rule) 與梯度更新

在前一章節中我們提到在機器學習中經常使用梯度下降 (Gradient Descent) 的方式來更新模型，我們可以使用以下的例子加深我們對於梯度的解讀：

例如 $f(x)=3x^2, \nabla f(x)=\dfrac{3(x+h)^2-3x^2}{h}=32x+h=6x$

$if\ x=2, \nabla f(x)=12$

可將此範例解讀成，在 $x = 2$ 時若再加上一個極小的值 h (即 $x + h$)，則 $f(x)$ 會有多少的提升？根據微分的定義，經過計算 gradient 後，可以看到會提升 $12 \times h$。而此處的函式 f 可以視爲損失函數，x 可以視爲模型的參數，也可以視爲模型現在所處於的狀態，我們希望可以了解到目前的 x 處於損失函數的何處，並更新現在的模型參數。在類神經網路中參數的關係更爲複雜，且有著前後順序的關係，所以會使用到微積分中提到的觀念：連鎖律 (Chain Rule)。

使用以下兩個例子解釋：

例 1.

$f(x,y,z)=(x+y)z$

Let $g(x,y)=x+y \rightarrow f(x,y,z)=g(x,y)z$

將其中的 $x+y$ 以 $g(x,y)$ 代換，則原 $f(x,y,z)=g(x,y)z$

以下再針對不同的變數去算偏微分值：

$$\frac{dg(x,y)}{dx}=1 \qquad \frac{dg(x,y)}{dy}=1$$

$$\frac{df(x,y,z)}{dg(x,y)}=\frac{df(g(x,y),z)}{dg(x,y)}=z$$

$$\frac{df(x,y,z)}{dz}=\frac{df(g(x,y),z)}{dz}=g(x,y)$$

$$\frac{df(x,y,z)}{dx}=\frac{df(g(x,y),z)}{dg(x,y)}\frac{dg(x,y)}{dx}$$

$$\frac{df(x,y,z)}{dy}$$

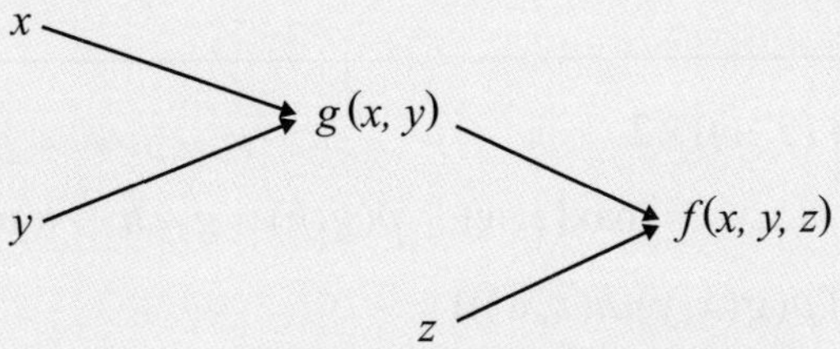

圖 4-7 $f(x, y, z) = (x + y)z$ 之樹狀結構圖

藉由圖 4-7 中的樹狀圖可以了解各個參數和函數之間的關係。而在 $x = -2$，$y = 5$，$z = -4$ 的情況下計算微分的結果如下：

a. $f(x,y,z)$ 對 $g(x,y)$ 微分：z，帶入 z 的值為 –4，結果為 –4

b. $f(x,y,z)$ 對 z 微分：$g(x,y)$，帶入 x 和 y 的數值 –2 和 5，結果為 3

c. $f(x,y,z)$ 對 x 微分：相當於先對 $g(x,y)$ 微分，乘以 $g(x,y)$ 對 x 的微分，結果為 –4

d. $f(x,y,z)$ 對 y 微分：相當於先對 $g(x,y)$ 微分，乘以 $g(x,y)$ 對 y 的微分，結果為 –4

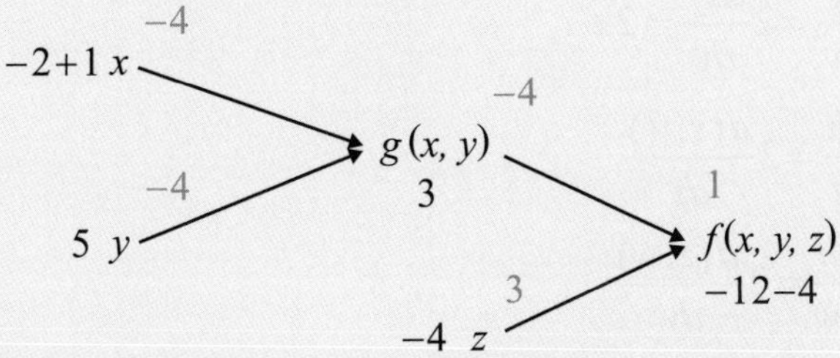

圖 4-8 $f(x, y, z) = (x + y)z$ 之樹狀結構圖 (對 x 值加一)

以上圖 4-8 中紅色的數值，為 $x = -2$，$y = 5$，$z = -4$ 的情況下，對各個變數計算微分的結果，黑色的數值表示的是現在的參數狀態下各個變數的數值。因原式 $f(x,y,z)$ 對 x 微分後為 –4，因此當 x 的值增加 1 的話便會使得原式 –4。

例 2.

$f(x,y,z,w)=(xy+(z,w))\times 2$

Let $g(x,y)=xy$, $h(z,w)=\max(z,w)$, $p(g,h)=g+h$, $s(p)=2p$

$\rightarrow f(x,y,z,w)=s(p(g(x,y),h(z,w)))$

以下再針對不同的變數去算偏微分值：

$$\frac{df}{ds}=1$$

$$\frac{df}{dp}=\frac{df}{ds}\frac{ds}{dp}=\frac{d2p}{dp}=2$$

$$\frac{df}{dg}=\frac{df}{dp}\frac{dp}{dg}=2\frac{d(g+h)}{dg}=2$$

$$\frac{df}{dh}=\frac{df}{dp}\frac{dp}{dh}=2\frac{d(g+h)}{dh}=2$$

$$\frac{df}{dx}=\frac{df}{dg}\frac{dg}{dx}=2\frac{dxy}{dx}=2y$$

$$\frac{df}{dy}=\frac{df}{dg}\frac{dg}{dy}=2\frac{dxy}{dy}=2x$$

$$\frac{df}{dz}=\frac{df}{dh}\frac{dh}{dz}=2\frac{d(z,w)}{dz}$$

$$\frac{df}{dw}=\frac{df}{dh}\frac{dh}{dw}=2\frac{d(z,w)}{dw}$$

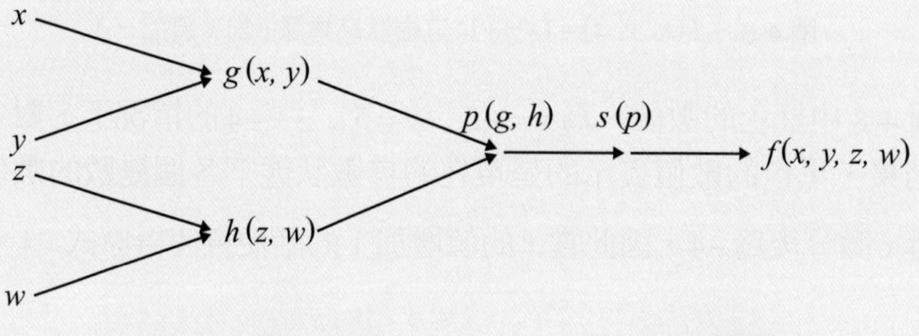

圖 4-9 $f(x,y,z,w)=(xy+(z,w))\times 2$ 之樹狀結構圖

藉由圖 4-9 中的樹狀圖可以了解各個參數和函數之間的關係。而在 $x=3$，$y=-4$，$z=2$，$w=-1$ 的情況下計算微分的結果如下：

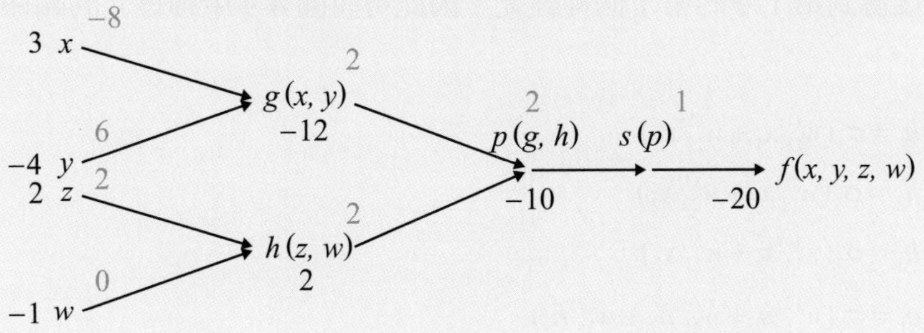

圖 4-10　$f(x,y,z,w)=(xy+(z,w))\times 2$ 之樹狀結構圖

人工神經網路的架構和前一部分提到的樹狀結構有些相似，我們可以用 chain rule 的方式去將 loss function 對每個元素進行微分，計算 gradient。

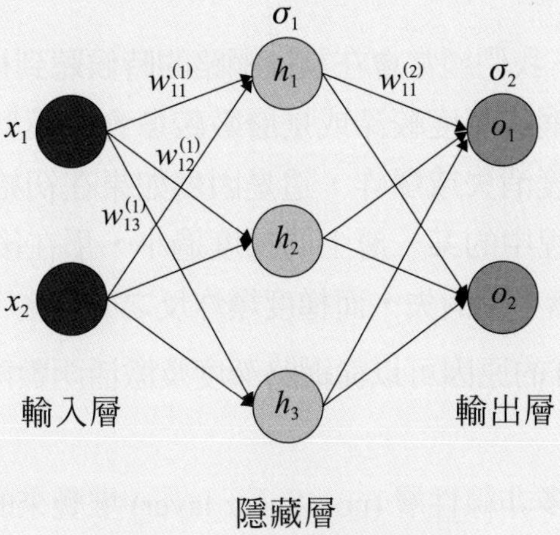

圖 4-11　人工神經網路示意圖

在圖 4-9 中可以看到輸入層中有輸入的特徵值 x_1 和 x_2，而第 $k-1$ 層的第 i 個神經元乘上 $W_{ij}^{(k)}$ 後傳到隱藏層中第 k 層的第 j 個神經元，例如第 1 層的第 1 個神經元乘上後傳到第 1 層的第 1 個神經元。因此可將圖 4-9 中神經元的關係寫成以下式子：

$$h_1 = \sigma_1(w_{11}^{(1)}x_1 + w_{21}^{(1)}x_2)$$
$$h_2 = \sigma_1(w_{12}^{(1)}x_1 + w_{22}^{(1)}x_2)$$
$$h_3 = \sigma_1(w_{13}^{(1)}x_1 + w_{23}^{(1)}x_2)$$
$$o_1 = \sigma_1(w_{11}^{(2)}h_1 + w_{21}^{(2)}h_2 + w_{31}^{(2)}h_3)$$
$$o_2 = \sigma_2(w_{12}^{(2)}h_1 + w_{22}^{(2)}h_2 + w_{32}^{(2)}h_3)$$

即將神經網路轉換成前方所提到的樹狀結構，便可以計算梯度。

梯度消失與梯度爆炸：

在深度學習的領域，我們經常會在訓練網路的時候聽到梯度消失或梯度爆炸，這是因爲在深層網路中，網路深度較深或是層數較多會讓模型在使用梯度下降法對誤差做反向傳播時產生梯度消失或爆炸，這是因爲如果在初始的深層網路所獲得的梯度過小，或是在傳播過程中的某一層上的梯度過小，那在後面接連的層上所得到的梯度就會越來越小，漸漸小到消失，而梯度爆炸反之亦然。

影響梯度消失或爆炸的原因可以從網路深度及激活函數兩個面向來看：

1. 網路深度：

深層網路是由許多非線性層 (non-linear layer) 堆疊來的，這些非線性層可以視爲非線性函數，因此整個深層網路可以視爲複合的非線性多元函數：

$$D(x) = f_n(\cdots f_3(f_2(f_1(x)\times\omega_1 + b)\times\omega_2 + b)\cdots)$$

其中 ω 爲權重，b 爲偏差 (bias)。觀察以上式子，如果權重的初始值較小，在每一層相乘所獲得的數值都會是介於 0 ～ 1 間的小數，激活函數的梯度亦是，那在後續連乘的過程中，數值就會變得越來越小，進而導致梯度消失；如果權重的初始值較大，原理相同，在連乘的過程中也會導致數值越來越大，造成梯度爆炸。

2. 激活函數：

激活函數的選擇也會影響到梯度，例如 sigmoid 就容易產生梯度消失，首先可以先看到 sigmoid 函數及其導數的式子：

Sigmoid 的函數： $f(x)=\dfrac{1}{1+e^{-x}}$

Sigmoid 的導數： $f'(x)=f(x)(1-f(x))=\dfrac{1}{1+e^{-x}}\times(1-\dfrac{1}{1+e^{-x}})$

在這微分的過程中，當 x 很大或很小的時候就會漸漸趨近於 0，導致梯度消失的現象，以圖 4-2 的 sigmoid 函數圖形可以看到當 x 在 –4 到 4 這段區間以外的區域就已經趨近於 0 了。

4-2 卷積神經網路 (Convolutional Network)

卷積神經網路主要是由卷積層、池化層、全連接層、標準化層組成。圖 4-12 例子為 2D 的卷積網路架構，接下來的內容會再針對各個層詳加說明。

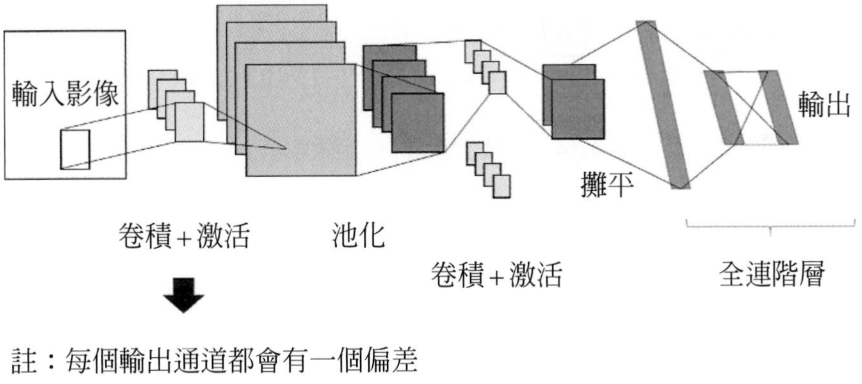

圖 4-12 卷積神經網路示意圖

一、卷積層

在卷積層中，包含了卷積的核 (convolution kernel)，這個核會和影像去做點對點的相乘並相加，將特徵取出。

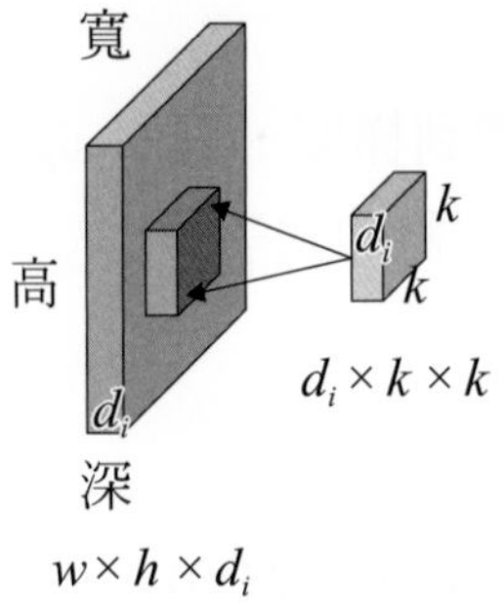

圖 4-13　卷積示意圖

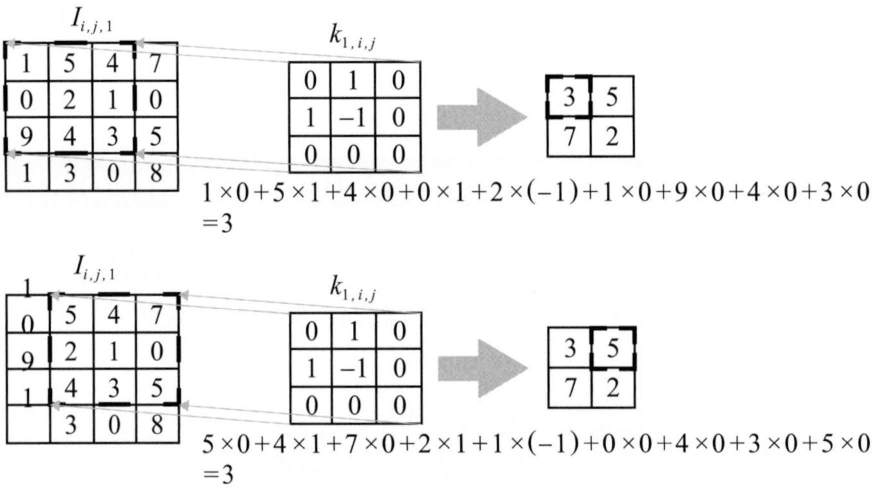

圖 4-14　卷積示意圖 (以矩陣表示)

在圖 4-14 中可以看到，$I_{i,j,1}$ 中有框起來之區塊，代表的是目前使用矩陣內積乘上 $k_{1,i,j}$ 的區塊，並將結果儲存在 2×2 的矩陣當中。而經過卷積之後有可能會使得長寬減少，如下式所示：

$$w' = \{w - 2\left\lfloor \frac{k}{2} \right\rfloor, \ w/o \text{ padding } w, \ w \text{ padding}$$

$$h' = \{h - 2\left\lfloor \frac{k}{2} \right\rfloor, \ w/o \text{ padding } h, \ w \text{ padding}$$

式子中 w' 為卷積後的寬之大小、h' 為卷積後的高之大小。若有使用填充 (padding) 的技巧，便可以使得長和寬維持原大小。

以下介紹卷積層中的基本參數：

1. 輸入通道 (input channel)：

決定卷積操作時的卷積核深度。預設值會與輸入的特徵矩陣的通道數一致，若輸入爲影像的特徵矩陣，則第一層網路的初始輸入通道會根據影像的型態決定，例如輸入是灰階影像，初始的輸入通道數爲 1；若是彩色影像，初始的輸入通道數爲 3(具有 RGB 三個通道)。

2. 卷積核大小 (kernel size)：

卷積核定義了卷積的感受野 (receptive field)，具有長度、寬度與深度三個維度。卷積核的大小通常設定爲奇數 (3×3 或 5×5)，原因有兩個：

(1) 卷積核的滑動是默認以中心點爲基準，因此可以確保在做卷積操作的時候，不會讓訊息位置發生偏移。

(2) 會影響到 padding 的操作，卷積核大小爲奇數可以確保在做 padding 的過程中，圖像的兩邊仍能保持對稱。

3. 步長 (stride)：

步長決定了卷積核每一次滑動的距離，通常設定爲 1，若設置大於 1，通常是用來縮小影像或是對特徵做下採樣，以減少運算量。

4. 填充 (padding)：

填充主要是爲了解決輸入與輸出不一致的問題，即卷積核的大小不能完美的比對輸入的影像矩陣，padding 會去增加特徵圖 (feature map) 周圍的像素 (pixels)，讓特徵圖和原圖保持一樣的大小，因爲經過濾波器 (filter) 的過濾之後，產生的特徵圖會比原圖來的小。在設定上分爲 'SAME' 與 'VALID' 做填充，'SAME' 會對不足卷積核大小的邊界做填充來保障輸入與輸出的維度一致，通常是 zero padding，也就是在周圍缺少的部分都補 0；而 'VALID' 則是會捨棄不足卷積核大小的部分，這個就無法保證輸入與輸出的維度會一致。

5. 輸出通道 (output channel)：

每一層網路輸出的通道數，若與輸入通道數一樣大小，即可維持輸入與輸出維度的一致性，若與輸入通道數的大小不同，則是會改變整體網路的參數量，另外，在一個網路架構中，當層的輸出的通道數決定了下一層的輸入通道數。

二、多通道卷積

以上介紹的是單通道的卷積，但我們經常會需要處理多個通道的資料，例如我們的 RGB 影像就是三個通道的資料。而多通道的卷積運算，就是將每個通道分開來和不同的卷積核去做卷積，接者再將結果做相加。如圖 4-15 所示：

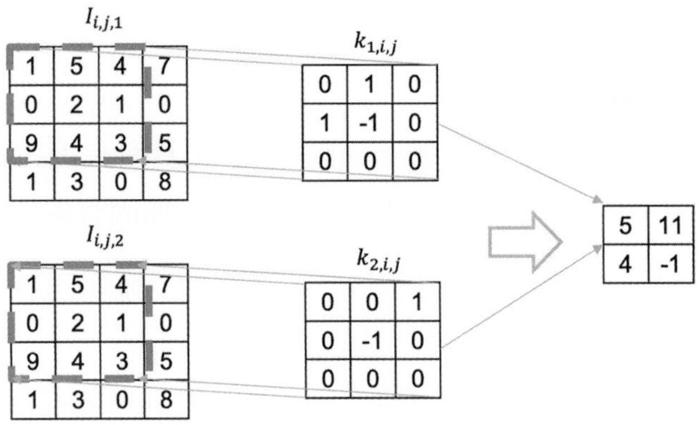

圖 4-15　多通道卷積示意圖

另外，也可以視我們需要的通道數去使用不同數量的卷積核，如圖 4-16 所示：

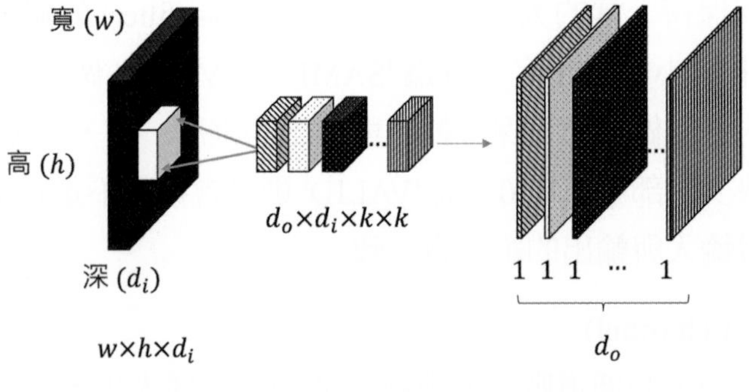

圖 4-16　多通道轉多通道卷積示意圖

三、池化層與攤平

池化層的目的是希望能留下更爲重要的特徵，減少參數的量，也減少計算量。主要常用兩種池化的方式：分別爲最大池化 (Max Pooling) 和平均池化 (Average Pooling)，最大池化會將範圍內的最大值保留，平均池化則會取範圍內的值的平均數，如圖 4-17 所示。

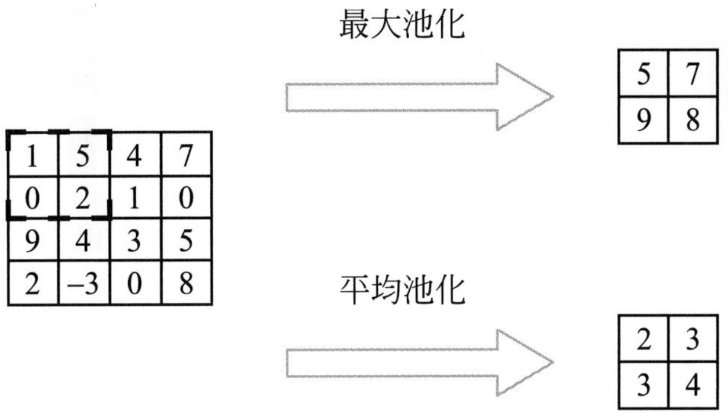

圖 4-17　池化示意圖

而攤平的動作，則是將二維的架構攤平成一維的架構，使得二維陣列得以輸入到網路中做傳遞。如圖 4-18 所示。

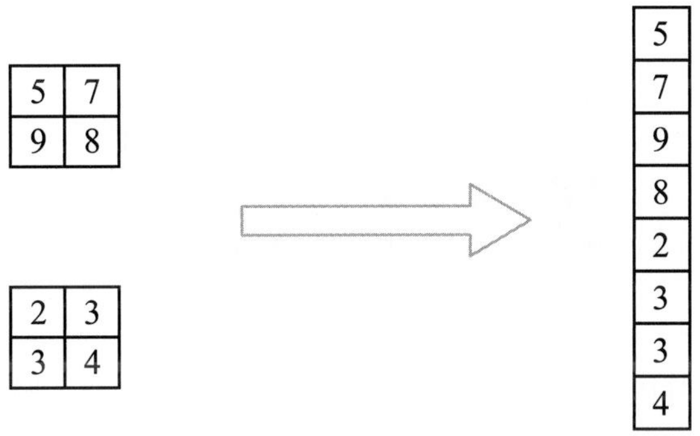

圖 4-18　攤平示意圖

四、全連接層

全連接層會將前一層的輸出結果，和此一層之權重去做向量之內積，並輸出其結果，如下圖所示，其中 W_i^T 為 W 矩陣之第 i 行向量再去做轉置。

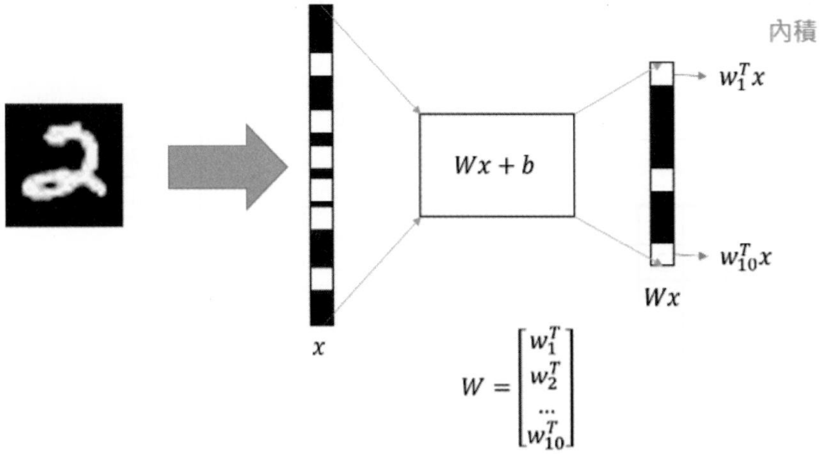

圖 4-19　全連接層示意圖

而在卷積網路中，因為我們會將網路疊的很深，因此特徵是有前後關係的，在網路的前期可能會看到的是基本元素，隨著不同元素的線性組合，我們的特徵也會漸漸地變得高階，往後的層中也許會看見物件的材質或是物件的部分結構。

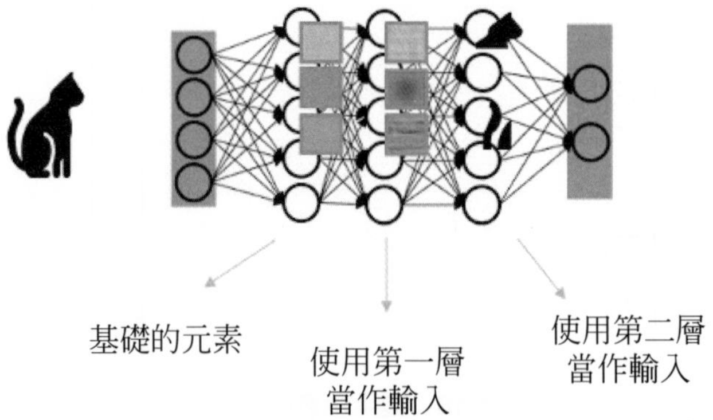

圖 4-20　網路中的特徵階級示意圖

4-3 轉置卷積 (Transpose Convolution)

為何我們會需要轉置卷積呢？主要有兩個原因：一個是我們需要做上採樣 (upsample)，另一個是我們需要去做解碼 (decode) 的動作。卷積是將原本多個資料從中提取特徵。若卷積是函數，則會如圖 4-21 所示：

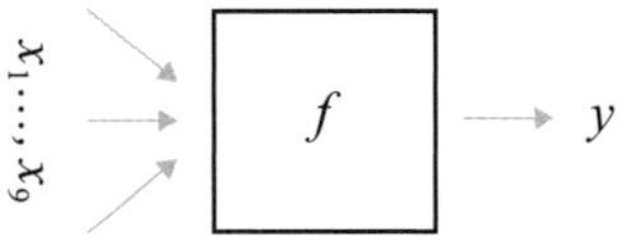

圖 4-21　卷積示意圖

其函式為： $f(x_1,x_2,\ldots,x_9)=y$ ，則

轉置卷積就是它的反函數： $f^{(-1)}(y)=x_1,x_2,x_3\ldots\ldots,x_9$ 。

以下以另外一種形式，說明卷積以及轉置卷積的做法：在卷積中，如上一章節所提到的會去針對原始影像的局部去做矩陣相乘。

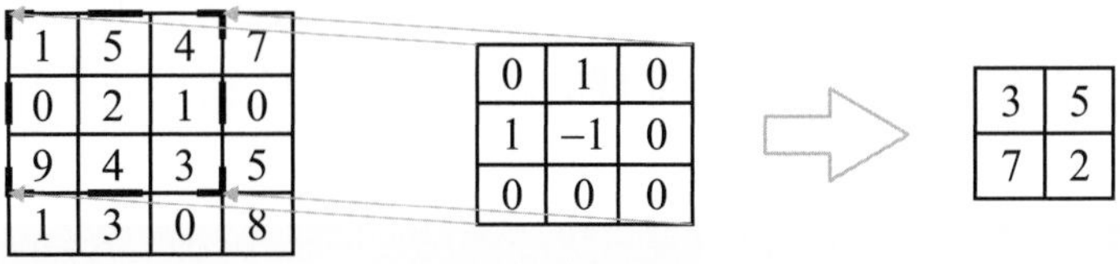

圖 4-22　卷積示意圖

但其實我們也可以利用以下的步驟來實現卷積的過程。

步驟 1：將原在轉置中使用到的核 (kernel) 重新排列，如下圖所示：

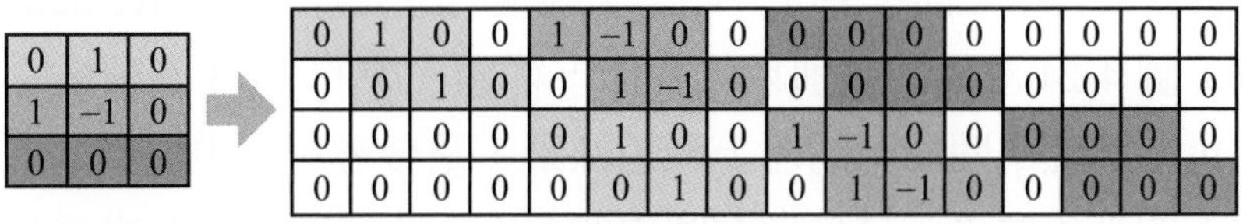

每一行定義為一個卷積操作

步驟 2：將輸入攤平

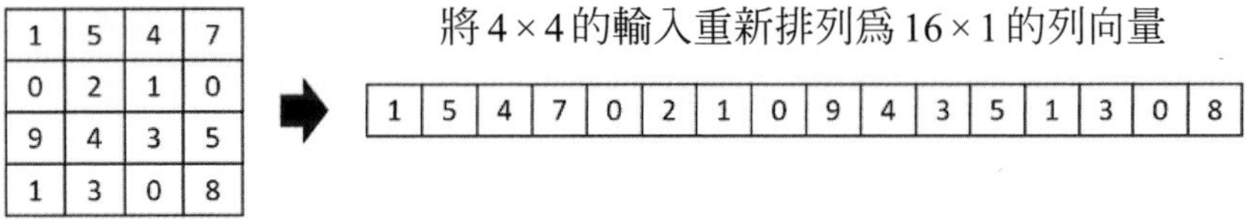

步驟 3：進行矩陣相乘：其中須將攤平的矩陣進行轉置再進行相乘。

0	1	0	0	1	–1	0	0	0	0	0	0	0	0	0	0
0	0	1	0	0	1	–1	0	0	0	0	0	0	0	0	0
0	0	0	0	0	1	0	0	1	–1	0	0	0	0	0	0
0	0	0	0	0	0	1	0	0	1	–1	0	0	0	0	0

×

1	5	4	7	0	2	1	0	9	4	3	5	1	3	0	8

T

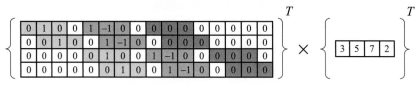

步驟 4：得到結果為 [3 ,5, 7, 2]，與原本的做法結果相同。

在轉置卷積中，則可以透過以下的矩陣乘法來實踐：

0	1	0	0	1	–1	0	0	0	0	0	0	0	0	0	0
0	0	1	0	0	1	–1	0	0	0	0	0	0	0	0	0
0	0	0	0	0	1	0	0	1	–1	0	0	0	0	0	0
0	0	0	0	0	0	1	0	0	1	–1	0	0	0	0	0

T ×

3	5	7	2

T

圖 4-23　反卷積示意圖

16×4 之矩陣和 4×1 之矩陣相乘後會得到 16×1 之矩陣，可以重新排列成 4×4 之矩陣。這便將原本的 2×2 矩陣上採樣成了 4×4 之矩陣。但在 encode 和 decode 的過程中勢必會有資訊的缺失，因此上採樣的結果和原本的結果並不相同。

4-4 其他卷積方法

一、擴張卷積 (Dilated Convolution)

1. 卷積網路的感受野 (receptive field)

在介紹擴張卷積之前，要先介紹一下卷積的感受野 (receptive field)，參考以下的範例圖，圖 4-24 左邊的是前期的特徵，經過一次的 3×3 卷積後會產生中間的特徵值，也就是說中間圖中的左上深色像素，是參考左圖中左上的九宮格，而中間圖中右下的深色像素，是參考左圖中的右下九宮格。進一步來看的話，我們可以發現中間圖中的 3×3 大小的像素格它參考 5×5 大小的像素。接著下圖中右邊的像素又會參考中間的圖，來產生該深色像素框。則我們會稱綠色像素在左圖中看到的感受野為 11×11。而受限的感受野會影響到我們資訊的傳遞，不足的資訊傳遞有可能會導致錯誤的判斷。因此，有些人會將我們的 CNN 網路疊得很深，來增加感受野，或將我們的影像做多尺度的處理 (multi-scale)。

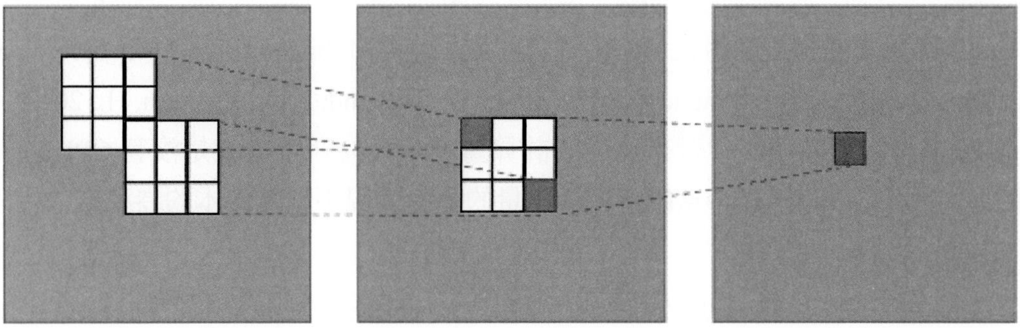

圖 4-24　感受野示意圖

2. 擴張卷積 (Dilated Convolution)

爲了解決卷積層有受限的感受野，有人提出了擴張卷積的卷積核，其示意圖如圖 4-25 所示：

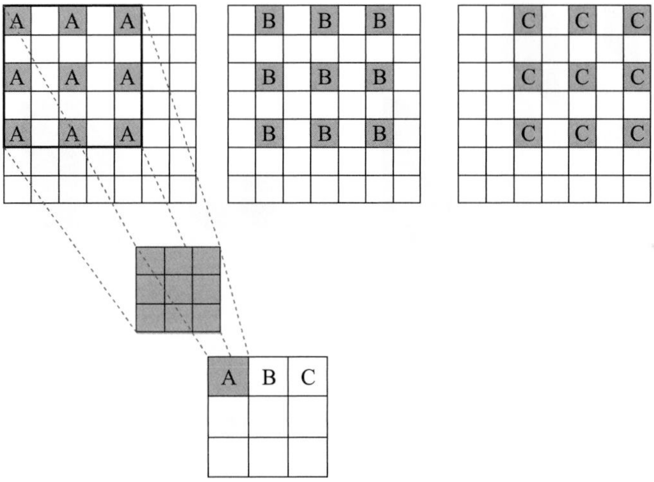

圖 4-25　擴張卷積示意圖

擴張卷積會跳一格或數格的像素去做卷積，在實務上，我們也會使用不同的膨脹係數的卷積核去對同一張影像做卷積，結合不同擴張卷積的資訊。

二、深度可分離卷積（Depthwise Separable Convolution)

深度可分離卷積被使用在 Google 2017 年提出的 MobileNet 中 (參考：Howard, A. G., Zhu, M., Chen, B., Kalenichenko, D., Wang, W., Weyand, T., ... & Adam, H., 2017)，由於 CNN 網路中的卷積層會帶來巨大的計算量，不容易在手機或是沒有 GPU 的裝置上使用，因此 MobileNet 希望能降低計算量的同時表現不會離原本的卷積方法相差太遠。

深度可分離卷積可以分成兩個部分，分別是 Depthwise Convolution 以及 Pointwise Convolution，Depthwise Convolution 是去對各個通道 (Channel) 做卷積 (和原本的卷積方法一對所有的 channel 做卷積不同)，接著再做 Pointwise Convolution，即使用 1×1 的核 (kernel) 去對 Depthwise Convolution 的結果做原本的卷積。示意圖如圖 4-26 所示：

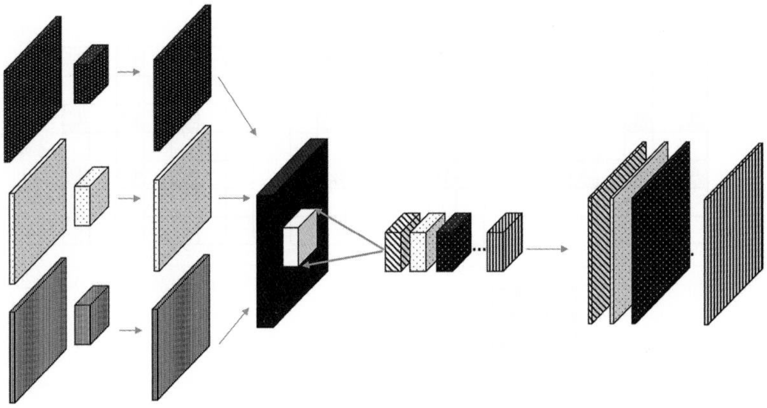

圖 4-26　深度可分離卷積示意圖

4-5 卷積神經網路於 Pytorch 之實現

卷積神經網路於 PyTorch 之實現，標準格式爲 class，包含 __init__(self), forward(self, x) 函式，在 _init__(self) 函式中一定要寫到 super 的函式來呼叫父類別，以下建置一個簡單的卷積神經網路來做說明，參考 PyTorch 官方文件 (https://pytorch.org/tutorials/beginner/blitz/neural_networks_tutorial.html) 範例。

```python
import torch
import torch.nn as nn
import torch.nn.functional as F

class Net(nn.Module):
    def __init__(self):
        super(Net, self).__init__()
        # 輸入影像維度為1 (灰階影像), 輸出維度為6, kernel size = 5
        self.conv1 = nn.Conv2d(1, 6, 5)
        self.conv2 = nn.Conv2d(6, 16, 5)
        self.fc1 = nn.Linear(16*5*5, 120)
        self.fc2 = nn.Linear(120, 84)
        self.fc3 = nn.Linear(84, 10)

    def forward(self, x):
        x = F.max_pool2d(F.relu(self.conv1(x)), (2, 2))
        x = F.max_pool2d(F.relu(self.conv2(x)), 2)
        x = torch.flatten(x, 1)
        x = F.relu(self.fc1(x))
        x = F.relu(self.fc2(x))
        x = self.fc3(x)
        return x
net = Net()
```

圖 4-27　卷積網路程式碼

在 def __init__(self) 的部分是先定義每一個模組 (module) 要做的事情，def forward(self, x) 是在建立網路架構，其中的 x 是要餵到網路的輸入，return 則是將結果回傳，另外也可以透過 print(net) 顯示網路中所定義的每一層結構。

在建置網路的過程，要注意每一層輸入的維度必須與前一層的輸出維度是相對應的，而在第一層的輸入維度與最後一層的輸出維度，則是要根據訓練資料的型態做決定。

以下我們用一個流程圖來說明範例程式碼的執行過程：

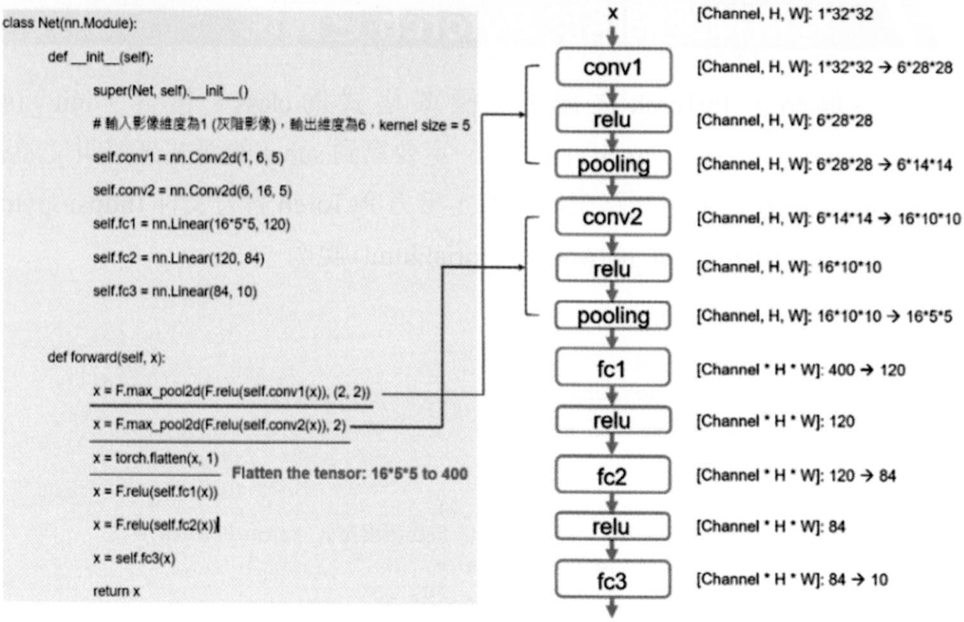

圖 4-28　卷積網路程式碼與特徵大小計算

除了以上最直觀的寫法之外，nn.Sequential() 也是經常被使用到的函式，簡單來說它就是一個有序的容器，包在 nn.Sequential() 裡面的 nn 都會被有序的執行，優點是可以將需要重複執行的模組打包在一起再執行前向傳播，提升搭建模型的效率，而在撰寫程式碼的部分也較爲簡潔。

```
import torch
import torch.nn as nn
import torch.nn.functional as F

class Model(nn.Module):
    def __init__(self):
        super(Model, self).__init__()
        self.network = nn.Sequential(
                nn.Conv2d(3, 6, 5),
                nn.ReLU(),
                nn.MaxPool2d(2, 2),
                nn.Conv2d(3, 6, 5),
                nn.ReLU(),
                nn.MaxPool2d(2, 2)
        )
    def forward(self, x):
        x = self.network(x)
        return(x)
model = Model()
```

圖 4-29　建立基本的模型

參考：

- Pytorch(https://pytorch.org/tutorials/beginner/blitz/neural_networks_tutorial.html)
- Howard, A. G., Zhu, M., Chen, B., Kalenichenko, D., Wang, W., Weyand, T., ... & Adam, H. (2017). Mobilenets: Efficient convolutional neural networks for mobile vision applications. arXiv preprint arXiv:1704.04861

NOTE

5
CHAPTER

常用深度學習訓練技巧

本章重點

5-1　標準化 (Normalization)
5-2　正則化 (Regularization)
5-3　遷移學習及預訓練模型 (Pretrained Model)
5-4　交叉驗證 (Cross Validation)
5-5　集成學習 (Ensemble Learning)
5-6　平行訓練 (Parallel Training)
5-7　深度學習應用於影像處理之技巧

5-1 標準化 (Normalization)

標準化是訓練模型時常用到的技巧，可以加快模型收斂的速度並增加神經網絡的穩定性。其中又可以分成 Batch Normalization、Layer Normalization、Instance Normalization 和 Group Normalization，如圖 5-1 所示。

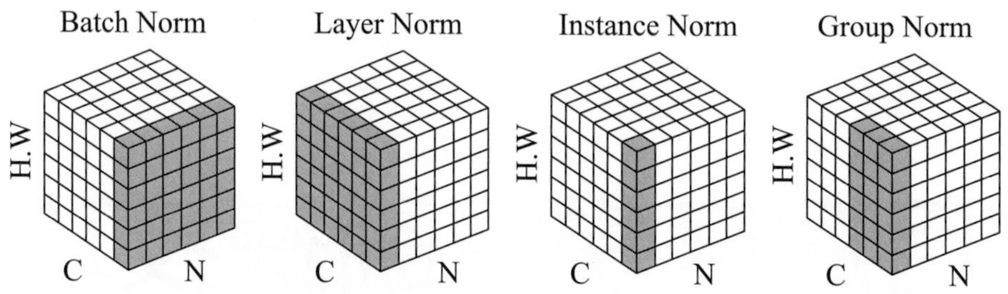

圖 5-1　各種標準化之示意圖 (參考 Wu, Y., & He, K., 2018)

一、Batch Normalization(BN)

在 Batch Normalization 中會將各個輸入的數值減去當前所屬的 batch 之平均值，並除以 batch 的標準差 (Standard Deviation) 來做標準化，使每個 batch 的平均值爲 0，標準差爲 1。一個 batch 中通常會包含多個輸入，例如：在影像類型的任務中，一個 batch 會包含多張的影像輸入，並會將每張影像的同一 channel 抽取出來計算它們的平均值和標準差，而 batch 的大小會根據 batch size 的調整而有所不同。

二、Layer Normalization (LN)

在 Layer Normalization 中，標準化的對象會是一整個 layer，而一個 layer 即表示一個輸入樣本。而在影像中，會將單一輸入影像的各個 channel 抽出來計算它的平均值以及標準差，並進行標準化。

三、Instance Normalization (IN)

在 Instance Normalization 中，標準化的對象會是一個 instance，而一個 instance 即表示一個輸入中的局部特徵值。而在影像中，會將單一輸入影像的單一個 channel 抽出來計算它的平均值以及標準差，並進行標準化。

四、Group Normalization (GN)

在 Group Normalization 中，標準化的對象會是一整個 group，而一個 group 即也表示一個輸入中的局部特徵值，但範圍會較 instance 要來的大一些。在影像中，會將單一輸入影像的特定幾個 channel 抽出來計算它的平均值以及標準差，並進行標準化。

五、比較

資料在深度網路中的維度通常會是 [*B*, *C*, *H*, *W*] 或是 [*B*, *H*, *W*, *C*] 的格式，*B* 是 batch size，*C* 是特徵圖的通道數，至於 *H* 和 *W* 則是特徵圖的長和寬。表 5-1 整理了各個標準化方式的範圍以及進行標準化後的維度變化，以格式 [*B*, *C*, *H*, *W*] 爲例：

表 5-1

標準化方式	範圍	維度
Batch Normalization	跨樣本、單通道	[*B*, *H*, *W*]
Layer Normalization	單樣本、跨通道	[*C*, *H*, *W*]
Instance Normalization	單樣本、單通道	[*H*, *W*]
Group Normalization	單樣本、多通道	[*C*/*G*, *H*, *W*]

另外，我們採用 PyTorch 函式—torch.nn 講解各項標準化方法的程式碼，此處輸入以二維陣列 (2d) 爲例：

表 5-2

標準化方式	輸入型態	輸入	輸出	程式碼範例
Batch Normalization	int	[*B*, *C*, *H*, *W*]	[*B*, *C*, *H*, *W*]	nn.BatchNorm2d(*num_features*) 其中 *num_features* 為 *C*，來自大小 (*B*, *C*, *H*, *W*) 的預期輸入
Layer Normalization	int / list / torch.Size	[*B*, *]	[*B*, *]	nn.LayerNorm(*normalized_shape*) 其中 *normalized_shape* 為預期輸入大小的輸入形狀 (input shape)
Instance Normalization	int	[*B*, *C*, *H*, *W*] or [*C*, *H*, *W*]	[*B*, *C*, *H*, *W*] or [*C*, *H*, *W*]	nn.InstanceNorm2d(*num_features*) 其中 *num_features* 為 *C*，來自大小 (*B*, *C*, *H*, *W*) 或 (*C*, *H*, *W*) 的預期輸入
Group Normalization	int	[*B*, *C*, *] *C*=*num_channels*	[*B*, *C*, *]	nn.GroupNorm2d(*num_features*, *num_channels*) 其中 *num_features* 為將通道分成的組數，*num_channels* 為輸入中預期的通道數

表 5-2 中，輸入型態 int 爲整數；list 是串列；torch.Size 爲一組形狀，其他更多的參數應用可以參閱 PyTorch 的官方網站。

5-2 正則化 (Regularization)

爲了避免模型產生過擬合的結果，在訓練模型時經常會使用正則化的技巧。

1. Dropout

Dropout 指的是會去丟棄部分的神經元，使得每一次的更新只會去針對部分的神經元進行更新，可以避免在訓練時神經元之間產生複雜的共適應關係，在每個 epoch 中，都會移除不同的神經元，並對剩餘的神經元來進行參數的更新。

2. Lasso Regression

Lasso Regression 是線性迴歸加上 L1，也就是將 L1 norm 作爲懲罰項來調整目標函式的係數，透過將不具影響力的係數推進成 0，相當於執行了特徵篩選 (Feature Selection) 的功能，而目的是希望模型不會存在過多的參數，模型的參數越多表示懲罰項的值越大。目標函式如下表示：

$$\text{minimize}\{\text{SSE} + \lambda\sum_{j=1}^{p}|\beta_j|\}$$

其中 SSE 爲誤差平方和 (Sum of Squared Error)，$\lambda\sum_{j=1}^{p}|\beta_j|$ 爲懲罰參數，p 是特徵的個數，β 是一個需要被優化的係數，可以看作是一個偏值 (bias)，透過校正參數 (tune parameter) λ 來控制。

3. Ridge Regression

Ridge Regression 則是線性迴歸加上 L2，也就是將 L2 norm 作爲懲罰項來調整目標函式的係數，將不相干的係數趨近爲 0，但不會等於 0，同時也可以降低資料集中的雜訊，而目的與 Lasso Regression 一樣，希望模型不會存在過多的參數。目標函式如下表示：

$$\text{minimize}\{\text{SSE} + \lambda\sum_{j=1}^{p}\beta_j^2\}$$

其中各項符號所代表的如同上述 Lasso Regression 所提及的。

4. Elastic Net Regression

Elastic Net Regression 為 Lasso Regression 以及 Ridge Regression 兩者的結合，它綜合了 Lasso 懲罰項能夠做特徵選擇以及 Ridge 懲罰項可以有效完成正則化的優點，Elastic Net Regression 的目標函式即為涵蓋兩者的式子：

$$\min\text{imize}\{\text{SSE}+\lambda_1\sum_{j=1}^{p}\left|\beta_j\right|+\lambda_2\sum_{j=1}^{p}\beta_j^2\}$$

5. Cutout / Mixup (Image)

數據增強也可以是一種正則化的方法，這裡要介紹兩種常見的數據增強方法：Cutout 及 Mixup。

(1) Cutout 可以看作是 dropout 的一種特殊形式，會隨機把特徵圖的部分區域刪除，而這些被刪除區域的像素值會以補 0 做填充，分類的結果不會改變。

(2) Mixup 會隨機從訓練樣本中抽取兩個樣本做混合，對應的標籤亦是如此，透過混合的方式來得到新的樣本數據及標籤來達到數據增強的效果，而它們的 ground truth 對應的會是 one-hot 的向量。

5-3 遷移學習及預訓練模型 (Pretrained Model)

遷移學習 (Transfer Learning) 就是把已經訓練好的模型、參數，應用在另外的一個新模型上。而通常會稱已存在的知識或已學習到的領域為來源領域 (Source Domain)，而欲進行學習、訓練的領域為目標領域 (Target Domain)。

在遷移學習時，通常會使用到另外一個預先訓練的深度學習模型，但為了要能夠適應在目標領域上，所以會將預先訓練的深度學習模型的後面幾層拆除，再補上目標領域所需要的輸出層，再去經過微調 (fine-tune) 來獲得適應於目標領域的模型。以下舉 VGG 的例子說明：

VGG 是強大的物件辨識模型，我們會把它先預訓練在 ImageNet 的資料集，此資料集具有 1400 多萬張照片，且有 2 萬多個類別，因此 VGG 預訓練模型會有強大抓取特徵的能力。我們可以將它應用在模型的前面幾層，並在後方自行新增幾層以適應目標領域所需要的輸出。

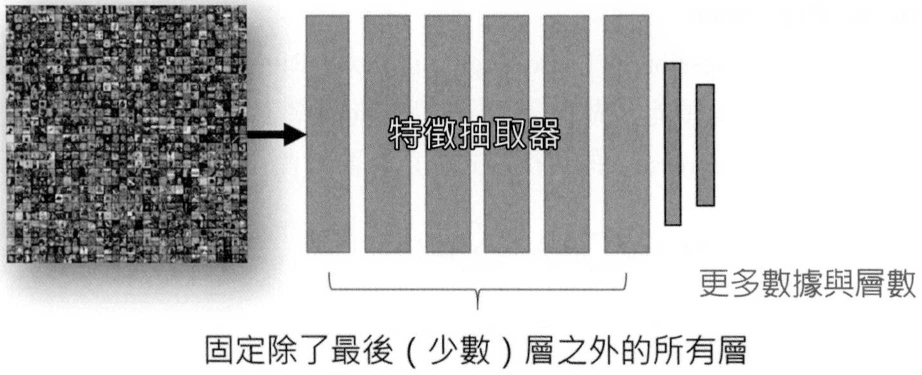

圖 5-2　預訓練模型示意圖

另外，也有一種作法是將模型的前面幾層固定住，並去微調 (fine-tune) 後面幾層。如圖 5-3 所示。

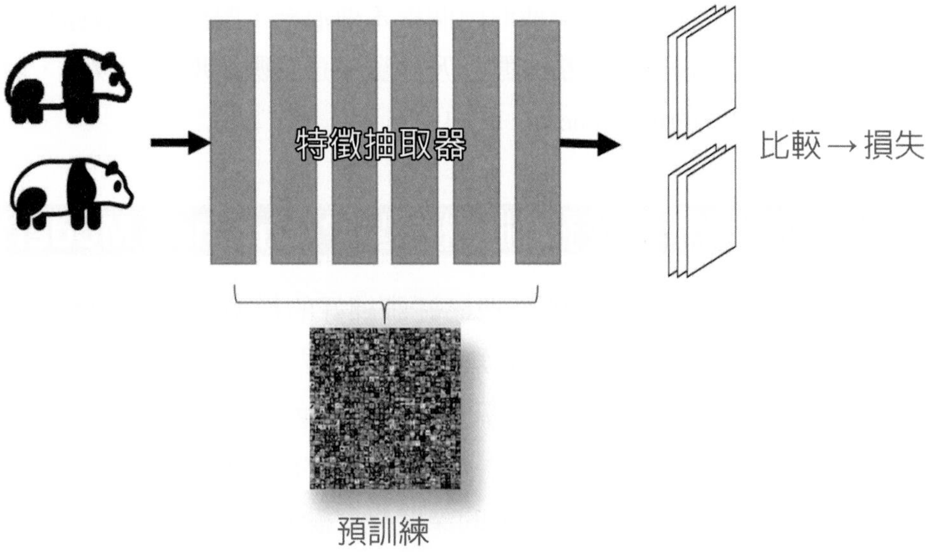

圖 5-3　預訓練模型示意圖

我們在建構模型時可以將已經訓練好的 VGG 模型嵌入我們的網路中，如以下範例程式碼所示，請參考 GitHub 連結：(https://github.com/NCCUAIMLab/ADLIP/blob/main/Ch5/finetune_VGG19.py)

```python
1 from torchvision import models # 需引入必要的套件
2 class VGGNet(nn.Module):
3     def __init__(self, num_classes=10):
4         super(VGGNet, self).__init__()
5         net = models.vgg16(pretrained=True)
6         net.classifier = nn.Sequential()
7         self.features = net
8         self.classifier = nn.Sequential(
9                 nn.Linear(512 * 7 * 7, 512),
10                nn.ReLU(True),
11                nn.Dropout(),
12                nn.Linear(512, 128),
13                nn.ReLU(True),
14                nn.Dropout(),
15                nn.Linear(128, num_classes),
16        )
17    def forward(self, x):
18        x = self.features(x)
19        x = x.view(x.size(0), -1)
20        x = self.classifier(x)
21        return x
```

圖 5-4　將預訓練模型放入我們客製化的模型中

在上方的程式碼中，我們使用訓練好的 VGG 網路其中的前幾層，去做特徵的抽取，我們可以載入其網路 (第 5 行)，並將原先網路的分類器拆掉 (第 6 行)，改成我們應用情境會用到的分類器 (第 8 行～第 16 行) 來做訓練。

5-4 交叉驗證 (Cross Validation)

交叉驗證指的是我們在分割訓練集 (Training Set) 與測試集 (Test Set) 時，我們輪替使用部分的資料當作我們的測試集，示意圖如圖 5-5 所示。

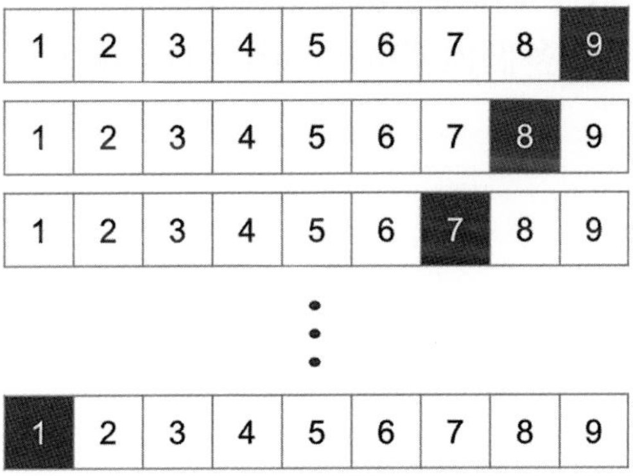

圖 5-5　Cross Validation 示意圖

在圖 5-5 中，我們將全部的資料分成十等份，並在第一輪中將其中一份當作測試集，其餘當作訓練集，而下一輪時，我們會選擇另外一份當作測試集，當每一份資料都當過測試集後，可以把每個測試集的準確度做平均，以求得整體的準確度。若我們將資料分成 k 等分，就可以說我們是在做 k-fold Cross Validation，例如：3-fold Cross Validation、10-fold Cross Validation。

5-5 集成學習 (Ensemble Learning)

在機器學習中，集成學習使用多個學習方法來獲得比單獨算法更好的預測性能。早在機器學習盛行之前，就有 Random Forest、Boosting、Adaptive Boosting 等等的決策模型，這些皆為集成學習的應用。這些算法會將不同模型預測出來的結果，透過多數決 (majority vote) 或是取平均做法來將每個子模型預測出來的結果加以整合。

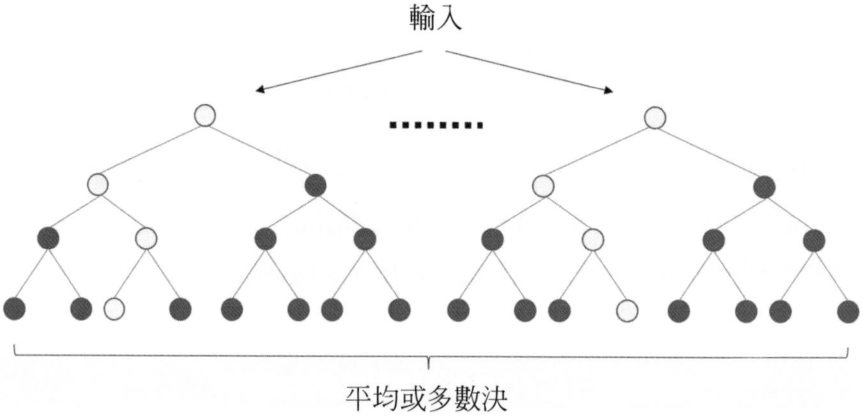

圖 5-6　集成學習示意圖

例如：Random Forest 會建構不同的決策樹 (Decision Trees) 來當作基礎預測模型 (base prediction model)，最後整合這些決策樹產生最終結果。在機器學習中，也同樣的有集成學習的概念，會將多個模型所預測出來的結果，整合起來作為最後的預測結果。

5-6 平行訓練 (Parallel Training)

在訓練模型時，爲了要加速訓練，通常會使用多顆 GPU 來進行平行訓練。

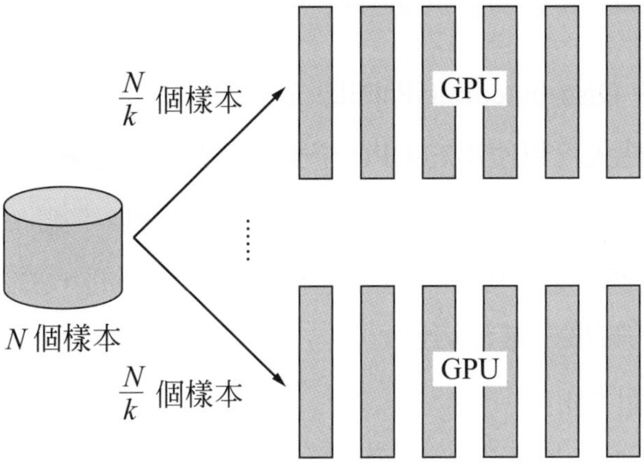

圖 5-7　平行訓練模型示意圖

而在 PyTorch 中有兩種實作平行訓練的方式—Data Parallel (DP) 與 Distributed Data Parallel (DDP)：

1. DataParallel (https://pytorch.org/tutorials/beginner/blitz/data_parallel_tutorial.html)

```
device = torch.device("cuda:0")
model.to(device)
my_tensor = my_tensor.to(device)
```

我們先初始化裝置，cuda:0 表示第一張顯卡裝置，並將我們的模型 (實例化後的模型物件) 及欲傳入模型的資料傳到裝置上。

而 PyTorch 通常在訓練模型時，都是預設訓練在單張的 GPU 上，若需要使用多張 GPU 進行運算，就需要使用 nn.DataParallel。

```
model = nn.DataParallel(model)
```

此時 model 就會進行多 GPU 的運算。然而這個平行化的方法，是會將資料丟入不同的 GPU 中進行正向傳遞，接者會計算梯度，再傳回主卡進行反向傳遞，更新模型參數，接者再把更新完模型參數傳給各個顯卡，進行下一次的正向傳遞，由於主卡需要彙整各個顯卡中的資料，因此會有負載不平均的問題。，然而 DDP 的運作模式可以有效解決以上問題。

2. DistributedDataParallel (https://pytorch.org/tutorials/intermediate/ddp_tutorial.html)

```
class torch.nn.parallel.DistributedDataParallel(module, device_ids=None, output_device=None, dim=0, broadcast_buffers=True, process_group=None, bucket_cap_mb=25, find_unused_parameters=False, check_reduction=False)
```

上方是 Pytorch 中 DistributedDataParallel 這個類別的定義，其參數意義如下：

(1) device_ids：傳入可以使用的 GPU 卡號 (此處指的是邏輯卡號)

(2) output_device：模型輸出結果可以存放在哪些 GPU 卡號

(3) dim：指的是資料是按照哪個維度進行資料的切割的，預設是 0 表示的是會在 batch 的維度上進行切分。

而完整的程式碼如下：

```
parser = argparse.ArgumentParser()
parser.add_argument('--local_rank', default=0, type=int,
                    help='node rank for distributed training')
args = parser.parse_args()
```

接者要初始化進程組，並使用 DistributedSampler 來切割資料，並設定 Dataloader。

```
dist.init_process_group(backend='nccl')
torch.cuda.set_device(args.local_rank)
train_sampler = torch.utils.data.distributed.DistributedSampler(train_dataset)
dataloader = DataLoader(dataset, batch_size=batch_size, shuffle = True, sampler=train_sampler, pin_memory=True)
```

接者要建構 DDP 模型，以進行平行化訓練：

```
model = nn.parallel.DistributedDataParallel(model, device_ids=[args.local_rank], output_device=args.local_rank, find_unused_parameters=True)
```

需使用以下的指令來執行多 GPU 的平行運算：

```
python -m torch.distributed.run --nnodes=1 --nproc_per_node=2 --node_rank=0 --master_port=6005 train.py
```

DDP 會起多個進程，每個進程中都有模型的參數，且多個進程會維護一個優化器，因此多個進程中的參數更新方向與數值都會是一致的，也就是說在訓練的過程中，模型的參數都會是統一的，避免了 DP 中，需要將梯度傳回主卡上，再將模型更新結果傳回各張顯卡的成本，相較於 DP 需要較少的資料傳輸，效率會比較高。

5-7 深度學習應用於影像處理之技巧

在介紹各種影像的處理技巧之前，影像的讀取、展示及存取都是基本的操作，在處理影像的部分，我們所使用的是 OpenCV(Open Source Computer Vision) 這個跨平台的電腦視覺庫，可以透過 pip install opencv-python 進行安裝。

首先先講影像的讀取、展示及存取三個操作，OpenCV 本身就有提供讀取影像檔的函數可以使用，因此我們只要呼叫 cv2.imread() 這個函數即可將圖片讀取進來：

```
img  = cv2.imread(“Path/cat.jpg”)
```

接著我們可以使用 OpenCV 的 cv2.imshow() 函數將讀取進來的影像顯示出來，確認我們讀取的圖片是否正確：

```
cv2.imwrite(“Cat”, img)
cv2.waitKey(0)
cv2.destroyAllWindows()
```

其中 cv2.waitKey() 這個函數是用來等待與讀取使用者按下的按鍵，而其參數是指等待時間 (單位爲毫秒)，若參數設定爲 0 表示持續等待至使用者按下按鍵，然而當我們按下任意鍵後，就會呼叫 cv2.destroyAllWindows() 關閉所有 OpenCV 的視窗。

最後影像經過一番處理之後我們會需要將結果寫入圖片檔案，這時我們可以使用 OpenCV 的 cv2.imwrite() 的函數完成：

```
cv2.imwrite(“Path/cat_output.jpg”, img)
```

另外，cv2.imwrite() 不只可以透過副檔名來指定圖片輸出的圖檔格式，也可以在輸出的時候調整圖片的壓縮率與品質：

```
cv2.imwrite(“Path/cat_output.jpg”, img, [cv2.IMWRITE_JEPG_QUALITY, 80])
cv2.imwrite(“Path/cat_output.png”, img, [cv2.IMWRITE_PNG_COMPRESSION, 4])
```

其中 JEPG 圖片的品質可設定閾值為 0 ～ 100；PNG 圖片的壓縮等級可設定閾值為 0 ～ 9。

接下來對於影像的處理，我們會介紹幾個常見的作法：

一、旋轉

旋轉圖片有兩種方式，一是使用 cv2.rotate() 函數，其參數是依據順時鐘或逆時鐘的方式進行旋轉，設定上有 cv2.ROTATE_90_CLOCKWISE、cv2.ROTATE_90_COUNTERCLOCKWISE 及 cv2.ROTATE_180 三種，如下面程式碼所示，這也就代表 cv2.rotate() 只有旋轉 0 度、90 度、180 度以及 270 度，如圖 5-8 所示：

```
import cv2
img = cv2.imread('cat.jpg')
rotate_90 = cv2.rotate(img, cv2.ROTATE_90_CLOCKWISE)
# cv2.ROTATE_90_CLOCKWISE / cv2.ROTATE_90_COUNTERCLOCKWISE / cv2.ROTATE_180

cv2.imshow("cat_rotate",rotate_90)
cv2.waitKey(0)
cv2.destroyAllWindows()
```

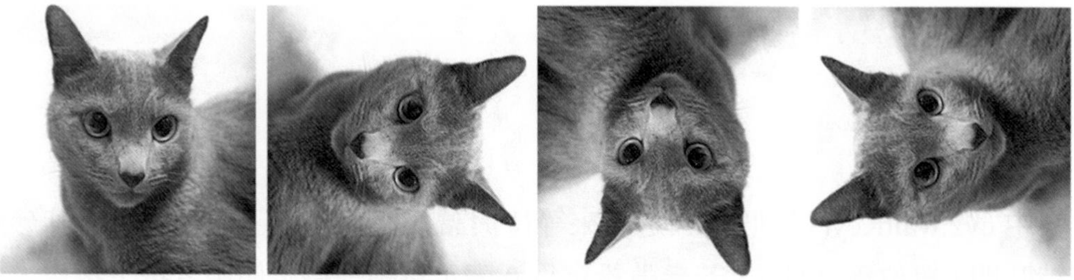

旋轉0度 (原圖)　順時針旋轉90度 (ROTATE_90_CLOCKWISE)　旋轉180度 (ROTATE_180)　逆時針旋轉90度 (ROTATE_90_COUNTER CLOCKWISE)

圖 5-8　cv2.rotate() 旋轉結果

但是 cv2.rotate() 函數能夠旋轉的角度有限制，因此我們可以透過 cv2.getRotationMatrix2D() 的方式做更多角度的旋轉，如下圖程式碼所示，我們這裡先定義了一個 rotate() 的函式，函式的內容會先讀取圖片的大小並找出中心點位置，接著透過中心點做旋轉，至於輸入到函式的參數分別有中心點的位置、欲旋轉的角度值以及影像的縮放大小，一般來說縮放大小設定為 1.0，也就是影像的大小不做調整，而旋轉的角度則是可以從 0 ～ 360 之間選擇任意值。圖 5-9 展示了從原圖依序旋轉 45 度的結果：

```
def rotate(img, angle, scale):
    h,w,d = img.shape
    center = (w//2, h//2)

    Matrix = cv2.getRotationMatrix2D(center, angle, scale)

    rotate_img = cv2.warpAffine(img, Matrix, (w, h))
    return rotate_img
```

```
rotate_img = rotate(img, 45, 1.0)
cv2.imshow("cat_rotate",rotate_img)
cv2.waitKey(0)
cv2.destroyAllWindows()
```

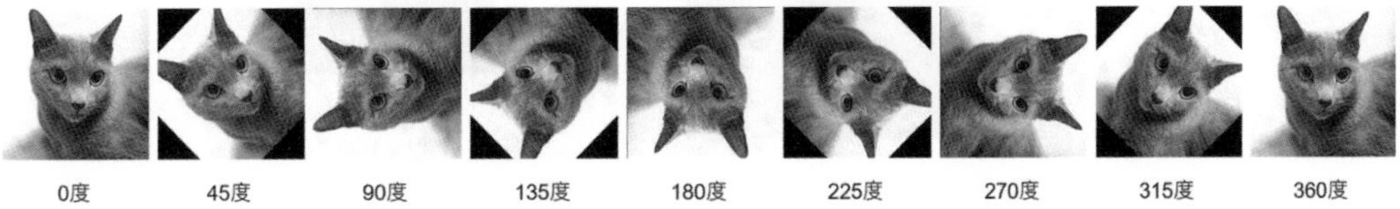

圖 5-9　cv2.getRotationMatrix2D() 旋轉結果

二、翻轉

翻轉圖片可以使用 OpenCV 的 cv2.flip() 函數，其參數的設置有 0, 1, -1，0 為圖片做垂直翻轉；1 為圖片做水平翻轉；-1 則為圖片做垂直水平翻轉，程式碼與翻轉結果可如圖 5-10 所示：

```
import cv2
img = cv2.imread('Russian_Blue_143_cat0.jpg')
flip_img = cv2.flip(img, -1) # 0:上下垂直翻轉 1:左右水平翻轉 -1:上下左右翻轉
cv2.imshow("cat_flip",flip_img)
cv2.waitKey(0)
cv2.destroyAllWindows()
```

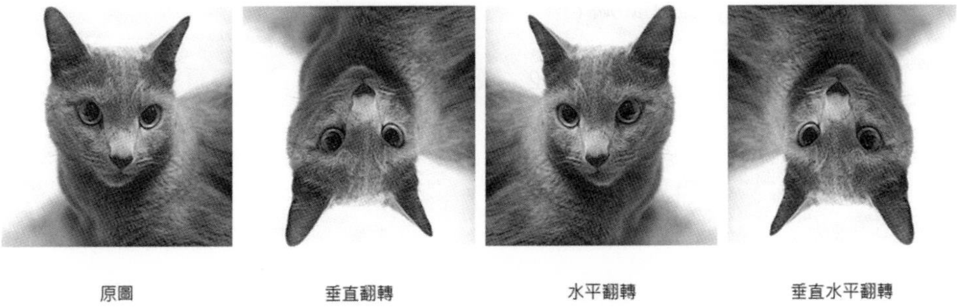

圖 5-10　cv2.flip() 翻轉結果

三、縮放

縮放圖片可以使用 OpenCV 的 cv2.resize() 函數，如圖 5-11 所示，我們將一個 286×286 的影像縮放成 192×192：

```
import cv2
img = cv2.imread('Russian_Blue_143_cat0.jpg')
resize_img = cv2.resize(img, (192,192), interpolation=cv2.INTER_AREA)
cv2.imshow("cat_resize",resize_img)
cv2.waitKey(0)
cv2.destroyAllWindows()
```

縮放 192×192

原圖 286×286

圖 5-11　cv2.resize() 縮放結果

四、裁剪

從 OpenCV 讀進來的圖片是一個 Numpy 陣列的形式，因此我們利用索引的方式將指定的區域選取出來，藉此對圖片進行裁切，如圖 5-12 所示：

```
import cv2
img = cv2.imread('Russian_Blue_143_cat0.jpg')
x = 50
y = 50
w = 200
h = 250
crop_img = img[y:y+h,x:x+w]
cv2.imshow("cat_crop",crop_img)
cv2.waitKey(0)
cv2.destroyAllWindows()
```

圖 5-12　圖片裁切結果

原圖

裁剪

圖 5-12　圖片裁切結果 (續)

五、轉換色彩空間

早期還沒有色彩顯示器的時候，影像只能以灰階的樣子顯示，也就是所謂的黑白照片，之後隨著色彩顯示器的出現，有了多種色彩空間來表示影像的顏色，其中 RGB 是影像處理中最常見的顏色表示方式，它是透過光學三原色的概念將紅 (Red)、綠 (Green)、藍 (Blue) 三原色的色光依不同比例進行相加，混合產生不同色彩，RGB 三種顏色的值大小則是介於 0 ～ 255 之間。

除了用 RGB 分量描述影像的顏色之外，鮮豔度、明亮度、飽和度、銳利度等等也都可以形容影像的狀態，再者，三原色構成的向量空間無法對影像的強度及亮度做處理，因此衍伸出了其它的顏色表示法，使影像可以透過轉換色彩空間做不一樣的處理。

我們透過 OpenCV 的 cv2.cvtColor() 函數做色彩轉換，一張彩色的圖片經由 cv2.imread() 讀取出來的通道表示法是 BGR 的形式，有別於以往認知的 RGB 排序，若是想要變換通道的順序，可以透過 cv2.cvtColor(img, cv2.COLOR_BGR2RGB) 進行變換。以下表格列出一些常見的色彩空間之間的轉換：

表 5-3

程式碼	說明
cv2.cvtColor(img, cv2.COLOR_BGR2GRAY)	彩色影像轉成灰階影像。
cv2.cvtColor(img, cv2.COLOR_BGR2RGB)	BGR 轉成 RGB 形式。
cv2.cvtColor(img, cv2.COLOR_BGR2RGBA)	BGR 轉成 RGBA 形式。 其中 A 為 Alpha 通道，是影像的不透明度參數，若 Alpha 值 =0%，即為完全透明。
cv2.cvtColor(img, cv2.COLOR_BGR2HSV)	BGR 轉成 HSV 形式。 其中 HSV 分別為色相 (Hue)、飽和度 (Saturation)、明度 (Value)，HSV 又稱 HSB(Brightness)。
cv2.cvtColor(img, cv2.COLOR_BGR2HLS)	BGR 轉成 HSL 形式。 其中 HLS 分別為色相 (Hue)、飽和度 (Saturation)、亮度 (Lightness)。
cv2.cvtColor(img, cv2.COLOR_BGR2LAB)	BGR 轉成 CIELAB 形式。 其中 LAB 的 L 為亮度 (Luminance)，A 表示從紅色到綠色的範圍；B 則是黃色到藍色的範圍。
cv2.cvtColor(img, cv2.COLOR_BGR2YCbCr)	BGR 轉成 YCbCr 形式。 其中 YCbCr 的 Y 是亮度 (Luminance)，Cb 及 Cr 是色差 (Chrominance)，分別指藍色色差與紅色色差。

參考：

- Pytorch：https://pytorch.org/tutorials/beginner/blitz/neural_networks_tutorial.html
- Opencv：https://docs.opencv.org/4.x/d6/d00/tutorial_py_root.html
- Wu, Y., & He, K. (2018). Group normalization. In Proceedings of the European conference on computer vision (ECCV) (pp. 3-19).

6

CHAPTER

深度學習架構介紹

本章重點

在這一章節中會介紹一些常見的卷積模型架構 (CNN Architectures)

6-1 LeNet

LeNet-5 是在 1998 年被提出的架構，出自於 LeCun, Yann, et al. 的“Gradient-based learning applied to document recognition”(參考 LeCun, Y., Bottou, L., Bengio, Y., & Haffner, P., 1998)，這一篇論文可以說是卷積神經網路的開山始祖，是早期最具有代表性的實驗之一，另外，在 LeNet-5 之前還有 LeNet-1 及 LeNet-4，但這兩者較鮮爲人知。LeNet-5 這個架構在當時被提出時，是被設計來解決手寫識別的問題，處理的是一張灰階圖片，因此只有一個通道，不只是第一個典型的卷積神經網路 (CNN) 結構，更是以此作爲許多深度影像識別網路的基礎。

LeNet-5 的概念如圖 6-1 所示，此網路希望能夠透過參數共享的卷積操作，同時利用卷積、非線性對映、池化作下採樣的組合來描述影像裡像素特徵之間的關聯性。LeNet-5 的架構總共有 7 層 (不包括輸入層)，層數不深且沒有加入啓動層，而網路參數的設置如表 6-1 所示，下採樣層使用平均池化 (Average Pooling, AP)。

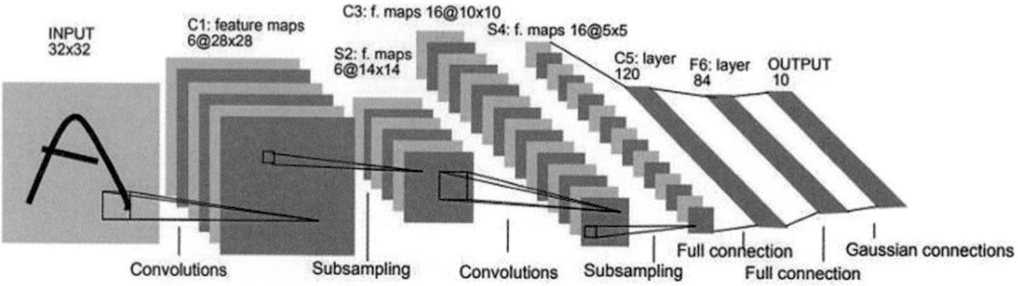

圖 6-1　LeNet 架構圖 (該圖取自 LeCun, Y., Bottou, L., Bengio, Y., & Haffner, P., 1998 之圖 2)

表 6-1　LeNet 網路參數設置

層	網路層	輸入大小	輸出大小	通道數	核大小	步長
1	卷積層 $Conv_1$	32×32×1	28×28×6	6	5×5×1/1	1
2	下採樣層 AP_1	28×28×6	14×14×6	6	2×2/2	2
3	卷積層 $Conv_2$	14×14×6	10×10×16	16	5×5×6/1	1
4	下採樣層 AP_2	10×10×16	5×5×16	16	2×2/2	2

表 6-1　LeNet 網路參數設置 (續)

層	網路層	輸入大小	輸出大小	通道數	核大小	步長
5	卷積層 $Conv_3$	5×5×16	1×1×120	120	5×5×16/1	1
6	全連接層 FC_1	1×1×120	1×1×84	–	120×84	–
7	輸出層	1×1×84	1×1×10	–	84×10	–

6-2 VGGNet

VGGNet 是在 2014 年被提出的架構，出自於 Karen Simonyan 和 Andrew Zisserman 的論文 "Very Deep Convolutional Networks for Large-Scale Image Recognition" (參考 Ronneberger, O., Fischer, P., & Brox, T., 2015)，這篇論文主要的特點在於它堆疊了許多 3×3 的小卷積層，使得架構變得更深更穩固，因爲作者認爲這麼做可以有較大的視野域 (Receptive Field)，而且能夠有比較大的資訊量。

VGGNet 有多個不同結構，例如 VGG11、VGG13、VGG16、VGG19，這些結構的差別在於不同副檔名的數值表示不同層數的網路，其中的層數包含卷積層及全連接層的數量。最常見的兩種爲 VGG16 及 VGG19，圖 6-2 爲 VGG16 的網路結構圖，同時也展現了 VGGNet 的核心概念。另外，表 6-2 列出了 VGGNet 的網路參數設定，假設輸入的影像大小爲 224×224，其中第一欄的編號表示 VGGNet 中的第幾層，而灰底的欄位爲 VGG19 相較於 VGG16 多新增的層數，下採樣層則是使用最大池化 (Max Pooling, MP)。

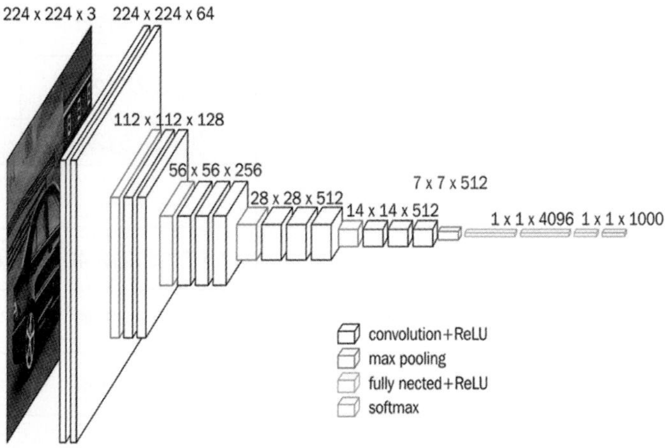

圖 6-2　VGG16 架構圖 (該圖參考 Ronneberger, O., Fischer, P., & Brox, T., 2015)

表 6-2　VGGNet 網路參數設置

層	網路層	輸入大小	輸出大小	核大小	參數個數
1	卷積層 $Conv_{11}$	224×224×3	224×224×64	3×3×64/1	(3×3×3+1)×64
2	卷積層 $Conv_{12}$	224×224×64	224×224×64	3×3×64/1	(3×3×64+1)×64
	下採樣層 MP_1	224×224×64	112×112×64	2×2/2	0
3	卷積層 $Conv_{21}$	112×112×64	112×112×128	3×3×128/1	(3×3×64+1)×128
4	卷積層 $Conv_{22}$	112×112×128	112×112×128	3×3×128/1	(3×3×128+1)×128
	下採樣層 MP_2	112×112×128	56×56×128	2×2/2	0
5	卷積層 $Conv_{31}$	56×56×128	56×56×128	3×3×256/1	(3×3×128+1)×256
6	卷積層 $Conv_{32}$	56×56×256	56×56×256	3×3×256/1	(3×3×256+1)×256
7	卷積層 $Conv_{33}$	56×56×256	56×56×256	3×3×256/1	
8	卷積層 $Conv_{34}$	56×56×256	28×28×256	3×3×256/1	(3×3×256+1)×256
	下採樣層 MP_3	56×56×256	56×56×256	2×2/2	0
9	卷積層 $Conv_{41}$	28×28×256	28×28×512	3×3×512/1	(3×3×256+1)×512
10	卷積層 $Conv_{42}$	28×28×512	28×28×512	3×3×512/1	(3×3×512+1)×512
11	卷積層 $Conv_{43}$	28×28×512	28×28×512	3×3×512/1	(3×3×512+1)×512
12	卷積層 $Conv_{44}$	28×28×512	14×14×512	3×3×512/1	(3×3×512+1)×512
	下採樣層 MP_4	28×28×512	14×14×512	2×2/2	0
13	卷積層 $Conv_{51}$	14×14×512	14×14×512	3×3×512/1	(3×3×512+1)×512
14	卷積層 $Conv_{52}$	14×14×512	14×14×512	3×3×512/1	(3×3×512+1)×512
15	卷積層 $Conv_{53}$	14×14×512	14×14×512	3×3×512/1	(3×3×512+1)×512
16	卷積層 $Conv_{54}$	14×14×512	14×14×512	3×3×512/1	(3×3×512+1)×512
	下採樣層 MP_5	14×14×512	7×7×512	2×2/2	0
17	全連接層 FC_1	7×7×512	1×4096	(7×7×512)×4096	(7×7×512+1)×4096
18	全連接層 FC_2	1×4096	1×4096	4096×4096	(4096+1)×4096
19	全連接層 FC_3	1×4096	1×1000	4096×1000	(4096+1)×1000

6-3 U-Net

U-Net 這個典型的架構在 2015 年被提出，出自於 Olaf Ronneberger, Philipp Fischer, Thomas Brox 的 "U-Net: Convolutional Networks for Biomedical Image Segmentation" (參考 Ronneberger, O., Fischer, P., & Brox, T., 2015) 論文，主要應用於圖像分割的任務，例如醫學影像、自動駕駛、人臉美顏等。

U-Net 的模型結構類似 U 的形狀，是一個語義分割 (Semantic Segmentation) 的網路，所謂的語義分割意指對圖像中的所有像素點進行分類，它也可以看做是自編碼器 (Autoencoder) 的一種變形。為什麼這樣說呢？因為傳統的自編碼器在抽取特徵的過程中，編碼器 (Encoder) 會使輸出的結果越來越小，隨後解碼器 (Decoder) 會將這些變小的特徵重建回與原圖一樣大小的新的圖像，然而原圖具有的很多資訊就無法傳遞到解碼器，此種情況在去雜訊的應用可能具有良好表現，但在偵測異常點的任務卻會使異常點消失。

為了改善上述的情況，U-Net 在每一層網路的編碼器與其對應的解碼器中間建立了一些連結，讓每一層編碼器的資訊都可以額外的輸出到大小一樣且對應的解碼器，如圖 6-3 中的灰色箭頭所示，如此以來影像在重建的過程中就不會損失過多種要的資訊。

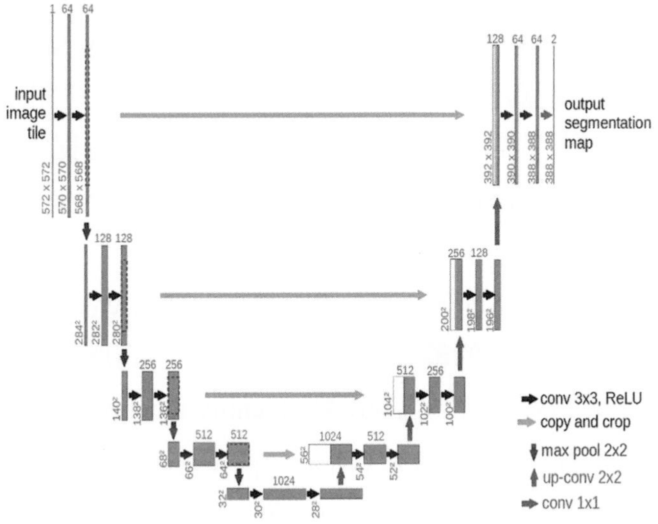

圖 6-3　U-Net 架構圖 (該圖取自 Ronneberger, O., Fischer, P., & Brox, T., 2015 之圖 1)

實作可參考 GitHub 連結：https://github.com/milesial/Pytorch-UNet

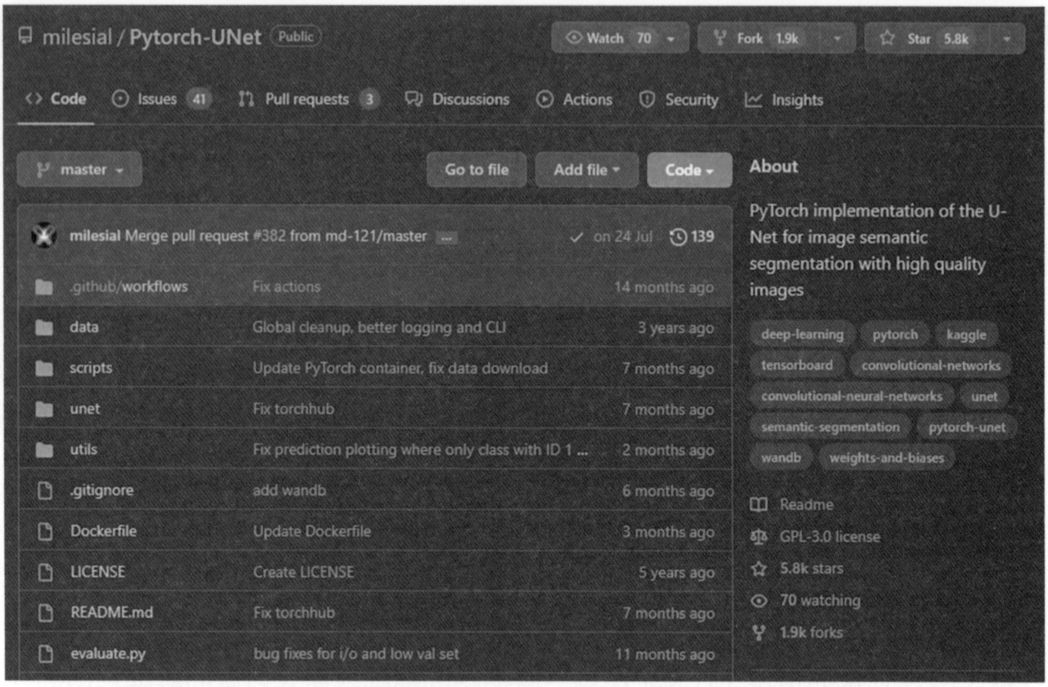

圖 6-4　UNet GitHub (該圖取自 https://github.com/milesial/Pytorch-UNet)

6-4 Residual Network (ResNet)

從殘差神經網絡 ResNet(參考 He, K., Zhang, X., Ren, S., & Sun, J., 2016) 出現後，以殘差結構爲主的架構網路接連在各個論文中出現，也正式開始深層數網路的時代。ResNet 引用殘差連接的設計，有效地解決模型在訓練過程中所產生的梯度消失 (Vanishing Gradient) 問題，此外，ResNet 隨著網路層的加深，模型訓練的效能也逐步提升。

簡易的 ResNet 架構如圖 6-5 所示，F 表示的是一層的 Weight Layer 對特徵 x 作用的函數，殘差網路會將一開始的輸入值 x 加到 $F(x)$ 上。這麼做的用意是因爲讓 $F(x)$ 去學習爲 0 函數會比讓 $F(x)$ 學習爲恆等函數 (Identity function) 還來得容易。

在 ResNet 中，梯度的計算如圖 6-5 所示。首先我們先來看一般的表達式，x_i 表示的是 ResNet 第 i 層網路的特徵輸出，下面第一式爲特徵的計算公式。我們對第一式微分後如第二式所示。可以看到第二式中 x_n 微分後爲 1，它可以確保梯度不會爲 0，以避免梯度消失的問題。

$$x_{n+k} = x_n + \sum_{i=0}^{k-1} F(x_{n+i})$$

$$\frac{\partial x_{n+k}}{\partial x_n} = 1 + \frac{\partial}{\partial x_n} \sum_{i=0}^{k-1} F(x_{n+i})$$

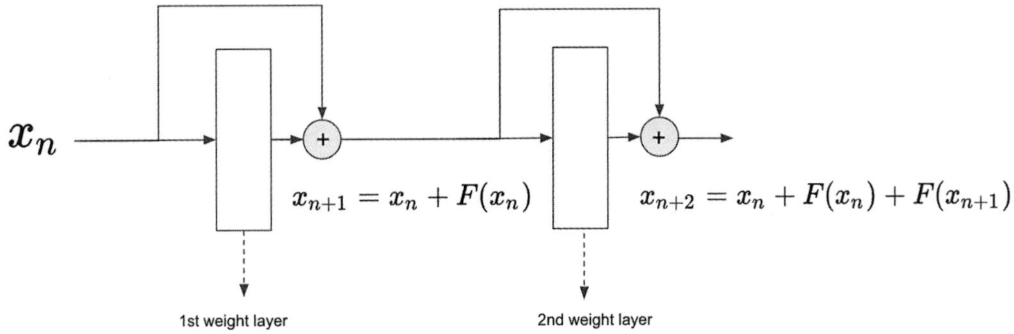

圖 6-5　殘差網路簡化示意圖 (其中 $F(x)$ 表示網路對於 x 作用之函數)

而 ResNet 常見的幾種層數架構包含 ResNet-18、ResNet-34、ResNet-50 及 ResNet-101，比較這幾種 ResNet 的差異，ResNet-18 和 ResNet-34 用的是一般的殘差塊 (Residual Block)，而 ResNet-50 和 ResNet-101 使用的是擴張大小 (Expansion) 爲 4 的瓶頸層 (Bottleneck Block)，另外一個差異就是 ResNet 在每一個階段堆疊的層數不同，顧名思義，以上幾種 ResNet 代表分別有 18、34、50 及 101 層網路，詳細的層數架構如圖 6-6 所示。另外有一個需要注意的地方是上述的這些層的數量並不包含激活層 (Activation) 或是池化層 (Pooling)，僅意指卷積層或是全連接層。此模型具體架構以 ResNet-34 爲例，如圖 6-7 所示。

layer name	output size	18-layer	34-layer	50-layer	101-layer	152-layer
conv1	112×112	7×7, 64, stride 2				
conv2_x	56×56	3×3 max pool, stride 2				
		[3×3, 64 3×3, 64] ×2	[3×3, 64 3×3, 64] ×3	[1×1, 64 3×3, 64 1×1, 256] ×3	[1×1, 64 3×3, 64 1×1, 256] ×3	[1×1, 64 3×3, 64 1×1, 256] ×3
conv3_x	28×28	[3×3, 128 3×3, 128] ×2	[3×3, 128 3×3, 128] ×4	[1×1, 128 3×3, 128 1×1, 512] ×4	[1×1, 128 3×3, 128 1×1, 512] ×4	[1×1, 128 3×3, 128 1×1, 512] ×8
conv4_x	14×14	[3×3, 256 3×3, 256] ×2	[3×3, 256 3×3, 256] ×6	[1×1, 256 3×3, 256 1×1, 1024] ×6	[1×1, 256 3×3, 256 1×1, 1024] ×23	[1×1, 256 3×3, 256 1×1, 1024] ×36
conv5_x	7×7	[3×3, 512 3×3, 512] ×2	[3×3, 512 3×3, 512] ×3	[1×1, 512 3×3, 512 1×1, 2048] ×3	[1×1, 512 3×3, 512 1×1, 2048] ×3	[1×1, 512 3×3, 512 1×1, 2048] ×3
	1×1	average pool, 1000-d fc, softmax				
FLOPs		1.8×10^9	3.6×10^9	3.8×10^9	7.6×10^9	11.3×10^9

圖 6-6　描述 ResNet 不同深度之網路結構 (該圖取自 He, K., Zhang, X., Ren, S., & Sun, J., 2016 之表 1)

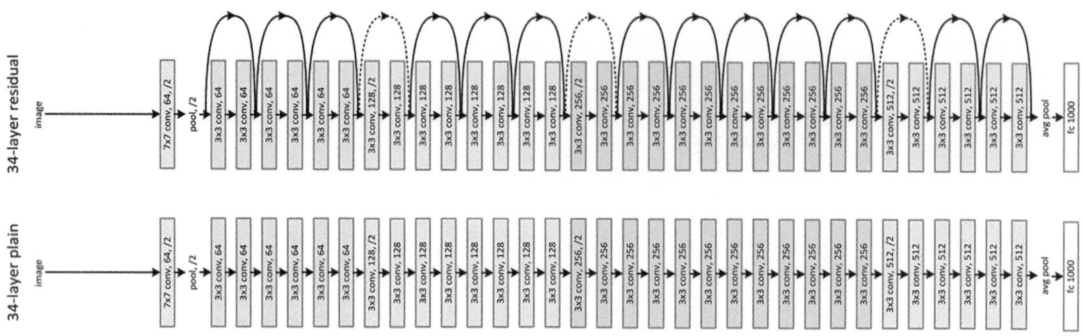

圖 6-7　ResNet-34 架構圖 (該圖取自 He, K., Zhang, X., Ren, S., & Sun, J., 2016 之圖 3)

而這個架構的動機是由於 VGG 中提出了越深越好的概念 (The Deeper, the better)，但是較深的網路通常會面臨梯度消失或是梯度爆炸的問題，因此有了這個架構的出現。

6-5 InceptionNet (GoogLeNet)

InceptionNet 有另一個別稱叫 GoogLeNet (參考：Szegedy, C., Liu, W., Jia, Y., Sermanet, P., Reed, S., Anguelov, D., ... & Rabinovich, A., 2015)，名字由來是因爲這個網路結構的設計來自 Google 的工程師，另外也致敬了 LeNet。Inception 爲整體網路的子網路結構，屬於最核心的部分，至今已經有四個版本 v1 ～ v4，Inception v1 在 2014 年被提出，Inception v2 與 v3 是在 2015 年被提出，Inception v4 則是在 2016。

InceptionNet 不同於前面提到的模型在深度上面加深，而是在廣度上增加，並使用不同的卷積核大小 (1×1, 3×3, 5×5)，搭配池化操作 (3×3) 來提取不同的特徵，模型的特點是多列的卷積層 (multi-column convolutional layer)，並且計算輔助的損失 (auxiliary loss)，此外，有增加兩個輔助的激活函數 –softmax，應用在兩個 Inception 模塊的最後一層，主要用途有兩項，一是要將中間的某一層輸出並用來分類，達到模型融合的作用，二則是要防止梯度消失，模型架構如圖 6-8 所示。

Inception 在不同版本上都做了一些改進，一開始的 Inception v1 會在同一層採用不同的卷積核，並對卷積後的結果作合併；Inception v2 是透過組合不同卷積核的堆疊方式來對卷積結果作合併；Inception v3 則是以 Inception v2 爲基礎，嘗試進行不同深度的組合；最後 Inception v4 與前面的版本相比較爲複雜，它除了結構是子網路中會再嵌著其他子網路，還利用了殘差連接 (Residual Connection) 與 Inception 模組的組合進行模型的改進。

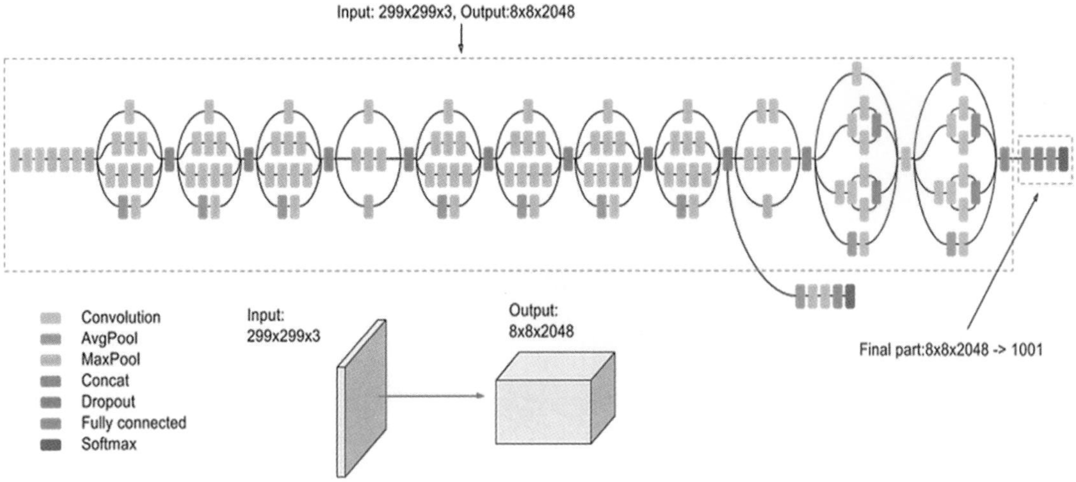

圖 6-8　Inception 架構圖
(參考：Szegedy, C., Liu, W., Jia, Y., Sermanet, P., Reed, S., Anguelov, D., ... & Rabinovich, A., 2015)

實作可參考以下連結：https://pytorch.org/hub/pytorch_vision_googlenet/

6-6 DenseNet

DenseNet (參考：Huang, G., Liu, Z., Van Der Maaten, L., & Weinberger, K. Q., 2017) 當中是由許多密集連接塊 (Dense Block) 組成的，這些密集連接塊是由多個卷積層組成，當下的卷積層與同一個密集連接塊中的前一個卷積層之間具有直通網路，將輸入層與卷積層的輸出做合併，當作當下卷積層的輸入。這種透過卷積層之間互相連接的方式來合併通道上的特徵資訊，不只可以維持不同層網路之間的資訊互通性，還能重複使用過去的特徵內容，而這種密集連接的設計，讓模型在訓練的時候可以更容易的做梯度的反向傳播，讓模型收斂快且具備更好的效率。模型的架構如圖 6-9，而其中的 Dense Block 內容，如圖 6-10 所示 (參考：Huang, G., Liu, Z., Van Der Maaten, L., & Weinberger, K. Q., 2017)。

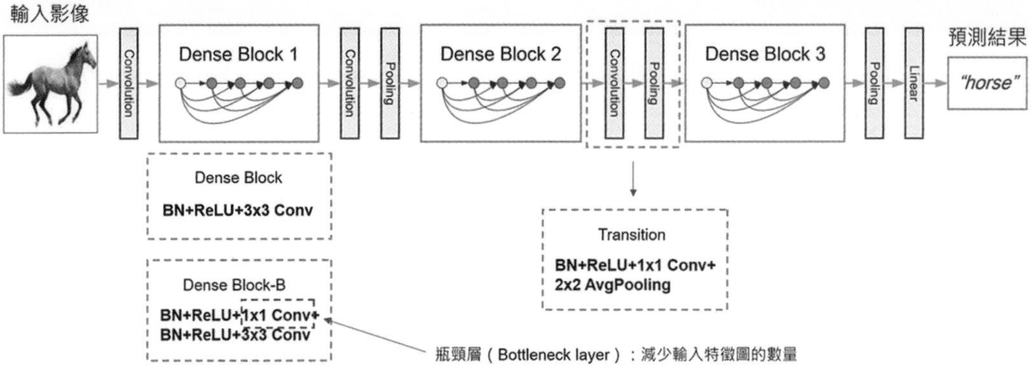

圖 6-9　DenseNet 架構圖
(參考：Huang, G., Liu, Z., Van Der Maaten, L., & Weinberger, K. Q., 2017 之圖 2)

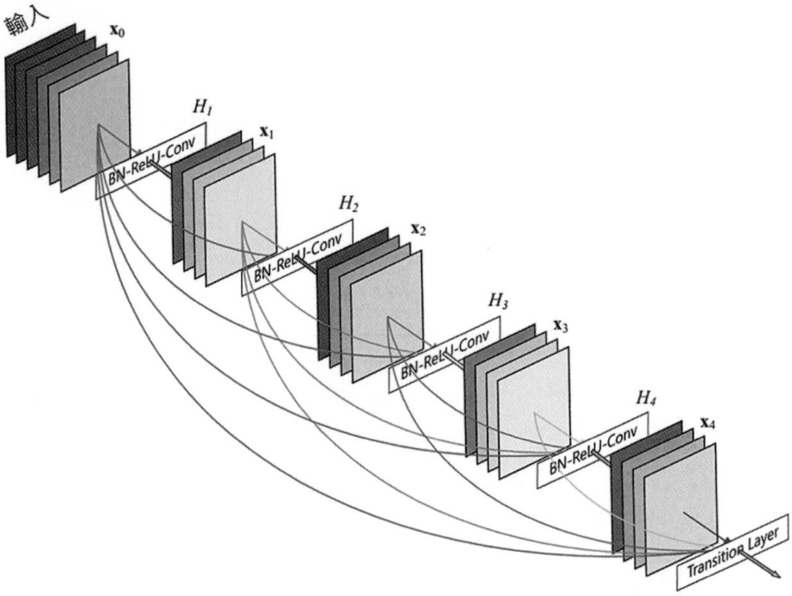

圖 6-10　Dense Block 架構圖
(參考：Huang, G., Liu, Z., Van Der Maaten, L., & Weinberger, K. Q., 2017 之圖 1)

實作可參考 GitHub 連結：https://github.com/andreasveit/densenet-pytorch

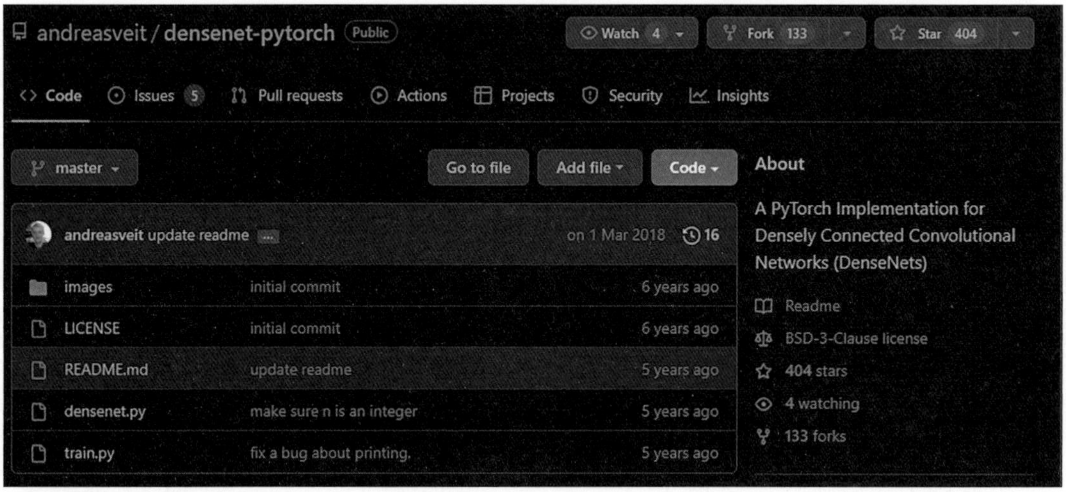

圖 6-11　DenseNet GitHub (該圖取自 https://github.com/andreasveit/densenet-pytorch)

DenseNet 和先前介紹的 ResNet 兩者的比較如圖 6-12 所示。

在 ResNet 中，僅會將先前的特徵傳遞至後方，並使用相加 (add) 的方式與後方的特徵結合，通道數並不會改變。而 DenseNet 會將每一層的輸出結果都往後傳遞，

使用拼接 (concat) 的運算融合特徵，傳遞至後方的通道數會因為經過的層數增加而變得越來越多，這兩種網路架構有顯著的差別。

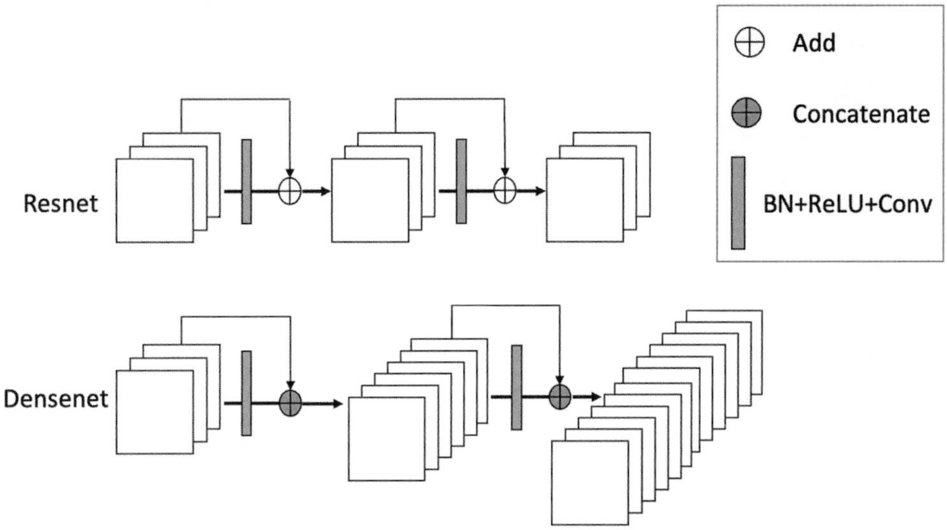

圖 6-12　ResNet 與 DenseNet 的網路架構比較圖

6-7 Fully Convolutional Networks (FCNs)

全卷積網路 FCN (參考：Long, J., Shelhamer, E., & Darrell, T. (2015)) 的架構在 2014 年被提出，顧名思義就是會使用完全的卷積層，由於將全連接層替換成卷積層，使得輸出的結果不再侷限在一維的空間上。並且它能夠將任何解析度的模型當作輸入，這個架構也可視為語義分割 (Semantic Segmentation) 的基石。

傳統的基於 CNN 的分類方法對於像素等級的分類具有挑戰，因為 CNN 的方法是利用像素周圍的一個區塊當作輸入來訓練與預測，訓練的過程中，相鄰區塊的重複會導致計算效率不佳，另外區塊的大小也會限制感受區域 (Receptive Field) 的大小，影響到分類的效能。而 FCN 成功地從影像等級的分類延伸到像素等級的分類，FCN 對於輸入的影像大小是可變動的，輸出則是會在 FCN 最後一個卷積層的特徵圖採用反卷積層來進行上採樣，讓它恢復到與原圖一樣的大小，並對此特徵圖做逐像素 (pixel-wise) 分類，讓每個像素都產生了一個預測的值，同時也保留了原始影像的空間資訊。圖 6-13 為 FCN 的網路結構圖，更多詳細的操作可參考《Fully Convolutional Networks for Semantic Segmentation》這篇論文。

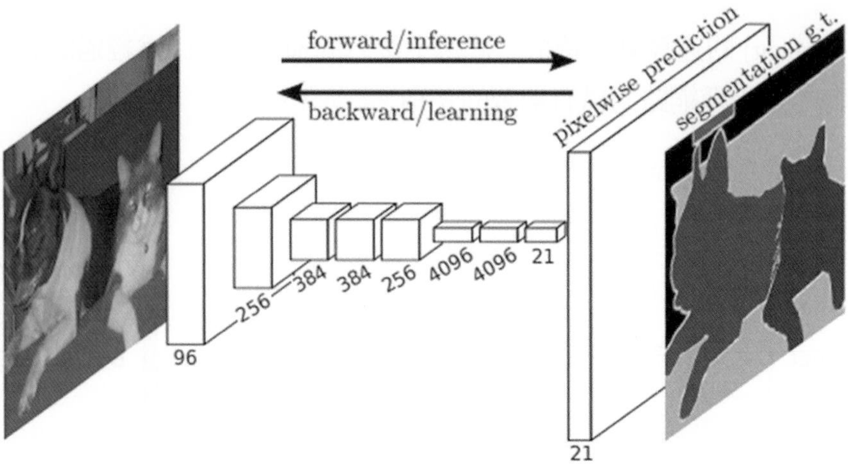

圖 6-13　全卷積網路結構圖 (該圖取自 Long, J., Shelhamer, E., & Darrell, T. (2015) 之圖 1)

6-8 MobileNet V1

隨著模型越來越深，越來越大，太大的模型很難在手機裝置上進行運算，並做到即時應用 (Real Time Implement)，因此 Google 提出 MobileNet (參考：Howard, A. G., Zhu, M., Chen, B., Kalenichenko, D., Wang, W., Weyand, T., ... & Adam, H., 2017) 這樣的輕量級模型來解決這個問題。

MobileNet V1 中，提出了一個深度可分離卷積 (Depthwise Separable Convolution)，如圖 6-14 右方所示：

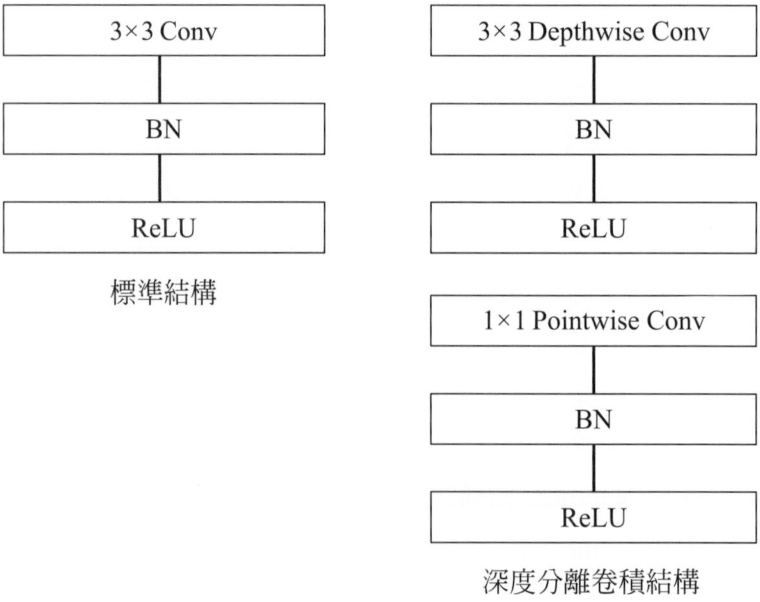

圖 6-14　深度可分離卷積架構圖
(該圖參考 Howard, A. G., Zhu, M., Chen, B., Kalenichenko, D., Wang, W., Weyand, T., ... & Adam, H., 2017 之圖 3)

而深度可分離卷積 (Depthwise Separable Convolution) 主要包含兩種卷積方式，包含深度卷積 (Depthwise Convolution) 及點卷積 (Pointwise Convolution)，此卷積方式使用的參數量會比傳統的卷積方式還少許多。

其中深度卷積 (Depthwise Convolution) 運算，如圖 6-15 所示：

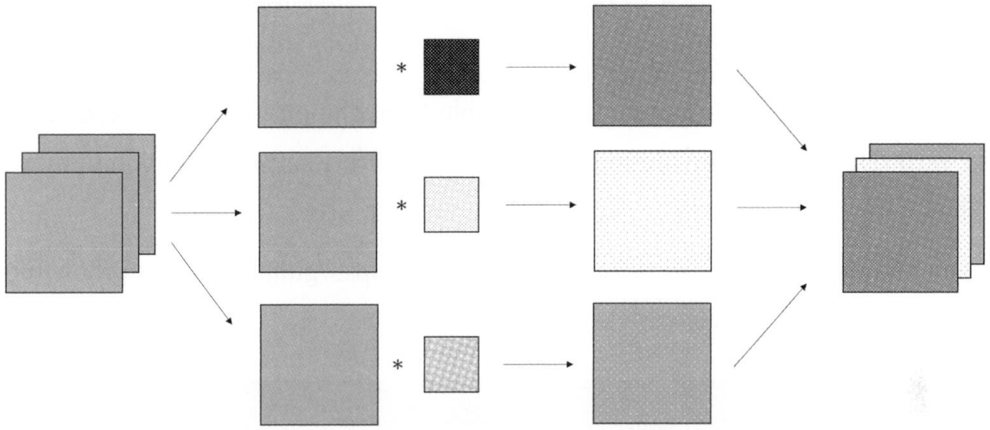

圖 6-15　深度卷積 (Depthwise Convolution) 示意圖

左方的輸入特徵會沿著通道 (Channel) 方向分開，各自去與卷積核做卷積，接者再合併回原狀。而點卷積 (Pointwise Convolution) 的運算，如圖 6-16 所示：

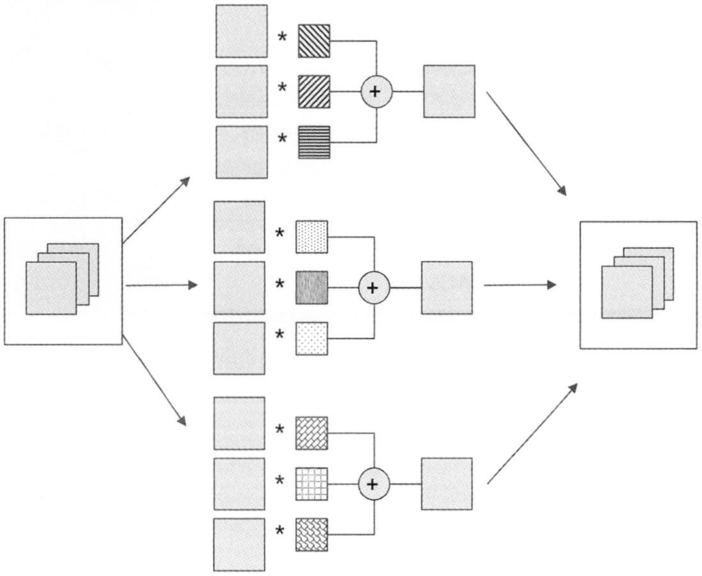

圖 6-16　Pointwise Convolution 示意圖

圖 6-16 中展示的是將 3 個通道的輸入，轉換成同為 3 層通道輸出的示意圖，會根據我們需要的輸出深度，產生該組數的卷積核，每組中有輸入層數的數量的卷積核，例如，當有三層的特徵輸入，並預期產生三層的特徵輸出時，我們就會產生三組卷積核 (因為需要三層的輸出)，每一組中都會有三個卷積核 (因為輸入有三層)，在每組中的卷積核都會與輸入做卷積後相加，產生一層的輸出。接著會將每一組的輸出去做合併產生輸出結果。

而在深度可分離卷積 (Depthwise Separable Convolution) 中便是先後使用了 3×3 的深度卷積 (Depthwise Convolution) 及 1×1 的點卷積 (Pointwise Convolution) 來降低計算量。

關於 MobileNet 的實作可參考 GitHub 連結：https://github.com/tensorflow/models/blob/master/research/slim/nets/mobilenet_v1.md

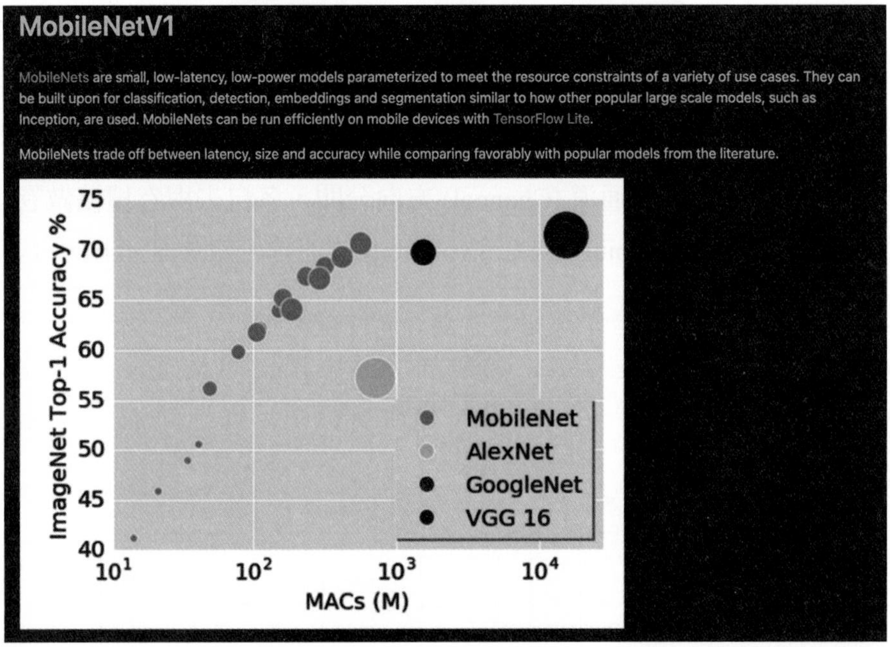

圖 6-17　MobileNet V1 GitHub (該圖取自 https://github.com/tensorflow/models/blob/master/research/slim/nets/mobilenet_v1.md)

6-9 EfficientNet

EfficientNet (參考：Tan, M., & Le, Q., 2019) 是由 Google 研發團隊在 2019 年提出的網路架構，在過去的研究中經常會發現，網路的寬度 (特徵的通道數量)、深度 (網路的層數) 以及輸入影像的解析度，都會對模型的表現有些影響，因此此論文的作者就提出一個可以自動伸縮網路架構，來擴大卷積網路。如圖 6-18 中的範例所示。

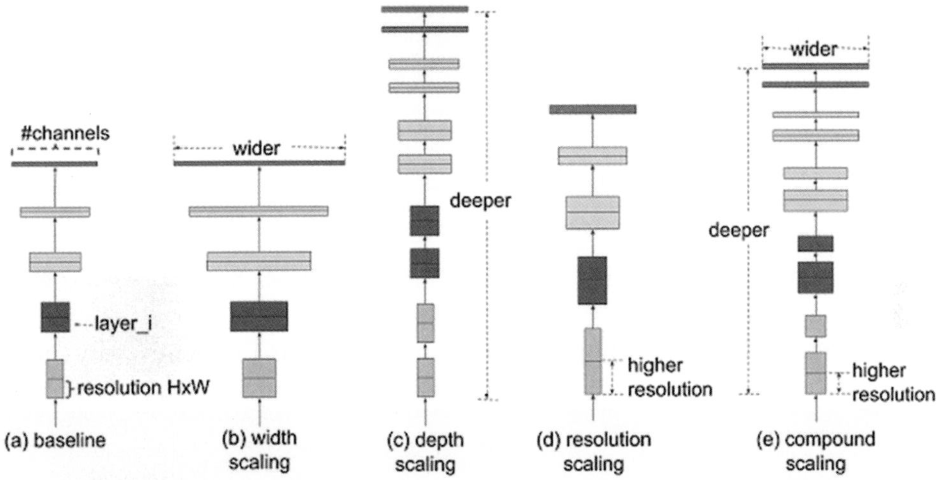

圖 6-18　EfficientNet 架構圖 (該圖取自 Tan, M., & Le, Q., 2019 之圖 2)

圖 6-18(a) 是一個基本的網路架構 (Baseline)，而 (b) 是加寬的網路架構，即每一層產生的特徵通道數增加，(c) 則是將網路疊的更深，(d) 是擁有較高的輸入影像解析度，(e) 則是複合式的考量寬度、深度及解析度。在本文中便提出一個提升這三個元素 (寬度、深度、解析度) 的複合式方式，也就是透過以下倍數對基本架構進行擴增：深度：1.2^N 、寬度：1.1^N 、解析度：1.15^N ，其中 N 屬於自然數。

當 N 越增越多時，表現會越來越高，但也會有邊際效用遞減的情況發生，如圖 6-19 中所示，其中 Efficient-B0 到 Efficient-B7 即表示 N 等於 0 到 7 的情況。

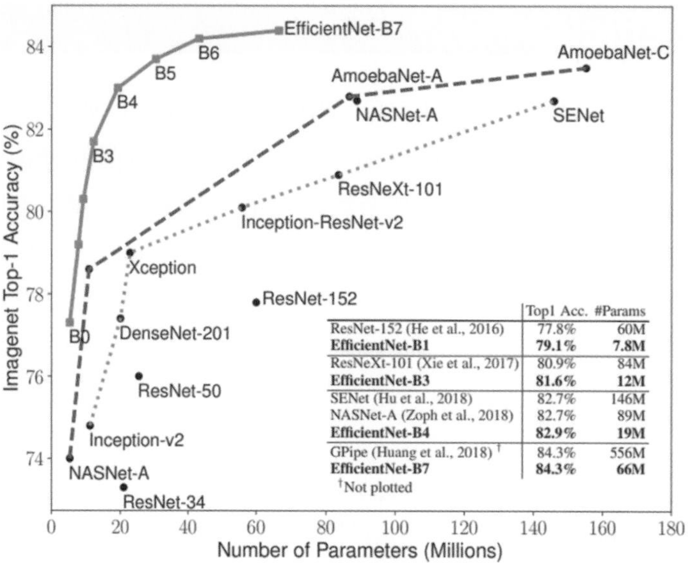

圖 6-19　EfficientNet 參數量與表現比較圖 (該圖取自 Tan, M., & Le, Q., 2019 之圖 1)

實作可參考 GitHub 連結：https://github.com/lukemelas/EfficientNet-PyTorch

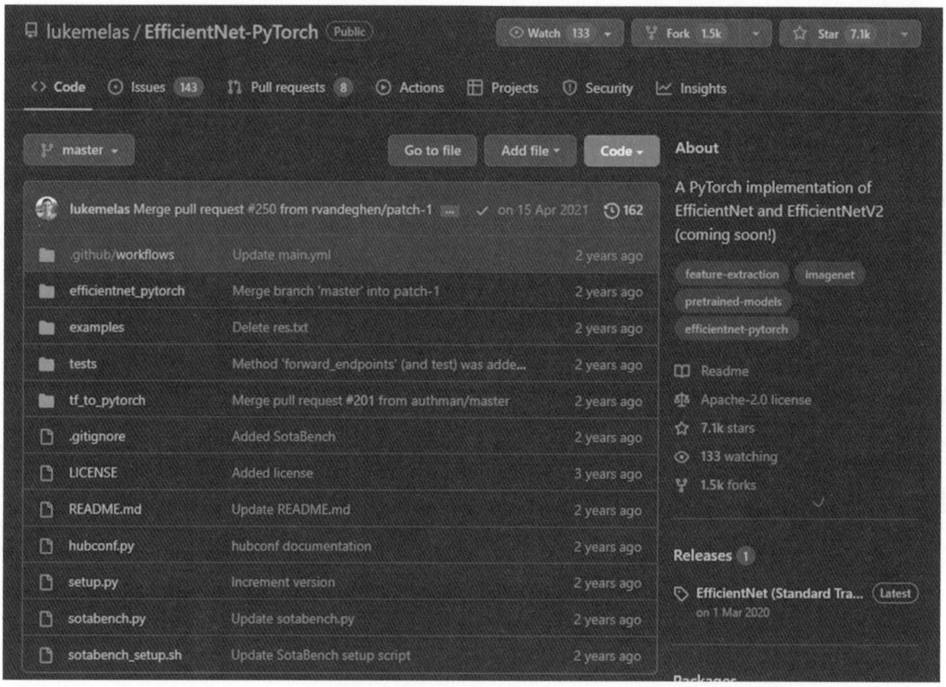

圖 6-20　EfficientNet GitHub (該圖取自 https://github.com/lukemelas/EfficientNet-PyTorch)

參考：

- LeCun, Y., Bottou, L., Bengio, Y., & Haffner, P. (1998). Gradient-based learning applied to document recognition. Proceedings of the IEEE, 86(11), 2278-2324.
- Simonyan, K., & Zisserman, A. (2014). Very deep convolutional networks for large-scale image recognition. arXiv preprint arXiv:1409.1556.
- Ronneberger, O., Fischer, P., & Brox, T. (2015). U-net: Convolutional networks for biomedical image segmentation. In Medical Image Computing and Computer-Assisted Intervention–MICCAI 2015: 18th International Conference, Munich, Germany, October 5-9, 2015, Proceedings, Part III 18 (pp. 234-241). Springer International Publishing.
- He, K., Zhang, X., Ren, S., & Sun, J. (2016). Deep residual learning for image recognition. In Proceedings of the IEEE conference on computer vision and pattern recognition (pp. 770-778).
- Szegedy, C., Liu, W., Jia, Y., Sermanet, P., Reed, S., Anguelov, D., ... & Rabinovich, A. (2015). Going deeper with convolutions. In Proceedings of the IEEE conference on computer vision and pattern recognition (pp. 1-9).
- Huang, G., Liu, Z., Van Der Maaten, L., & Weinberger, K. Q. (2017). Densely connected convolutional networks. In Proceedings of the IEEE conference on computer vision and pattern recognition (pp. 4700-4708).
- Long, J., Shelhamer, E., & Darrell, T. (2015). Fully convolutional networks for semantic segmentation. In Proceedings of the IEEE conference on computer vision and pattern recognition (pp. 3431-3440).
- Howard, A. G., Zhu, M., Chen, B., Kalenichenko, D., Wang, W., Weyand, T., ... & Adam, H. (2017). Mobilenets: Efficient convolutional neural networks for mobile vision applications. arXiv preprint arXiv:1704.04861.
- Tan, M., & Le, Q. (2019, May). Efficientnet: Rethinking model scaling for convolutional neural networks. In International conference on machine learning (pp. 6105-6114). PMLR.

NOTE

7

CHAPTER

進階深度學習技術介紹

本章重點

7-1 循環神經網路 (RNN)

7-2 長短記憶模型 (Long Short-Term Memory, LSTM)

7-3 門控循環單元 (GRU)

7-4 Attention is all you need

7-5 其他的注意力 (Attention) 機制

7-6 Vision Transformer(ViT)

7-7 Swin Transformer

7-8 生成對抗式網路 (GAN)

7-9 cGAN

7-10 Pix2pix

7-11 循環生成對抗式網路 (Cycle GAN)

7-1 循環神經網路 (RNN)

循環神經網路簡稱爲 RNN (Recurrent Neural Network)，經常會被用來處理序列資料，而序列 (Sequence) 指的是有任意長度的物件集合且有著特定的順序，例如：影片、自然語言、時間序列。我們希望可以建構一個網路，能輸入該序列資料，並產生序列的輸出。

例如圖 7-1 的影片，由數幀 (Frame) 組成。

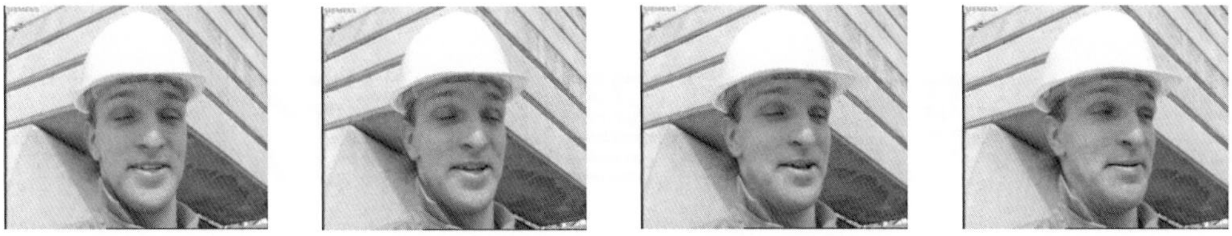

圖 7-1　影片多由數幀 (Frame) 組成

而 RNN 又可以分成三種類型：分別是一對多 (One to Many)、多對一 (Many to One) 及多對多 (Many to Many)。其中，一對多的任務會有一個樣本的輸入，並產生序列資料的結果，例如看圖說故事的任務 (Image Captioning) 就是屬於此類型，我們會有一張影像做爲輸入，並產生一對描述圖片的文字，一對多的架構如圖 7-2 所示。

在圖 7-2 中，$x^{(t)}$，$h^{(t)}$，$y^{(t)}$ 分別表示在第 t 個時間點的輸入，隱藏層特徵 (Hidden State) 及輸出結果。

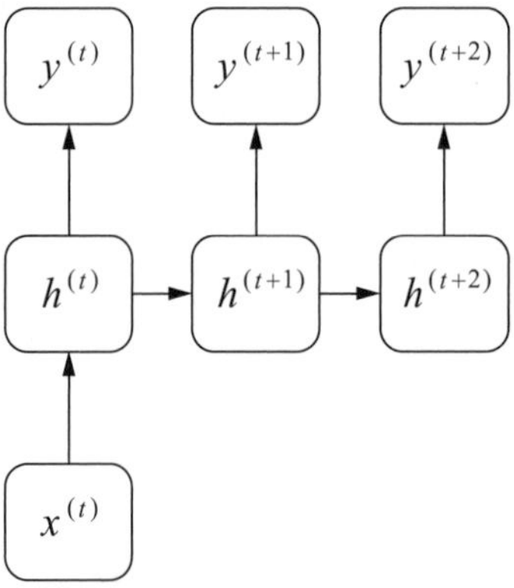

圖 7-2　一對多架構圖

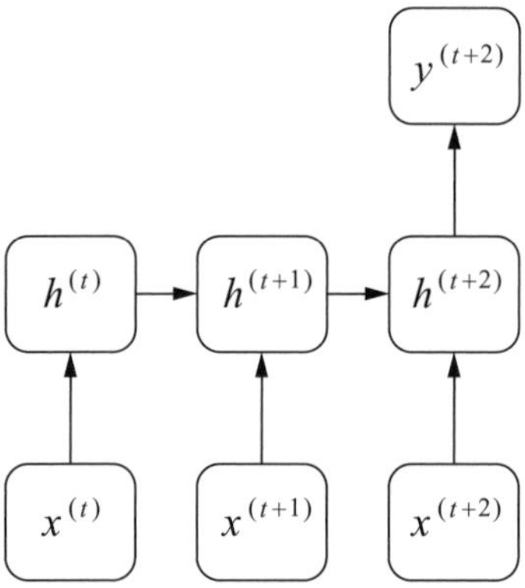

圖 7-3　多對一架構圖

而多對一的任務會是有序列資料的輸入，並產生單一的輸出結果，例如分類信件是否是垃圾信件的模型，就會是屬於這一類型，我們會希望模型可以讀取信件中一段文字，文字有前後文的關係，並且去判斷這段文字是不是屬於垃圾信件。

多對多的任務則會是有序列資料的輸入，並輸出序列資料的結果，例如翻譯任務就是屬於這一類型，我們的輸入和輸出會是不同語言的一段文字，這兩段文字的長度可能不同。

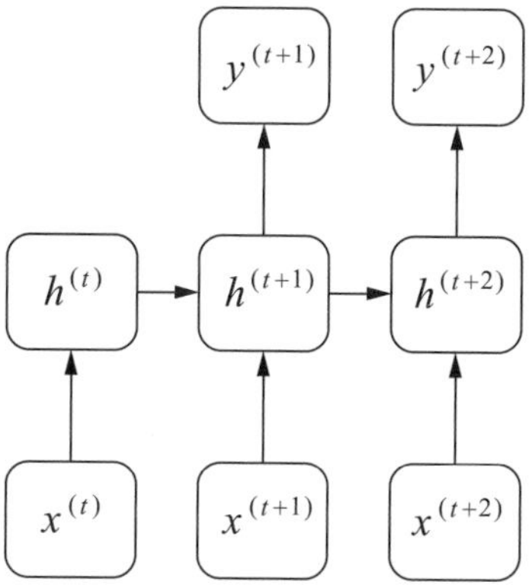

圖 7-4　多對多架構圖

RNN 的架構如圖 7-5 所示：

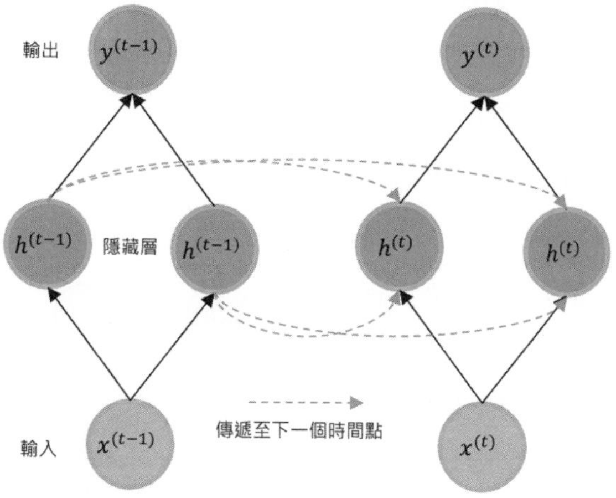

$$h^{(t)} = \sigma\ (W_{hx}x^{(t)} + W_{hh}h^{(t-1)} + b_h)$$

圖 7-5　RNN 架構圖

由於 RNN 需要處理序列資料，會有時間先後的關係，當中 $h^{(t)}$ 表示的是時間點 t 的隱藏層特徵 (或稱狀態)。在 RNN 中會使用舊的 (前一時間點的) 隱藏層特徵 $h^{(t-1)}$ 和這一次的輸入 $x^{(t)}$ 各自去與對應的權重 (W_{hx}, W_{hh}) 相乘並相加後，再加上偏差值 (b_h)，並與激活函數 (σ) 運算產生此一時間點的 $h^{(t)}$(例如上方第一式所示)，得到 $h^{(t)}$ 後，會與權重 W_{yh} 相乘並經過激活函數 (σ)，並加上偏差值 (b_y) 以產生輸出結果 $y^{(t)}$(如上方第二式所示)。另外，在 RNN 中的每個時間點中網路的權重 (W_{hx}, W_{hh}, W_{yh}) 會被共享 (Shared Weight)。

Elman Network 與 Jordan Network 比較

遞迴網路的設計有兩種，一種是 Elman Network，另一種是 Jordan Network。它們的差別在於 Elman Network 是用舊的隱藏層資訊傳到下一層的，而 Jordan Network 的話，則是用輸出結果傳到下一個時間點的隱藏層中。

Elman network 的示意圖以及表達式如圖 7-6 所示，圖中的 $x^{(t)}$、$h^{(t)}$、$y^{(t)}$ 表示在第 t 個時間點的輸入、隱藏層特徵 (hidden state) 及輸出結果，一共有 n 層。W_{hx} 表示的是將輸入特徵 $x^{(t)}$ 轉換成隱藏層特徵的權重，W_{hh} 表示的是將前一層特徵轉換成此層隱藏層特徵的權重，最後會加上偏差值 (b_h)，σ_h 表示的是激活函數，經過激活函數作用後產生 $h^{(t)}$。而此層的輸出 $y^{(t)}$ 是將 $h^{(t)}$ 與權重 W_{yh} 相乘，再加上偏差值 (b_y) 再經過激活函數 σ_y 求得。

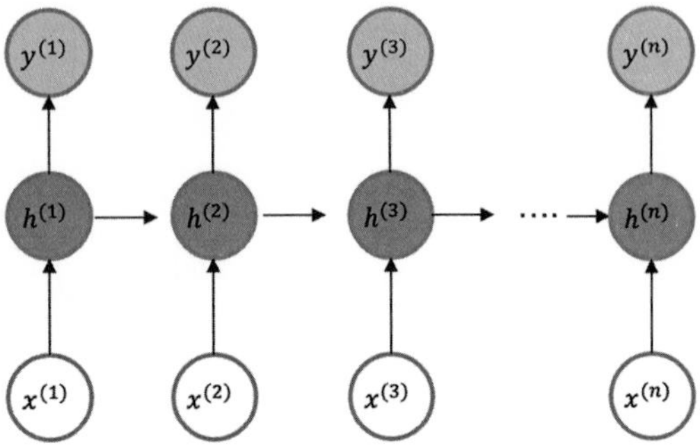

$$h^{(t)} = \sigma_h\left(W_{hx}x^{(t)} + W_{hh}h^{(t-1)} + b_h\right)$$

$$y^{(t)} = \sigma_y\left(W_{yh}h^{(t)} + b_y\right)$$

圖 7-6　Elman Network

而 Jordan Network 的示意圖及表達式如上方所示。W_{hy} 表示的是將前一層的輸出結果 $y^{(t-1)}$ 轉換成隱藏層特徵的權重，W_{hx} 表示的是將此一層特徵轉換成此層隱藏層特徵的權重，最後同樣會加上偏差值 (b_h)，σ_h 表示的是激活函數，經過激活函數作用後產生 $h^{(t)}$。而 $y^{(t)}$ 的計算方式與 Elman Network 一樣，將 $h^{(t)}$ 與權重 W_{yh} 相乘後加上偏差值 (b_y)，再經過激活函數 σ_y 求得。

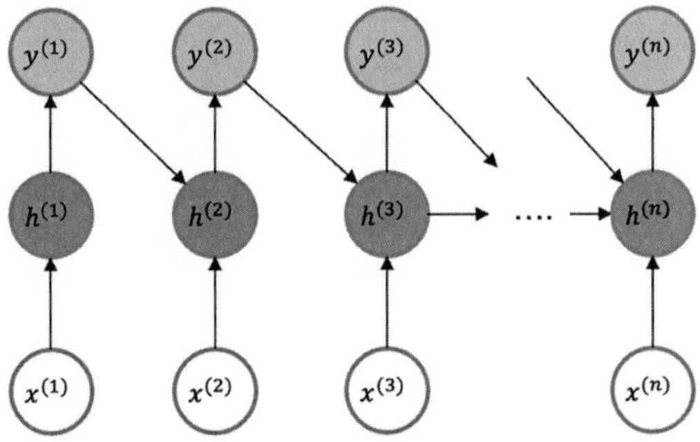

$$h^{(t)} = \sigma_h\left(W_{hy}y^{(t-1)} + W_{hx}x^{(t)} + b_h\right)$$

$$y^{(t)} = \sigma_y\left(W_{yh}h^{(t)} + b_y\right)$$

圖 7-7　Jordan Network

那普遍來說，Jordan Network 的效果會比較好，因爲輸出的這個結果通常會是有目標的學習，它會離我們的標準答案比較近，也就是說它的資訊可能比較有用。所以如果我們把比較有用的資訊傳到下一層，可能在預測結果上會表現得更好。

雙向的 RNN(Bi-directional RNN)

在雙向的 RNN 中，不僅僅考慮過去的特徵，也考慮未來的特徵來產生輸出：

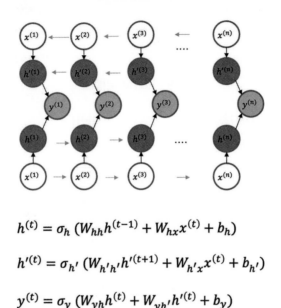

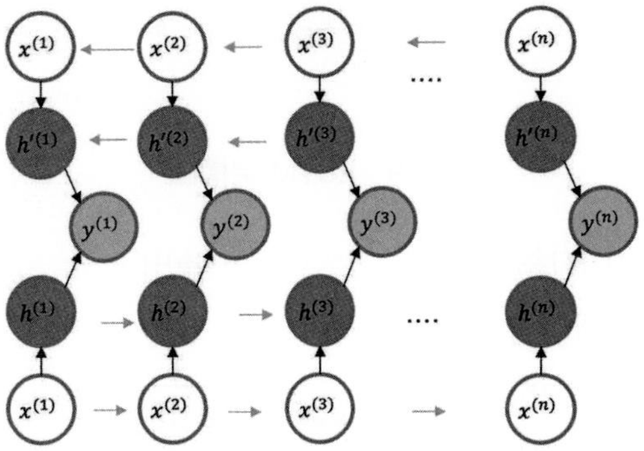

$$h^{(t)} = \sigma_h\ (W_{hh}h^{(t-1)} + W_{hx}x^{(t)} + b_h)$$

$$h'^{(t)} = \sigma_{h'}\ (W_{h'h'}h'^{(t+1)} + W_{h'x}x^{(t)} + b_{h'})$$

$$y^{(t)} = \sigma_y\ (W_{yh}h^{(t)} + W_{yh'}h'^{(t)} + b_y)$$

圖 7-8　雙向 RNN 架構圖

由圖 7-8 中的公式可以看到有兩個方向的隱藏層特徵，$h^{(t)}$ 與 $h'^{(t)}$。$h^{(t)}$ 與單向的計算方式相同，會參考前一時間的特徵 $h^{(t-1)}$，而 $h'^{(t)}$ 會參考後一時間的特徵 $h^{(t+1)}$。最終，再將這兩個特徵與權重相乘並相加，產生 $y^{(t)}$。

7-2 長短記憶模型 (Long Short-Term Memory, LSTM)

在過去的例子裡 RNN 的架構都只能有比較短期的記憶能力，因此若是我們的任務需要考量較遠的資訊時，過去的 RNN 就比較無法達成。因此後來有人提出了較長的短期記憶模型 LSTM (參考：Graves, A., & Graves, A., 2012)，是一種蠻常見的時間循環神經網路。在 LSTM 中我們會有許多的閘門來操控我們存在記憶體中的值，這些操控包含了是否要清理目前的記憶體，是否要寫入新的東西到我們的記憶體，以及是否要輸出在記憶體中的資料。

類似於先前介紹到的 RNN 架構，LSTM 的架構圖如圖 7-9 所示，可以處理有先後關係的序列資料：

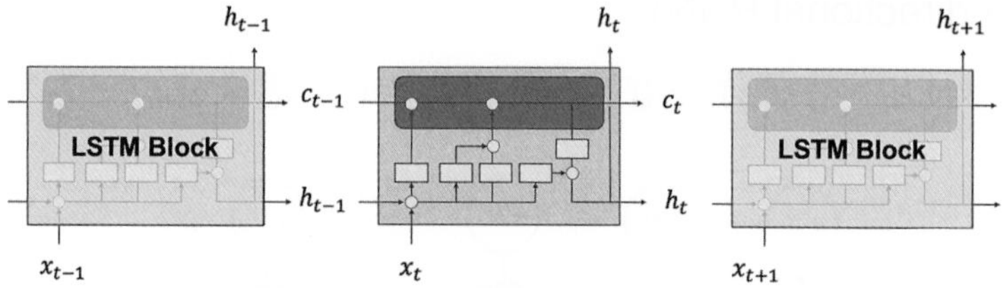

圖 7-9　LSTM 架構圖

在每個模塊 (Block) 中的每個閘門都是由我們這一個時間點的輸入以及前一個時間點的特徵，再經過各自獨立的神經網路以及激活函數 Sigmoid 後的結果，由於 Sigmoid 的轉換可以使得我們的輸入轉換到介於 0 到 1 之間的值，所以我們可以將他拿來做二分類。若是他的結果比較靠近 1 那麼我們的閘門就會放行所有的資料通過，反之則會阻擋任何資料通過。

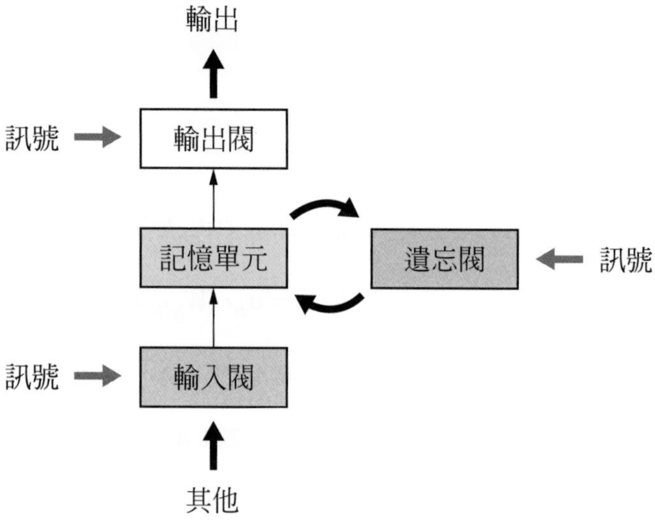

圖 7-10　LSTM 中一個時間點之 Memory Cell 的簡易架構圖

在 LSTM 中共有圖 7-10 中幾個閘門。

在每個 LSTM Block 中，我們會將此時間點的資料與先前時間點的特徵做拼接 (Concatenate)，之後傳入每一個閥中。

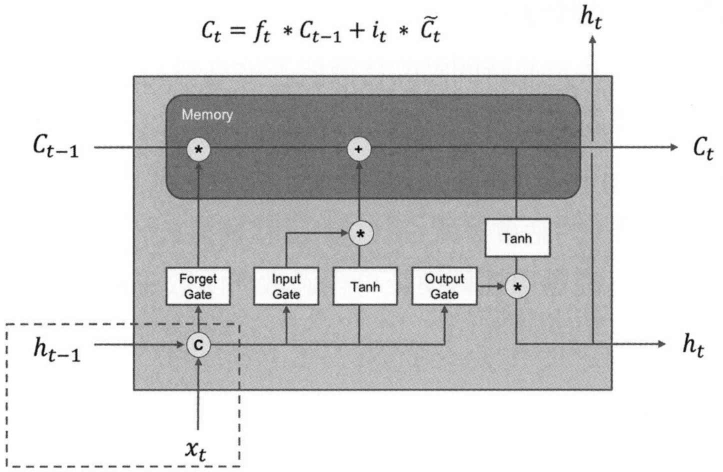

圖 7-11 更新記憶體內資訊時的架構圖

一、遺忘閥 (Forget Gate)：

遺忘閥 (Forget Gate) 決定是否要把記憶單元 (Memory Cell) 過去記得的東西忘掉、是否要把過去記得的東西做格式化 (Format)。我們會將傳入的特徵乘上權重後再加上 bias 值，再經過激活函數 Sigmoid 後，輸出介於 0~1 的值，再轉換成 0 (小於 0.5) 或 1 (大於 0.5) 的結果，若是 1 則會記住存在記憶體中的特徵，若為 0 則這個 block 會格式化記憶體中的特徵。

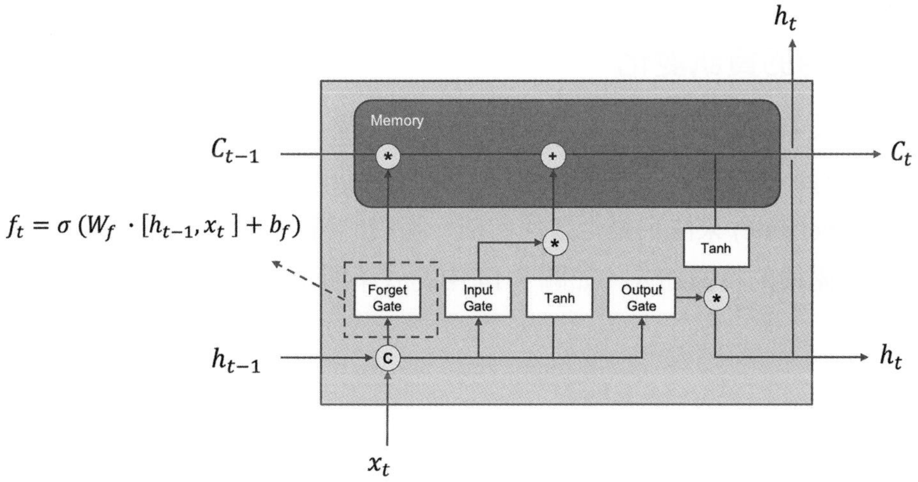

圖 7-12 Forget Gate 示意圖

二、輸入閥 (Input Gate)：

輸入閥 (Input Gate) 決定此時間點的特徵能否被寫到 Memory Cell 裡面。輸入閥 (Input Gate) 與先前介紹的遺忘閥 (Forget Gate) 運算類似，會與該權重進行線性相加後，再加上偏差值 (bias)，再經過 Sigmoid 後產生介於 0 到 1 的結果，接著會再與 $\widetilde{C}_t$ 相乘，即代表：若值爲 1 的話會保留 $\widetilde{C}_t$，0 的話就會捨去。其中 $\widetilde{C}_t$ 的計算方式是將輸入的特徵 (h_{t-1} 與 x_t) 經過線性轉換後再經過激活函數 tanh 的轉換。如圖 7-13 所示。

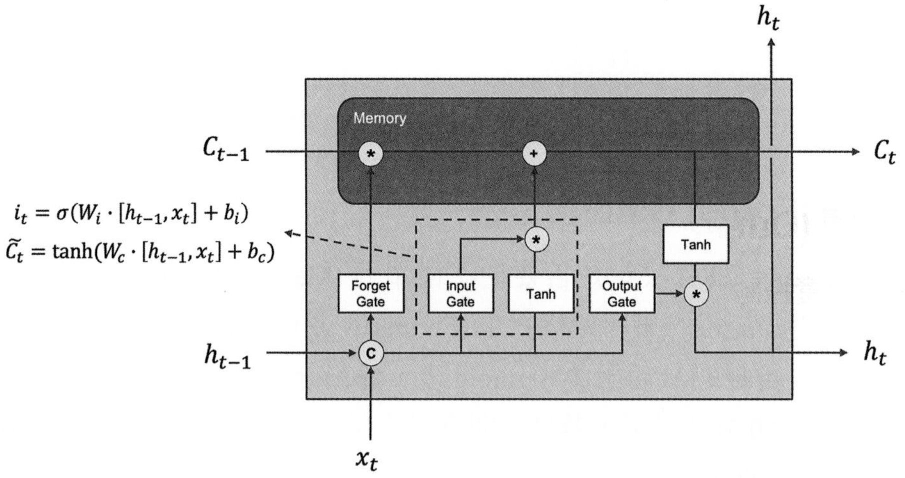

圖 7-13　Input Gate 示意圖

三、記憶體內的資訊變化：

接著我們要看的是記憶體中，經過這一層後的變化。此階段中的記憶體狀態會由遺忘閥 (Forget gate) 及輸入閥 (Input gate) 兩個閥來決定，前一階段的記憶體資訊會考慮遺忘閥 (Forget gate) 來決定是否要保留前一階段的特徵，輸入閥 (Input gate) 則是決定是否要將此階段的特徵加入。如圖 7-14 中的式子所示。

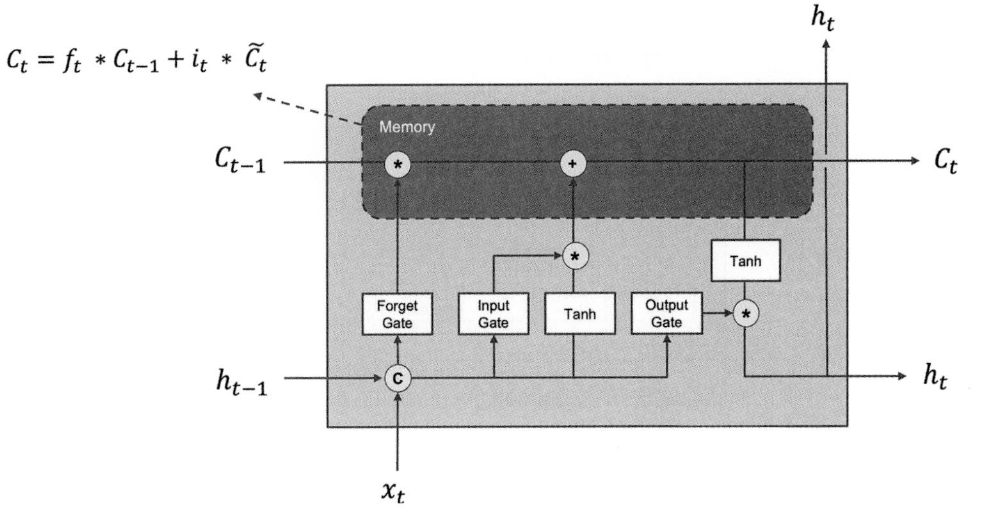

圖 7-14　更新記憶體內特徵示意圖

四、輸出閥 (Output Gate)：

輸出閥負責控制是否將這次計算出來的值輸出，若無此次輸出則為 0，決定其他的神經元 (Neuron) 是否可從記憶體 (Memory Cell) 裡把值讀出來。

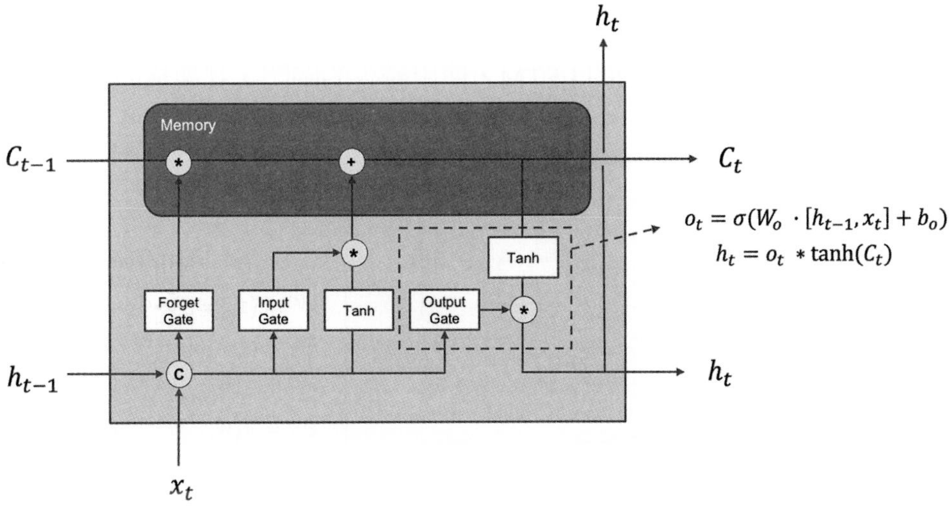

圖 7-15　Output Gate 示意圖

圖 7-16 中可知，在每一個時間點 t 中，都會有一個狀態 C_t 這個狀態會受到輸入閥 (Input gate)，遺忘閥 (Forget gate)，及前一個時間點的資訊 C_{t-1} 影響，即 $C_t = f_t \cdot C_{t-1} + i_t \cdot \tilde{C}_t$ 而輸出的結果會是由現在的狀態 C_t 再乘上輸出閥 (Output Gate) 而成的。

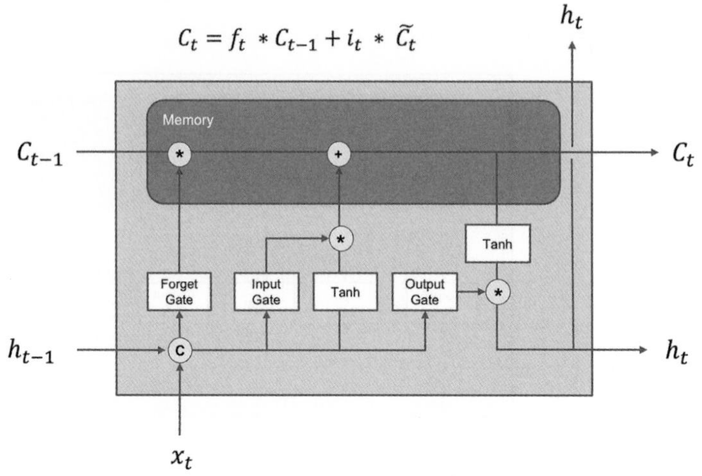

圖 7-16　LSTM 架構圖

7-3 門控循環單元 (GRU)

由於先前的 LSTM 計算速度相當慢，因此後來在 2014 年時提出了 GRU (Gated Recurrent Unit)，不但能加快運算速度還能達到與 LSTM 相當的表現 (參考：Cho, K., Van Merriënboer, B., Gulcehre, C., Bahdanau, D., Bougares, F., Schwenk, H., & Bengio, Y., 2014)。可以將 GRU 視爲簡易版的 LSTM，使用較少的閘門，其架構如圖 7-17 所示：

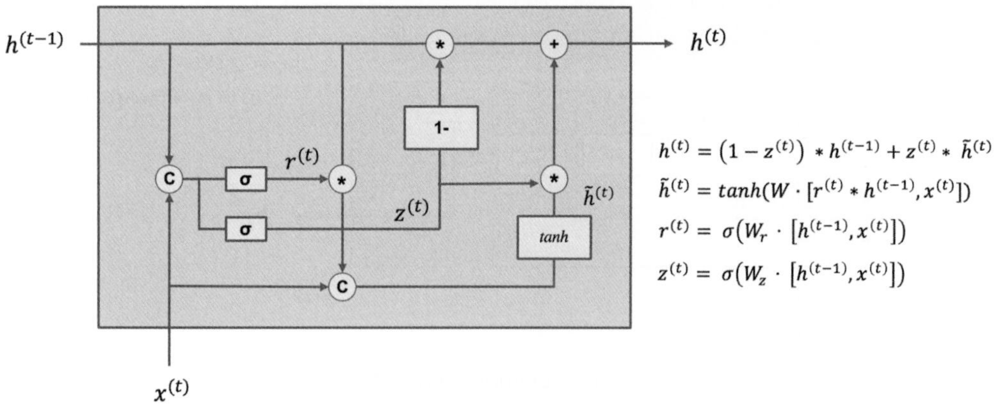

圖 7-17　GRU 架構圖

在每一個時間點的門控循環單元 (GRU) 都會有兩個輸入及一個輸出。輸入包含前一個時間點的特徵 $h^{(t-1)}$，以及此一時間點的資訊 $x^{(t)}$，這兩個特徵會經過合併再經過激活函數 sigmoid 的作用後，產生 $r^{(t)}$ 及 $z^{(t)}$。$r^{(t)}$ 會用來作用在前一時間點的特徵 $h^{(t-1)}$ 上，並與此一時間點的資訊 $x^{(t)}$ 合併，再與權重 W 相乘，產生第 t 個時間點的候選特徵 $\tilde{h}^{(t)}$，而 $z^{(t)}$ 會影響到最後的輸出結果 $h^{(t)}$。$z^{(t)}$ 在這邊扮演類似 LSTM 中遺忘閘門 (Forget gate)，會影響新特徵 $h^{(t)}$ 的組成，它會控制「$h^{(t-1)}$」及「$\tilde{h}^{(t)}$」兩者之間的比例。若 $z^{(t)}$ 爲 1，即表示此一時間點會單純將 作爲 $h^{(t)}$，若 $z^{(t)}$ 爲 0，則表示此一時間點會單純將前一階段特徵 $h^{(t-1)}$ 作爲 $h^{(t)}$ 傳入下一層中。由於 GRU 有較少的閘門，所以參數比 LSTM 少，速度上也會比較快一些。

7-4 Attention is all you need

先前介紹的循環神經網路 (RNN) 及長短記憶模型 (LSTM) 尚存在一些缺點，例如它們較難檢視很長的範圍中的相依關係，及做平行處裡頗爲困難。因此後來 Google 團隊提出了自注意力 (Self-attention) 的機制來解決上述的問題。我們可以用下方的例子來做說明，假設希望可以知道一個英文句子中每個字詞代表的詞性，那麼就會需要知道上下文的資訊，才能產生預測結果。例如圖 7-18 的 Can you open a can，首尾的兩個 Can 就有著不同的詞性。

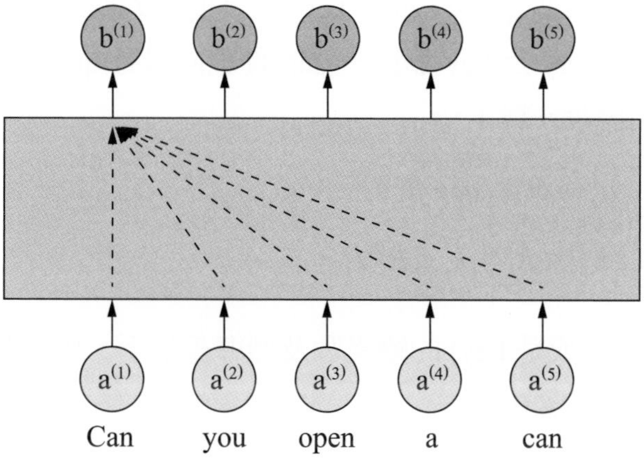

圖 7-18　Self-Attention 架構圖

實際上自注意力機制 (Self-attention) 又分成單頭自注意力機制 (One-head Self Attention)，以及多頭自注意力機制 (Multi-head Self Attention)。

一、單頭自注意力機制 One-head Self Attention

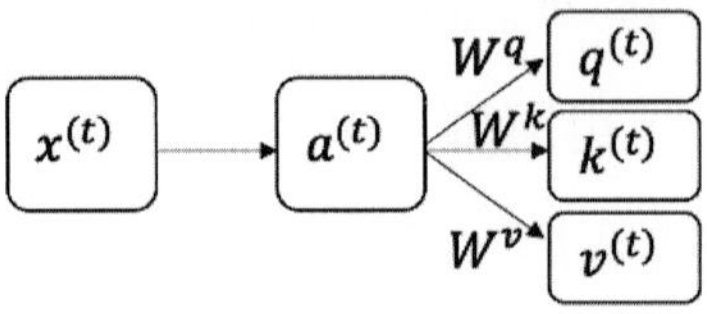

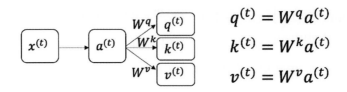

$$q^{(t)} = W^q a^{(t)}$$
$$k^{(t)} = W^k a^{(t)}$$
$$v^{(t)} = W^v a^{(t)}$$

圖 7-19　Query, Key, Value 計算示意圖

在單頭自注意力機制 (One-head Self Attention) 中，我們會將輸入的資料轉換成特徵資料，接著會將每個特徵各自去和三組權重值做線性相加，產生 query、key 及 value，其示意圖如圖 7-19 所示，$x^{(t)}$ 爲 t 時間點的輸入資料，$a^{(t)}$ 爲轉換過後的特徵資料，$q^{(t)}$、$k^{(t)}$、$v^{(t)}$ 分別爲 query、key 及 value。而 $W^{(q)}$、$W^{(k)}$、$W^{(v)}$ 是對應 query、key 及 value 的權重。

其中 query 是用來和其他的序列特徵中的 key 做相乘的特徵 (to match others)，而 key 就是等待其他的 query 來做匹配的特徵 (to be matched)，而 value 的特徵是用來抽取的特徵。其中 query 和 key 相乘後會產生一個常數的數值，此值表示的是兩個特徵的之間的關聯度，若關聯度越大，就越有可能會影響到最終的輸出結果。關聯度的計算方式如下：

首先，我們將所有的 query 及 key 集合起來形成 q 與 k，各自爲 $n * d$ 的二維實數陣列，其中 n 表示的是每個 query (或是 key) 的長度，d 則表示全部 query (或是 key) 的數量，其中每一個 query 及 key 都爲一維的實數向量且 query 與 key 爲相互獨立的隨機向量，以下證明假設 n 爲 1。

$$q = [q_1, q_2, ..., q_d] \in R^{n \times d}, q_i \in R^n \forall i$$

$$k = [k_1, k_2, ..., k_d] \in R^{n \times d}, k_i \in R^n \forall i$$

其中，每個 query (或是 key) 的變異數及標準差如下，因爲先前經過正規化，所以其變異數爲 1，期望値爲 0：

$$Var(q_i) = Var(k_j) = 1$$

$$E[q_i] = E[k_j] = 0, \forall i, j$$

且經由變異樹和標準差的計算，我們可以進一步推導出 qeury 平方的期望值如下，將會在後面的推導中使用到。

$$E[{q_i}^2] = E[q_i]^2 + Var(q_i) = 1$$

$$E[{k_i}^2] = E[k_i]^2 + Var(k_i) = 1$$

接著，會將每個 qeury 去跟 key 兩兩相乘計算關聯度，爲了做標準化，這邊會再將兩兩計算出來的關聯度再除以 $q^T k$ 的標準差，其變異數計算方式如下：

$$var(q^T k) = Var(\sum_{i=1}^{d} q_i k_i)$$

$$= \sum_{i=1}^{d} Var(q_i k_i)$$

$$= \sum_{i=1}^{d} (E[(q_i k_i)^2] - E[q_i k_i]^2)$$

$$= \sum_{i=1}^{d} E[{q_i}^2] E[{k_i}^2] = d$$

關聯度 α 的計算方式如下方所示，i 表示的是當前時間點，j 表示的是所有會與 i 計算關聯度的時間點：

$$\alpha_{i,j} = \frac{(q^{(i)})^T k^{(j)}}{\sqrt{d}}$$

當所有的關聯度都計算出來後，我們會經過 softmax 的運算，產生介於 0 到 1 且全部的關聯度總和爲 1 的結果。接著，會將所有和其他序列資料計算出來的關聯度與其序列資料的 value 做相乘，再做相加產生時間點 i 的資料的輸出結果 $b^{(i)}$，計算方式如下：

$$b^{(i)} = \sum_{j} \alpha_{i,j} v^{(j)}$$

舉例來說，單頭自注意力的範例架構如圖 7-20 所示，左方的 $x^{(1)}$ 與 $x^{(2)}$ 表示的是我們序列資料的輸入，此序列的長度爲 2。我們會將 $x^{(1)}$，$x^{(2)}$ 的原始資料轉換成特徵資料 $a^{(1)}$ 及 $a^{(2)}$，接著產生各自的 query、key 與 value。那要計算第一筆序列資料的輸出 $b^{(1)}$ 時，我們會將第一個時間點的 query 拿去與其他時間的 key 做相乘，以得到關聯分數，經過 softmax 後，會與 value 做相乘，再將全部的值做相加，以產生最終的輸出。

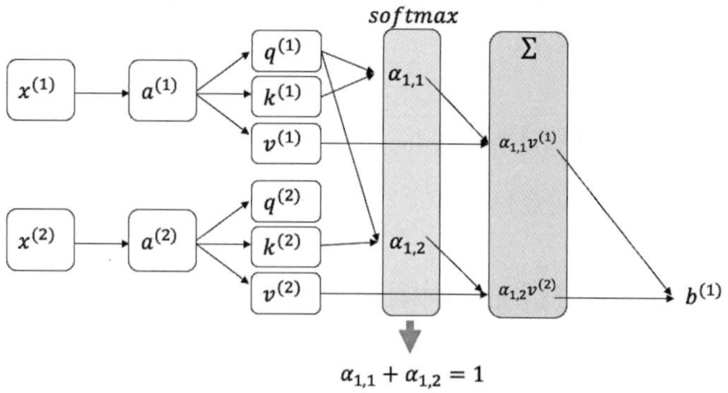

圖 7-20　One-head Attention 示意圖

二、多頭自注意力機制 Multi-head Self Attention

而在多頭自注意力機制 (Multi-head Self Attention) 中，原理與單頭自注意力機制 (One-head Self Attention) 類似，差別在於我們會將 query、key、value 成 head 的數量，若是 Two-Head Self Attention 的話，就會產生兩個 query、key 與 value。那產生的方法也是各自去和權重值做線性相加，我們會將其中的每一個頭 (head) 都去做 One-head Self Attention 在做的事，然後產生 head 的數量的輸出結果值。接著我們會將這些結果做合併 (concat)，再與權重值做線性相加，產生最後的輸出結果。

雙頭自注意力 (One-head Self-Attention) 的範例架構如圖 7-21 所示，左方的 $x^{(1)}$ 與 $x^{(2)}$ 表示的是我們序列資料的輸入，此序列的長度同樣為 2。轉換成特徵資料 $a^{(1)}$ 及 $a^{(2)}$ 後，會去產生各自的 query、key 與 value，並把都各自拆成 head 的數量。那要計算第一筆序列資料的輸出 $b^{(1)}$ 時，我們會將第一個時間點的第一個 query 拿去與其他時間的第一個 key 做相乘，以得到關聯分數，經過 softmax 後，會再與第一個的 value 做相乘，再全部做相加，以產生第一份的輸出 $b^{(11)}$。同理也可以算出 $b^{(12)}$。

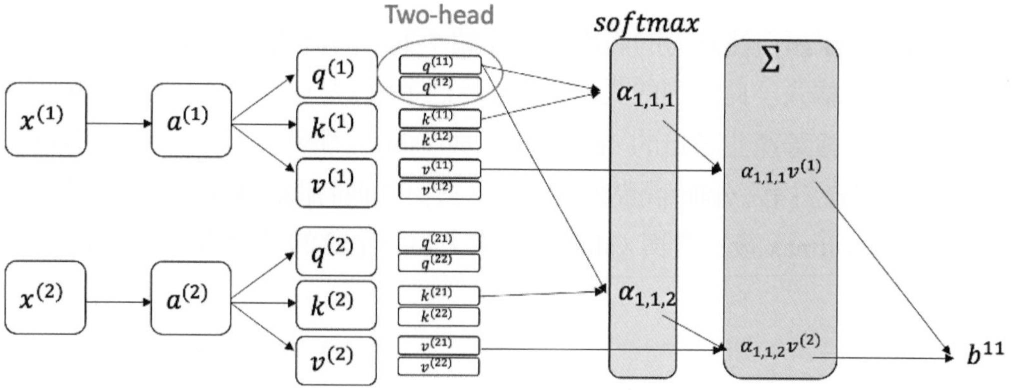

圖 7-21　Multi-head Attention 示意圖

$$b^1 = W^{b^1}\begin{bmatrix}\sum_j \alpha_{1,1,j} v^j \\ \sum_j \alpha_{2,1,j} v^j\end{bmatrix} = W^{b^1}\begin{bmatrix}b^{11} \\ b^{12}\end{bmatrix}$$

圖 7-21　Multi-head Attention 示意圖 (續)

算出 b^{11} 及 b^{12} 後，會將其合併，再與權重值 W^{b^1} 做相乘，產生第一個時間點的輸出結果 b^1，計算方式如上方所示。

接著要介紹的 Transformer 也是在 Attention is All You Need (參考：Vaswani, A., Shazeer, N., Parmar, N., Uszkoreit, J., Jones, L., Gomez, A. N., ... & Polosukhin, I., 2017) 這篇論文中被提出，TransFormer 的架構一開始被拿來用在自然語言處理，隨後也發展到了影像處理方面，例如去噪 (Denoise)、去模糊 (Deblur)、去雨 (Derain) 等等，該模型的延展能力非常強大，各種應用與變形相繼被提出。

TransFormer 的基本架構是由編碼器 (Encoder) 與解碼器 (Decoder) 組成，而這些主要由遮罩式的多頭注意力層 (Multi-head Attention Layer) 以及前饋層 (Feed-Forward Layer) 組成。TransFormer 的優點包含了較容易平行處理，模型不需要太深 (大約 10~20 層)。裡面包含了自注意力機制，所以可以一次看到較長範圍的序列 (Sequence) 輸入。

另外，在解碼器 (Decoder) 的部分，會去將編碼器 (Encoder) 的資訊拿來當作 Multi-head Attention 的 qeury 和 key，其架構如圖 7-22 所示。

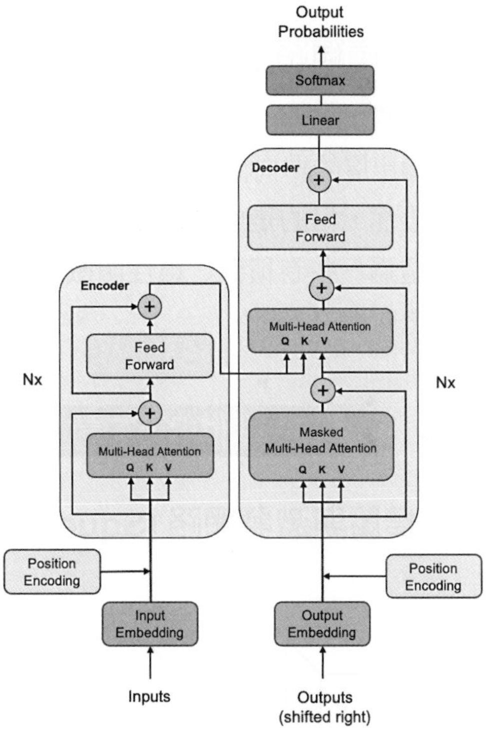

圖 7-22　TransFormer 架構圖

三、位置編碼 (Positional Encoding)

位置編碼的機制主要是因爲在做自注意力機制的時候，彼此的特徵並不會知道位置的資訊，然而位置對於特定資料來說是非常重要的，因此會使用位置編碼 (Positional Encoding) 的技巧，將這個特徵的位置進行編碼，再加入原有的特徵中，此步驟會放在 TransFormer 一開始的地方，如圖 7-22 所示。

四、遮罩式多頭自注意力機制 (Masked Multi-head Attention)

由於 Decoder 會循序的產生資料，一開始並沒有辦法知道全部的輸入特徵，因此會使用 Masked Multi-head Attention，將未知的資訊給遮蔽起來，僅僅使用已產生的 (先前時間點的) 資料來輔助生成此一時間點的預測結果。

五、相加與標準化 (Add & Normalization)

此處使用殘差結構，與將 Self-Attention 的輸入與輸出結果進行相加，以避免梯度消失的問題。而標準化的部分使用的是 Layer Normalization，會對單一個輸入樣本中不同的通道去做標準化 (詳見第五章的說明)。另外，因爲此時是處理序列資料，一個 batch 中的每個樣本可能有不同的長度，因此不能使用 Batch Normalization。而 Layer Normalization 也經常被使用在 RNN 中，用來處理序列的資料。

六、前饋網路 (Feed-Forward Network)

前饋網路是一個簡單的神經網路，是一個資料先進入輸入層，經過隱藏層，最後通過輸出層的單向傳播。在 TransFormer 的架構中，前饋網路的層通常會接在關注機制的後面，目的是要將經過關注層學習到的特徵向量投影到更大的空間，在這空間中會透過一些卷積層、線性函數以及激活函數來抽取更多有用的資訊，最後再投影回特徵向量的空間。

7-5 其他的注意力 (Attention) 機制

一、擠壓與激發網路 (Squeeze-and-Excitation Networks, SENet)

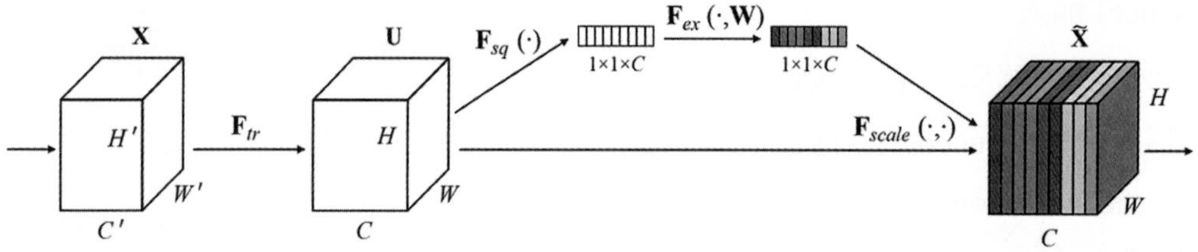

圖 7-23　Squeeze and Excitation block 架構圖 (參考：Hu, J., Shen, L., & Sun, G., 2018)

首先要介紹的是 Squeeze and Excitation Networks (參考：Hu, J., Shen, L., & Sun, G., 2018)，這個網路也經常被使用在現在的網路架構中。而此網路的架構如圖 7-23 所示，首先會將原本大小爲 $H' \times W' \times C'$ 大小的特徵 X，經過卷積運算後產生 $H \times W$

× C 大小的特徵 U，接著會再將此特徵做擠壓 (Squeeze) 和激發 (Excitation) 的運算，其中擠壓的運算就是將每一個通道的特徵做全局平均池化 (Global Average Pooling) 將原特徵轉換成 1 × 1 × C 大小的特徵。如以下公式所示：

$$z_c = F_{sq}(u_c) = \frac{1}{H \times W}\sum_{i=1}^{H}\sum_{j=1}^{W} u_c(i, j)$$

在上方的公式中，$F_{sq}(\cdot)$ 表示的是擠壓的函數，$u_c(i,j)$ 表示的是第 c 個通道的特徵中座標 (i,j) 的值，也就是說這邊會把每個通道中的所有像素值相加取平均，每個通道都會算出一個平均值 (所有像素值相加除以所有像素的數量)。

接著激發的運算就是將 1 × 1 × C 大小的特徵經過一個全連階層 (Fully Connected Network)，一個 ReLU 再一個全連階層以及一個 sigmoid 產生的，如以下公式所示：

$$s = F_{ex}(z, W) = \sigma(g(z, W)) = \sigma(W_2\delta(W_1 z))$$

其中 $F_{ex}(\cdot, W)$ 表示的是激發的函數，W 表示的是此函數中會使用到的全連階層的權重，δ 表示的是 ReLU，σ 表示的為 sigmoid，s 則是此時產生的特徵，其大小為 1 × 1 × C。

接下來會再將已經經過變換的 1 × 1 × C 大小的特徵 s 與原本的 U 做相乘，此處的相乘指的是 channel-wise 的相乘，意思是說，會將原先 C 個通道的特徵圖乘上 1 × 1 × C 中每個通道的常數值，如下方公式所示：

$$\widetilde{X}_C = F_{scale}(u_c, s_c) = s_c u_c$$

公式中 S_c 表示的是第 c 個通道的值，會與 u 特徵的第 c 個通道的每個值做相乘，接著便會獲得我們的輸出特徵結果 $\widetilde{X}_C$。而圖 7-24 示意圖中的右圖，呈現的是將 SE 的架構放入殘差網路 (Residual Network) 中，稱作 SE-ResNet，透過結合產生不同的 SENet 架構。

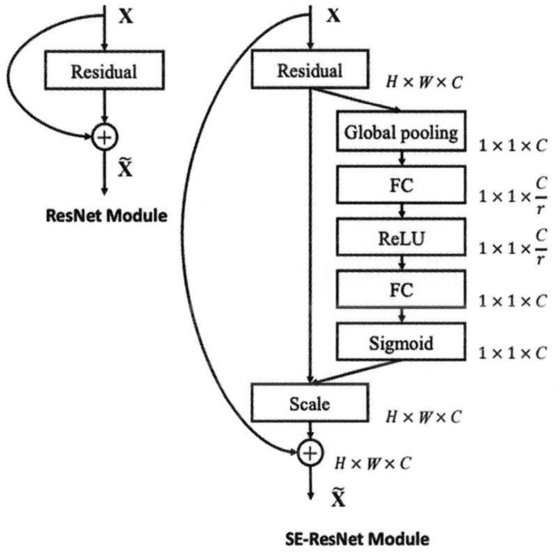

圖 7-24　Squeeze and Excitation Network 架構圖
(參考：Hu, J., Shen, L., & Sun, G., 2018)

二、選擇核網路 (Selective Kernel Networks, SKNet)

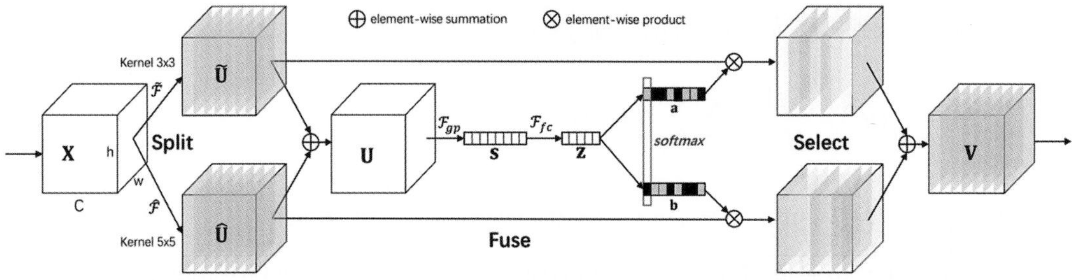

圖 7-25　Selective Kernel Networks(SKNet) 架構圖
(參考：Li, X., Wang, W., Hu, X., & Yang, J., 2019)

接著要介紹的是 SKNet(參考：Li, X., Wang, W., Hu, X., & Yang, J., 2019)，其架構圖如圖 7-25 所示，此架構可以被視爲 SENet 的延伸。首先我們有一個輸入 X，此輸入的特徵大小是 $H \times W \times C$，接下來會使用兩種不同大小的卷積核去對此特徵作卷積，也就是會產生上下兩個三維特徵 $\widehat{U}$ 與 $\widetilde{U}$ 。接著會將此兩個特徵做點對點的相加 (即每個特徵點兩兩相加) 產生 U，然後再將此特徵做有如 SENet 中的操作，會先做全局平均池化 (Global Average Pooling, GAP) 產生特徵 s。特徵 s 的計算方式如以下公式所示，u_c 表示的是 U 的第 c 個通道的二維特徵，s_c 表示的是 s 的第 c 個通道產生的結果，會由 u 的第 c 個通道經過全局平均池化產生：

$$U = \widetilde{U} + \widehat{U} \rightarrow s_c = \frac{1}{HW} \sum_{i=1}^{H} \sum_{j=1}^{W} u_c(i, j)$$

接著特徵 s 會再進入一個全連接層、Batch Normalization 及激活函數 ReLU 的運算，產生潛在碼 (latent code) z：

$$z = F_{fc}(s_c, W) = \mathrm{Re}LU(BN(Ws))$$

得到 z 之後，我們會將兩者在同一個通道上的特徵做 softmax，此操作的用意是因爲我們希望可以產生上下兩個特徵的權重，此權重需要介於 0 到 1 之間，且每個權重相加必須要爲 1。計算公式如下所示，其中 A 與 B 爲兩個可學習的 (learnable) 三維矩陣，而 A_c 與 B_c 表示的是 A 與 B 的第 c 個通道的二維矩陣：

$$a_c = \frac{e^{A_c z}}{e^{A_c z} + e^{B_c z}}$$

$$b_c = \frac{e^{B_c z}}{e^{A_c z} + e^{B_c z}}$$

計算完 a 與 b 的兩個特徵後，會將這兩個特徵，各自與原來大小爲 $H \times W \times C$ 的特徵做相乘，接著再將這兩個乘完的特徵 ($H \times W \times C$) 做點對點的相加，最後便會產生我們的輸出結果。如以下公式所示：

$$V_c = a_c \widetilde{U}_c + b_c \widehat{U}_c$$

三、卷積塊注意力模組 (CBAM: Convolutional Block Attention Module)

接下來要介紹的是 CBAM(參考：Woo, S., Park, J., Lee, J. Y., & Kweon, I. S., 2018)，這個模組是由兩個子模組串接而成的，分別是通道注意力 (Channel Attention) 以及空間注意力 (Spatial Attention)，如圖 7-26 所示。在通道注意力模組 (Channel Attention Module) 中我們會獲得 $1 \times 1 \times C$ 大小的特徵 (此特徵表示的是每個通道佔的權重)，並與輸入特徵的每個通道逐一做相乘。而在後方的空間注意力 (Spatial Attention Module) 會輸出 $H \times W \times 1$ 的特徵 (此特徵則是表示在空間上每個位置佔的權重)，會與前方做完通道注意力 (Channel Attention) 後的特徵，對每個通道的特徵圖進行點對點的相乘，產生最終的輸出結果。

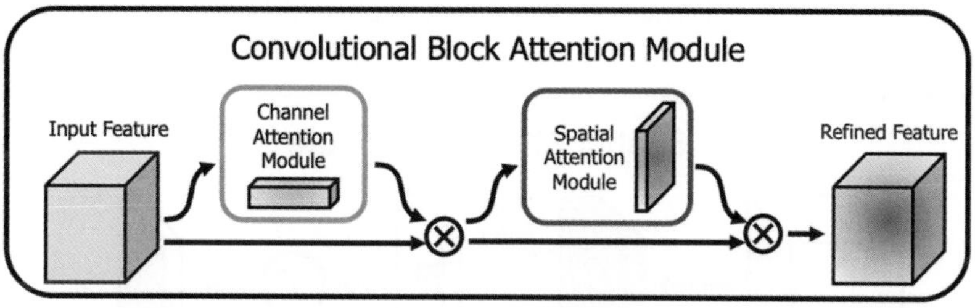

圖 7-26　CBAM：Convolutional Block Attention Module 架構圖
(參考：Woo, S., Park, J., Lee, J. Y., & Kweon, I. S., 2018)

而通道注意力模組 (Channel Attention Module) 的架構如圖 7-27 所示，將輸入的特徵 F (假設大小同樣爲 $H \times W \times C$) 做全局平均池化 (Global Average Pooling) 以及最大池化 (Max Pooling)，轉換成大小爲 $1 \times 1 \times C$ 的特徵，接著會將這兩個特徵丟入多層感知器 (MLP) 中，而此 MLP 是共享權重的。再來會將這兩個特徵做相加，並經過激活函數 sigmoid，以得到每一層通道的權重 (即圖 7-27 中的 M_c)。

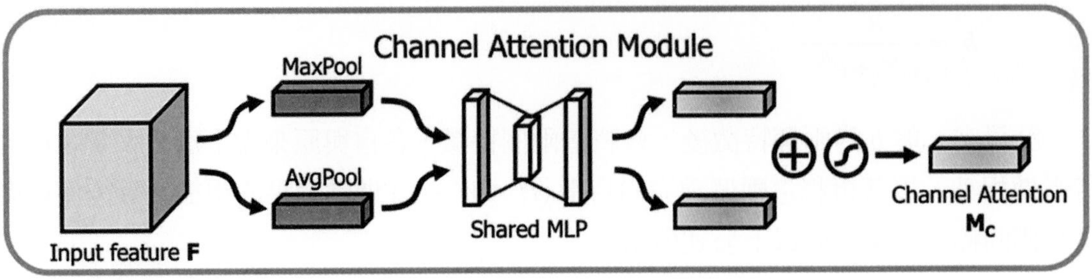

$$M_c(F) = \sigma(\text{MLP}(\text{AvgPool}(F)) + \text{MLP}(\text{MaxPool}(F)))$$
$$= \sigma(W_1(W_0(F^c_{\text{avg}})) + W_1(W_0(F^c_{\text{max}})))$$

圖 7-27　通道注意力模組 Channel Attention Module 架構圖
(參考：Woo, S., Park, J., Lee, J. Y., & Kweon, I. S., 2018)

M_c 的計算方式如上方所示，F 表示的是輸入特徵，F^c_{avg} 表示的是在空間方向，經過全局平均池化後的特徵，F^c_{max} 表示的是在空間方向，經過全局最大池化後的特徵，W_0 與 W_1 表示的是 MLP 的權重，σ 表示的是激活函數 sigmoid 的函數。

另外，空間注意力模組 (Spatial Attention Module) 的架構圖如圖 7-28 所示，會將輸入的特徵 F，沿著通道方向做最大池化與全局平均池化，因此會得到兩個 $H \times W \times 1$ 的特徵，接著會將這兩個特徵沿著通道方向去做合併，並經過卷積與激活函數 sigmoid 的運算，產生空間上的權重特徵 (即圖 7-28 中的 M_s)。

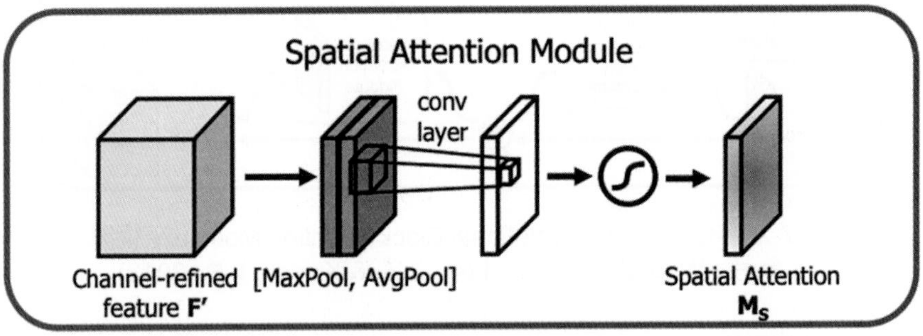

$$M_s(F) = \sigma(f^{7\times7}([\text{AvgPool}(F); \text{MLP}(\text{MaxPool}(F)]))$$
$$= \sigma(f^{7\times7}([F^s_{\text{avg}}; F^s_{\text{max}}]))$$

圖 7-28　空間注意力模組 Spatial Attention Module 架構圖
(參考：Woo, S., Park, J., Lee, J. Y., & Kweon, I. S., 2018)

M_s 的計算方式如上方所示，F 表示的是輸入特徵，在 CBAM 中會輸入經過通道注意力模組處理後的特徵 (使用 F' 表示)，F^s_{avg} 表示的是沿著通道方向，平均池化後的特徵，F^s_{max} 表示的是沿著通道方向，全局最大池化後的特徵，$f^{7\times7}$ 表示的是 7×7 大小的卷積運算，σ 則表示激活函數 sigmoid 的函數。

四、雙重注意力網路 (Dual Attention Network)

接下來要介紹的是 Dual Attention Network (參考：Fu, J., Liu, J., Tian, H., Li, Y., Bao, Y., Fang, Z., & Lu, H., 2019)，此網路的架構圖如圖 7-29 所示，不同於 CBAM，是有兩個子模組進行串聯而成，此網路採用的是並聯的機制。原始的影像會先進入 ResNet 中抽取特徵，接著此特徵會傳入上下兩個分支，這兩個分支產生的結果會經過特徵融合，做點對點的特徵相加，再經過一次的卷積產生最後的結果。

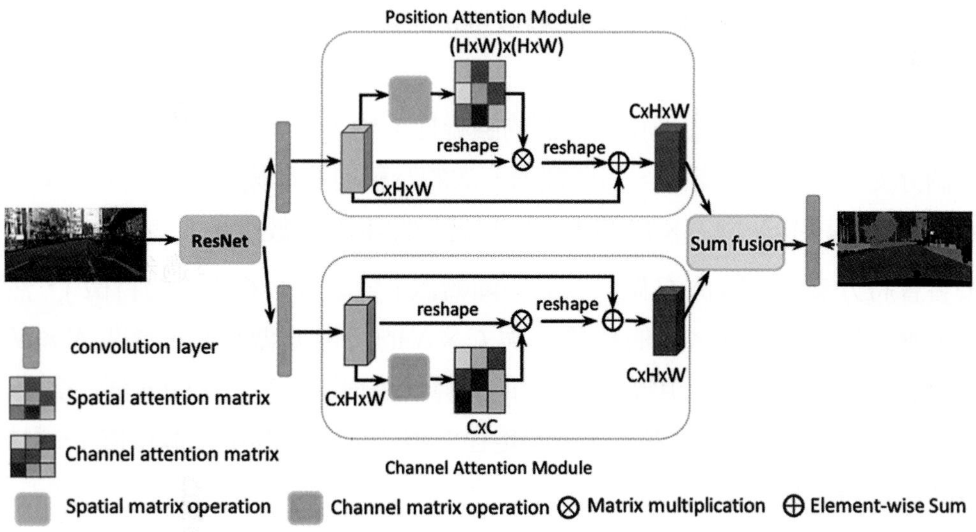

圖 7-29　Dual Attention Network 架構圖 (參考：Fu, J., Liu, J., Tian, H., Li, Y., Bao, Y., Fang, Z., & Lu, H., 2019)

在上方的分支是針對位置的資訊做關注 (Attention)，而下方的分支是針對通道的資訊做關注。詳細的內部架構圖如圖 7-30 所示。

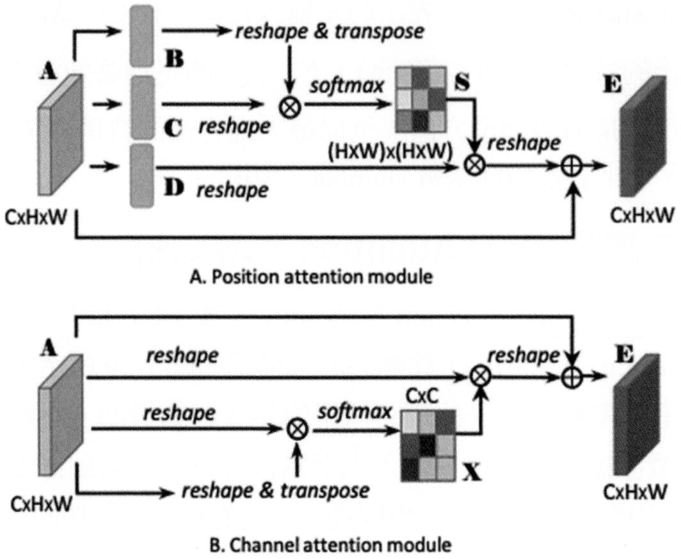

圖 7-30　Position Attention module 架構圖 (參考：Fu, J., Liu, J., Tian, H., Li, Y., Bao, Y., Fang, Z., & Lu, H., 2019)

在圖 7-30 中，考量位置與位置之間的關聯性，輸入 $C\times H\times W$ 大小的特徵 A，並產生三個分支。在每個分支中，都會經過一次的卷積與變形後即會產生 $C\times N$ 大小的特徵 (B, C, D)，其中 N 為 $H\times W$ 的大小，也就是像素點的數量。

接著會將分支中的特徵 C 做一次的矩陣轉置 (變成 $N\times C$ 大小的特徵)，然後與 B 特徵相乘，也就是將 $N\times C$ 的特徵 C 與 $C\times N$ 的特徵 B 做相乘，產生 $N\times N$ 的結果，此特徵圖會再經過激活函數 softmax 的運算，獲得 $N\times N$ 大小的二維特徵圖 s，s_{ij} 則表示第 i 個位置的像素 (此時的 i 指的是在二維平面上的其中一個位置)，對於第 j 個位置的像素的影響程度。

接下來 $C\times N$ 的其他位置的特徵 D_j 會與 s 的轉置 ($N\times N$ 的特徵) 做相乘，產生 $C\times N$ 的特徵圖並做相加 (此處是在做加權，權重是不同位置對於 j 的影響程度，將權重與特徵相乘並相加)。接著會改變形狀 (reshape)，產生 $C\times H\times W$ 的特徵，也會與原本第 j 個位置的特徵 A_j 相加，產生第 j 個位置的輸出結果 E_j，其中 α 是常數值。

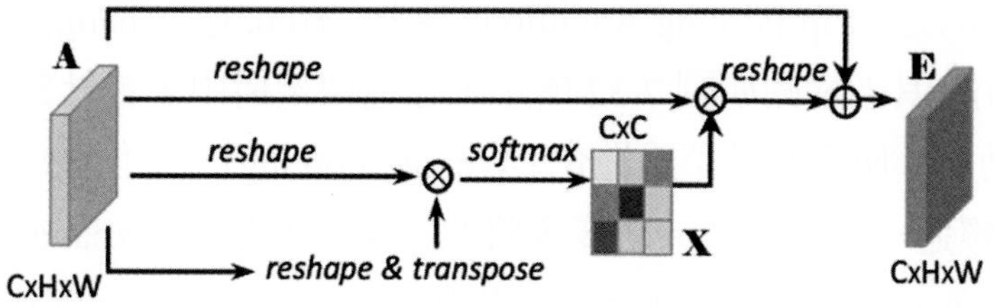

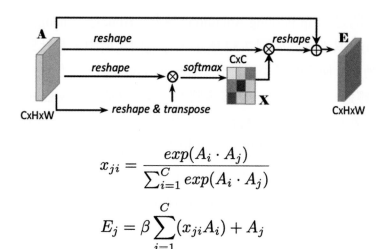

$$x_{ji} = \frac{exp(A_i \cdot A_j)}{\sum_{i=1}^{C} exp(A_i \cdot A_j)}$$

$$E_j = \beta \sum_{i=1}^{C} (x_{ji} A_i) + A_j$$

圖 7-31　Channel Attention module 架構圖

而圖 7-31 中，考量的是通道與通道之間的關聯性。同樣輸入 $C \times H \times W$ 大小的特徵，並在三個分支中，同樣也改變特徵的形狀，產生 $C \times N$ 大小的特徵，之後會再將 $C \times N$ 的特徵與經過轉置的特徵 $(N \times C)$ 做矩陣的相乘，形成 $C \times C$ 大小的特徵圖 x，x_{ij} 則表示第 i 個通道對於第 j 個通道的影響程度。

接下來此特徵圖 x 跟原特徵做相乘，也就是將 $C \times C$ 的特徵與 $C \times N$ 的特徵做相乘，產生 $C \times N$ 的輸出，同樣是經過加權 (此處的加權指的是計算不同通道之間的影響程度，與權重相乘並相加) 與改變形狀 (reshape)，變換回 $C \times H \times W$ 的大小，也會再與前方原本的特徵 A_j 做相加，以產生最後的輸出結果 E_j，此處的 j 表示的是第 j 個通道的特徵，β 是常數值。

五、條狀池化注意力機制 (Strip Pooling Attention)

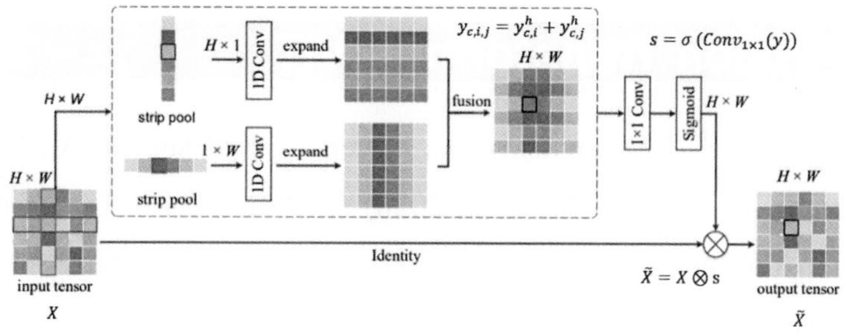

圖 7-32　Strip Pooling Attention 架構圖 (參考：Hou, Q., Zhang, L., Cheng, M. M., & Feng, J., 2020)

最後要介紹的是 Strip Pooling Attention(參考：Hou, Q., Zhang, L., Cheng, M. M., & Feng, J., 2020)，其架構圖如圖 7-32 所示，在這個架構中，會針對直行與橫列的特徵進行池化的動作，使用的是平均池化 (Average Pooling)，池化後的特徵大小爲 $H \times 1$ 及 $1 \times W$，並經過一維的卷積。之後會將此特徵經過延展 (expand)，展成和原本特徵相同大小的特徵，再來會進行融合，產生 $H \times W$ 大小的特徵，然後經過 1×1 的卷積與激活函數 sigmoid，並跟輸入的特徵做相乘，產生最後的輸出結果。

而 Strip Pooling 的計算式如下所示，horizontal strip pooling 的計算如左式所示，會計算每一列的加總再平均，vertical strip pooling 則會計算每一行的加總再做平均。在下方式子中，$y_{c,i,j}$ 表示的是 y 的第 c 個通道，第 i 行，第 j 列的特徵，$y_{c,i}$ 則表示 y 的第 c 個通道，第 i 行的平均值，$y_{c,j}$ 則表示 y 的第 c 個通道，第 j 列的平均值。$y_{c,i,j}$ 會是由 $y_{c,i}$ 與 $y_{c,j}$ 相加而得到，經過卷積和 sigmoid 的運算後，便可以得到 s，與原輸入特徵 X 相乘後，便可產生最終的結果。

horizontal strip pooling　　vertical strip pooling

$$y^h_{c,i} = Conv_3\left(\frac{1}{W}\sum_{j=1}^{W} x_{c,i,j}\right) \qquad y^v_{c,j} = Conv_3\left(\frac{1}{H}\sum_{i=1}^{H} x_{c,i,j}\right)$$

$$\boldsymbol{y} \in R^{C\times H\times W} \rightarrow y_{c,i,j} = y^h_{c,i} + y^v_{c,j}$$

$$\boldsymbol{s} = \sigma\left(Conv_{1\times1}(\boldsymbol{y})\right)$$

$$\tilde{X} = X \otimes \boldsymbol{s}$$

7-6 Vision Transformer (ViT)

ViT 的模型 (參考：Dosovitskiy, A., Beyer, L., Kolesnikov, A., Weissenborn, D., Zhai, X., Unterthiner, T., ... & Houlsby, N., 2020) 在 2021 年的 ICLR 被提出，這篇論文被提出之前，Transformer 大多數都是被應用在自然語言處理 (NLP) 的領域，這篇可以說是第一次將 Transformer 應用在電腦視覺的領域，在當時 ImageNet 的分類競賽上面，打敗 CNN 的 EfficientNet 獲得第一名的成績，也就此開啓 Transformer 的時代。

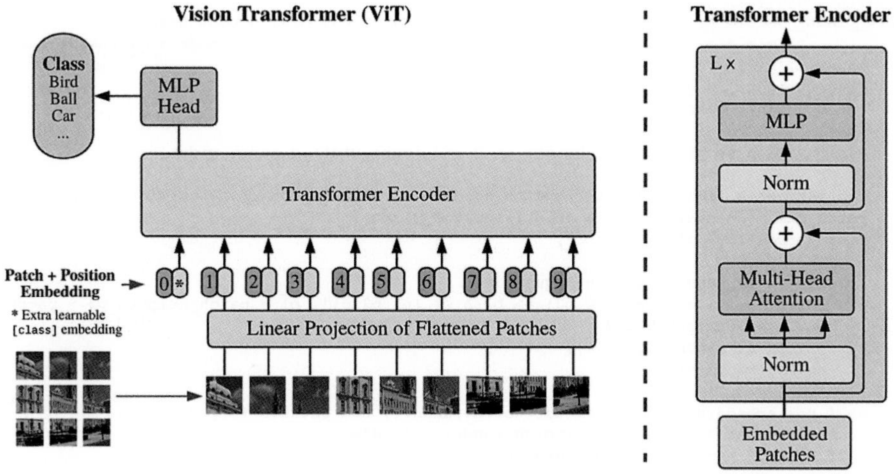

圖 7-33　Vision Transformer(ViT) 架構圖 (參考：Dosovitskiy, A., Beyer, L., Kolesnikov, A., Weissenborn, D., Zhai, X., Unterthiner, T., ... & Houlsby, N., 2020)

這篇論文中完全沒有使用大多數人在電腦視覺使用的卷積網路 (CNN)，而是使用自注意力機制及全連階層的架構。首先，作者將影像切成一個一個小的像素塊 (patch) 並攤平，但是位置的資訊對於影像來說是相當重要的，因此在丟入網路之前，他們使用位置編碼融合至輸入的特徵中，接著，便會傳入 Tranformer Block 中，最後預測結果。

由於此架構後來被其他模型廣爲使用，也有許多變形出現，因此以下利用一些篇幅來介紹其程式碼。其程式碼連結 (https://github.com/lucidrains/vit-pytorch/blob/main/vit_pytorch/vit.py)。

首先，可以先來看一下圖 7-34 中 ViT 的模型定義：

在 init 中，通常會定義一些將會被使用到的模組以及參數，在第 82-83 行程式碼中，表示的是當我們初始化此物件時，會傳入的參數，讓我們可以動態的產生此物件。可以看到當我們初始化 ViT 這個網路時，可以傳入的參數包含影像大小 (image_size)、像素塊 (patch) 大小 (patch_size)、欲分類的類別數 (num_classes)、進行像素塊編碼時預期產生的特徵維度 (dim)、Transformer 的深度 (depth)、多頭自注意力模塊中頭的數量 (heads)、多層感知器的維度 (mlp_dim) 等等。

```
81 class ViT(nn.Module):
82     def __init__(self, *, image_size, patch_size, num_classes, dim, depth, heads,
83                 mlp_dim, pool = 'cls', channels = 3, dim_head = 64, dropout = 0., emb_dropout = 0.):
84         super().__init__()
85         image_height, image_width = pair(image_size)
86         patch_height, patch_width = pair(patch_size)
87 
88         assert image_height % patch_height == 0 and image_width % patch_width == 0,
89 
90         num_patches = (image_height // patch_height) * (image_width // patch_width)
91         patch_dim = channels * patch_height * patch_width
92         assert pool in {'cls', 'mean'},
93 
94         self.to_patch_embedding = nn.Sequential(
95             Rearrange('b c (h p1) (w p2) -> b (h w) (p1 p2 c)', p1 = patch_height, p2 = patch_width),
96             nn.LayerNorm(patch_dim),
97             nn.Linear(patch_dim, dim),
98             nn.LayerNorm(dim),
99         )
100         self.pos_embedding = nn.Parameter(torch.randn(1, num_patches + 1, dim))
101         self.cls_token = nn.Parameter(torch.randn(1, 1, dim))
102         self.dropout = nn.Dropout(emb_dropout)
103 
104         self.transformer = Transformer(dim, depth, heads, dim_head, mlp_dim, dropout)
105 
106         self.pool = pool
107         self.to_latent = nn.Identity()
108         self.mlp_head = nn.Sequential(
109             nn.LayerNorm(dim),
110             nn.Linear(dim, num_classes)
111         )
```

圖 7-34　Vision Transformer (ViT) 程式碼

而在第 85、86 行中，定義我們的影像大小及像素塊大小，其中第 88 行會進行例外處理，如果影像大小無法整除像素塊大小的話就會印出錯誤訊息。而在第 90 行及 91 行，分別定義全部的像素塊數量，以及全部的像素塊的深度。92 行則是關於池化層的例外處理，若不符合 cls 或是 mean 的話就會印出錯誤訊息，其中預設的 cls 表示的是我們會只考慮 class token 的特徵，當作 Transformer 的輸出結果並送到 MLP 中，若使用 mean 的話表示會將 Transformer 的輸出結果，再做一次平均，才傳入最後的 MLP 中。

而在第 94 行至 99 行定義 Patch Embedding 的運算，當中包含將輸入的特徵先去做變形，原先的形狀爲 (批數量 batch size, 通道數 channel, 影像高度 , 影像寬度)，經過變形後，形狀爲 (批數量 batch size，全部的像素塊 (patch) 數量 ($H \times W$)，每個像素塊 (patch) 中的像素大小 (考慮每個通道)，變形後，會做一次 Layer Normalization，接著對此特徵進行線性變換，變換後也會再做一次 Layer Normalization。在這個步驟中我們可以想像是對每個像素塊進行特徵編碼。此外，在 ViT 中還會進行位置的編碼及類別的編碼，定義可訓練的參數於程式碼第 100-101 行中 (隨機初始化的參數)，接著在 104 行中有定義了稍後會介紹到的 Transformer block，也在第 108-111 行程式碼中，定義最後的 MLP 層。圖 7-35 是 ViT 中的 forward 程式碼，定義了資料的傳輸依序會經過哪些層。

```
    def forward(self, img):
        x = self.to_patch_embedding(img)
        b, n, _ = x.shape

        cls_tokens = repeat(self.cls_token, '1 1 d -> b 1 d', b = b)
        x = torch.cat((cls_tokens, x), dim=1)
        x += self.pos_embedding[:, :(n + 1)]
        x = self.dropout(x)

        x = self.transformer(x)

        x = x.mean(dim = 1) if self.pool == 'mean' else x[:, 0]

        x = self.to_latent(x)
        return self.mlp_head(x)
```

圖 7-35　Vision Transformer(ViT) 程式碼

接著我們可以來看，作者是如何定義 Transformer block 並實作自注意力機制 (Self-attention) 及多層感知器 (MLP) 的：

Transformer Block：

```
67 class Transformer(nn.Module):
68     def __init__(self, dim, depth, heads, dim_head, mlp_dim, dropout = 0.):
69         super().__init__()
70         self.layers = nn.ModuleList([])
71         for _ in range(depth):
72             self.layers.append(nn.ModuleList([
73                 PreNorm(dim, Attention(dim, heads = heads, dim_head = dim_head, dropout = dropout)),
74                 PreNorm(dim, FeedForward(dim, mlp_dim, dropout = dropout))
75             ]))
76     def forward(self, x):
77         for attn, ff in self.layers:
78             x = attn(x) + x
79             x = ff(x) + x
80         return x
```

圖 7-36　Transformer Block 程式碼

Transformer 的定義如圖 7-36 中所示，depth 表示的是我們要進行多少次的 Transformer block，dim 表示的是傳入的特徵的維度。在第 73-74 行程式碼中，分別定義「標準化與自注意力機制」及「標準化與前饋網路」。在 76-80 行則定義 forward，當中可以看到有殘差結果的相連。

其中 PreNorm 的定義如下：

```
class PreNorm(nn.Module):
    def __init__(self, dim, fn):
        super().__init__()
        self.norm = nn.LayerNorm(dim)
        self.fn = fn
    def forward(self, x, **kwargs):
        return self.fn(self.norm(x), **kwargs)
```

圖 7-37　Normalize 程式碼

norm 是使用 Layer Normalization 進行標準化，其中 dim 表示的是特徵維度，fn 表示的是此時的網路，此網路可能是自注意力機制 (Self-Attention) 或是前饋網路 (Feed-Forward Network)。

自注意力機制 (Self Attention)：

```
class Attention(nn.Module):
    def __init__(self, dim, heads = 8, dim_head = 64, dropout = 0.):
        super().__init__()
        inner_dim = dim_head *  heads
        project_out = not (heads == 1 and dim_head == dim)

        self.heads = heads
        self.scale = dim_head ** -0.5

        self.attend = nn.Softmax(dim = -1)
        self.dropout = nn.Dropout(dropout)

        self.to_qkv = nn.Linear(dim, inner_dim * 3, bias = False)

        self.to_out = nn.Sequential(
            nn.Linear(inner_dim, dim),
            nn.Dropout(dropout)
        ) if project_out else nn.Identity()

    def forward(self, x):
        qkv = self.to_qkv(x).chunk(3, dim = -1)
        q, k, v = map(lambda t: rearrange(t, 'b n (h d) -> b h n d', h = self.heads), qkv)

        dots = torch.matmul(q, k.transpose(-1, -2)) * self.scale

        attn = self.attend(dots)
        attn = self.dropout(attn)

        out = torch.matmul(attn, v)
        out = rearrange(out, 'b h n d -> b n (h d)')
        return self.to_out(out)
```

圖 7-38　自注意力機制 (Self-Attention) 程式碼

上方程式碼為 Transformer block 中的 Self-Attention 的實作，在第 36 行程式碼中，定義傳入的特徵維度、有多少個 head、每個 head 的維度有多深，以及要使用 dropout 的機率值 (預設為 0)。在第 55 行程式碼，會將我們輸入的特徵經過 linear 轉換成原本特徵的三倍大小再做 chunk 進行分割，產生 query、key 及 value 三個相同大小的特徵，接著在第 55 行程式碼，會對特徵進行變形，轉變成 (批次數量 , 頭數量 (heads_num), 特徵數量 (token_nums), 特徵維度 (dim)) 的形狀，接著在第 58 行程式碼中，就會進行 query 和 key 的矩陣相成，接著會再經過 softmax 的運算，產生 attention matrix，再與 value 進行矩陣相乘。接著會再經過一次的變形轉換回原本的特徵形狀。

前饋網路 (Feed-Forward Network)：

```
class FeedForward(nn.Module):
    def __init__(self, dim, hidden_dim, dropout = 0.):
        super().__init__()
        self.net = nn.Sequential(
            nn.Linear(dim, hidden_dim),
            nn.GELU(),
            nn.Dropout(dropout),
            nn.Linear(hidden_dim, dim),
            nn.Dropout(dropout)
        )
    def forward(self, x):
        return self.net(x)
```

圖 7-39　前饋網路 (Feed-Forward Network) 程式碼

最後 Feed-Forward Network 的實作，當中具有幾個簡單的元素，包含全連接層、GELU 以及 dropout。

7-7 Swin Transformer

Swin Transformer 是 Microsoft 圖隊發表在 ICCV 2021 的論文 (參考：Liu, Z., Lin, Y., Cao, Y., Hu, H., Wei, Y., Zhang, Z., ... & Guo, B., 2021)，在過去許多人認為 Transformer 不易實作的原因，往往是因為自注意力的機制，雖然能夠看到遠距離中像素與像素的關聯性，但也會帶來相當大的計算量，因此本篇的 Swin Transformer 提出了一個降低計算量的方法，他們將原始的影像切成小的像素塊 (patch)，並將多個像素塊組合成一個窗格 (window)，示意圖如圖 7-40 所示，原本的影像共被切出了 8 × 8 個像素塊，當中再將 4 × 4 的像素塊 (patch) 組合成一個窗格。

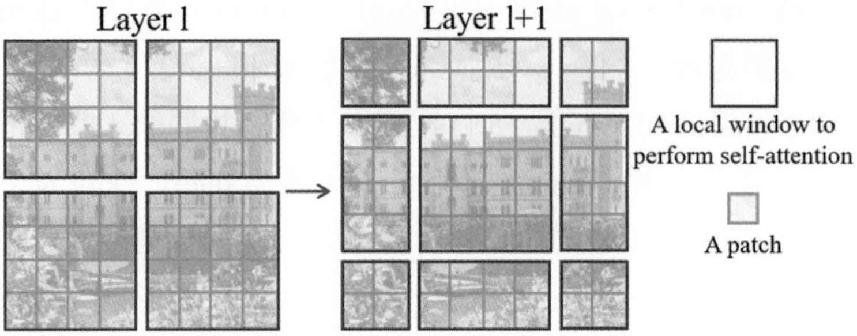

圖 7-40　移動窗格示意圖 (參考：Liu, Z., Lin, Y., Cao, Y., Hu, H., Wei, Y., Zhang, Z., ... & Guo, B., 2021)

而 Swin-Transformer 的架構圖如圖 7-41 所示，可以看到圖中由許多的 Swin Transformer block 組成，每個模塊的架構如圖中右方所示。在每個模塊中的架構基本上與原本的 Transformer 類似，較為不同的地方在於自注意力機制的地方，原先的是多頭自注意力機制 (Multi-head Self Attention) 這邊改成使用窗格多頭自注意力 (Window Multi-head Self Attention, W-MSA)，以及移動窗格多頭自注意力 (Window Multi-head Self Attention, SW-MSA)。在 W-MSA 中便是將每個像素塊當成一組特徵，然後讓這些特徵彼此做自注意力，每一個像素塊只會跟同個窗格中的像素塊做。

但因為切成窗格的機制，會導致有些像素塊沒辦法進行溝通，如圖 7-40，左圖中的左上窗格的右下像素塊就沒有辦法與右上窗格的左下像素塊溝通。因此，本論文提出了移動窗格，如圖 7-40 所示，當前一個窗格多頭自注意力機制做完之後，就會移動窗格，改變切割窗格的地方 (通常移動的步伐是窗格大小的一半)，讓窗格中的像素塊有機會看到不同窗格內的像素塊。

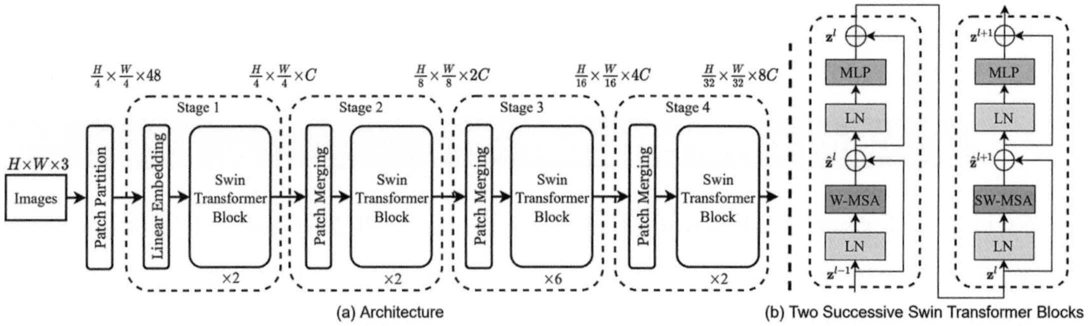

圖 7-41　Swin-Transformer 架構圖
(參考：Liu, Z., Lin, Y., Cao, Y., Hu, H., Wei, Y., Zhang, Z., ... & Guo, B., 2021)

7-8 生成對抗式網路 (GAN)

GAN (參考：Goodfellow, I., Pouget-Abadie, J., Mirza, M., Xu, B., Warde-Farley, D., Ozair, S., ... & Bengio, Y., 2020) 於 2014 年由 Ian Goodfellow 等人提出，通過讓兩個神經網路相互對抗的方式進行學習。可以應用的領域相當的廣泛，例如影像、音樂等等。而 Facebook 人工智慧研究院主任 Yann LeCun 也曾經說過生成對抗網路 (Generative-Adversarial Network, GAN) 是 "The most interesting idea in the last 10 years in ML."，而生成對抗網路 (GAN) 的基本的架構如圖 7-42 所示。

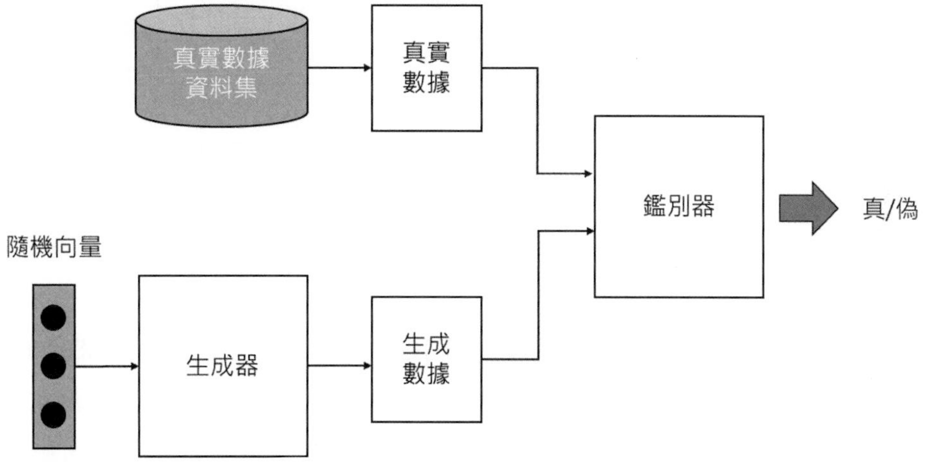

圖 7-42　GAN 架構圖

在 GAN 中會有神經網路組成的生成器 (Generator) 和鑑別器 (Discriminator)，兩個重要的元素：生成器會負責生成該任務所需要的資料，目標是要生成越真實的資料，並且去騙過鑑別器，其初始值爲隨機的向量 (random vector)。而鑑別器則會去負責判斷，目前讀進來的資料是屬於圖中上方的眞實資料，還是是由下方的生成器產生出來的假資料，其對抗的方式如圖 7-43 所示。

鑑別器會輸出 1 或 0，代表是 True 或 False，True 表示鑑別器認爲這個照片是眞實 (Real) 的資料。因此訓練鑑別器時的目標，便是希望能將生成器所產生出來的資料判斷成是 0。而在訓練生成器時，則會希望能夠產生讓鑑別器判斷是 1 的圖片，藉由迭代的過程讓兩者變得越來越強。

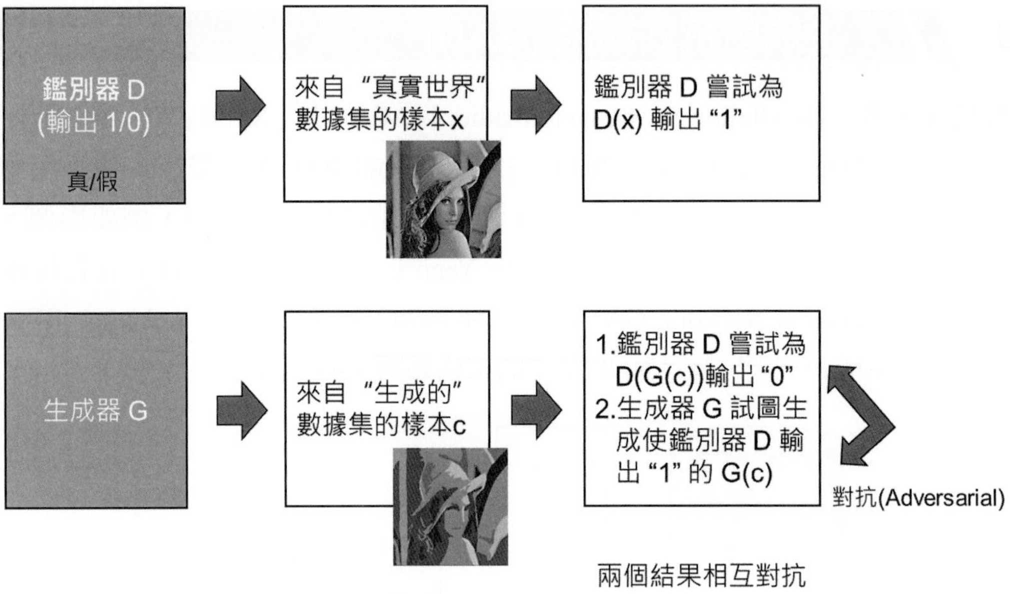

圖 7-43　GAN 示意圖

1. GAN 的目標？何謂好的鑑別器？

   GAN 的目標是希望可以產生好的生成器和鑑別器，其中希望生成器生成出來的影像能夠和眞實的影像越接近越好。這裡舉一個例子來說，假設 p_g 與 p_{data} 爲生成器與眞實數據的機率分布，D 爲鑑別器，而 G 則是以隨機噪聲 z 作爲輸入的生成器。訓練生成器的目標是希望 $p_g = p_{\text{data}}$，也就是說希望生成器生成資料的機率分佈 p_g 與眞實的機率分佈 p_{data} 一致，另外，我們透過計算二値交叉熵 (Binary Cross Entropy, BCE) 得到兩個分布的距離，計算出越小的 BCE 値代表鑑別器的能力越好。BCE 的計算方式如下：

   $$\text{BCE} = -\sum_{i=1}^{2} p_i \log q_i, \text{where } p_1 + p_2 = 1. \quad q_1 + q_2 = 1.$$

2. GAN 的 Loss 計算

   一開始我們假設眞實數據集爲一個 $\{x^{(1)}, x^{(2)}, ..., x^{(n)}, ...\}$ 的集合，另外有一個隨機向量的集合 $\{z^{(1)}, z^{(2)}, ..., z^{(n)}, ...\}$，那在 GAN 的訓練過程中，我們知道在每一個 epoch 下，鑑別器與生成器是分別訓練的，首先會固定生成器並訓練鑑別器，以下的式子爲鑑別器的損失函數：

   $$\min_{\theta_d} -\left(\sum_n \log D(x^{(n)}) + \sum_m \log(1 - D(G(z^{(m)})))\right)$$

爲了使鑑別器的損失最小化，即代表：

$$\min_{\theta_d}(\sum_n \log D(x^{(n)}) + \sum_m \log(1 - D(G(z^{(m)}))))$$

訓練完鑑別器後，將其固定，接著就是訓練生成器的階段，生成器的目標在於最小化鑑別器目標函數的最大值，因此它的損失函數只需要做在 $\log(1 - D(G(z^{(m)}))$，即爲：

$$\min_{\theta_g} \sum_m \log(1 - D(G(z^{(m)})))$$

因此 GAN 的目標函數定義爲：

$$\arg\min_{\theta_g} \max_{\theta_d} \sum_n \log D(x^{(n)}) + \sum_m \log(1 - D(G(z^{(m)})))$$

$$= \arg\min_{\theta_g} \max_{\theta_d} E_{x\sim p_{\text{data}}(x)}[\log D(x)] + E_{z\sim p_z(z)}[\log(1 - D(G(z)))]$$

$$= \arg\min_{\theta_g} \max_{\theta_d} E_{x\sim p_{\text{data}}(x)}[\log D(x)] + E_{x\sim p_g(z)}[\log(1 - D(x))]$$

其中 E 爲數學期望。對於 GAN 的訓練結果，若鑑別器的損失下降速度快，代表生成器生成的結果可能不太好，才會讓鑑別器易於鑑別，而且也會無法判斷模型是否收斂；相對的如果生成器的損失值快速下降，即有可能代表鑑別器效果太弱，致使生成器很容易的就欺騙了鑑別器，此時模型也會無法判斷收斂。

7-9 cGAN

Conditional Generative Adversarial Network (cGAN) (參考：Mirza, M., & Osindero, S., 2014) 是 GAN 的變形之一，對於前面所提到的生成對抗網路 (GAN)，經過網路所生成的結果不一定符合我們的期待，而在某種程度上 cGAN 可以改善 GAN 生成影像的不確定性。對於一般的 GAN 這種無條件的生成模型，無法控制生成的數據，那如果我們想要去引導生成過程該怎麼做？ cGAN 的架構圖如圖 7-44 所示，透過將圖中的 y(例如類別標籤、其他來源的數據) 額外輸入到鑑別器與生成器來調節模型。

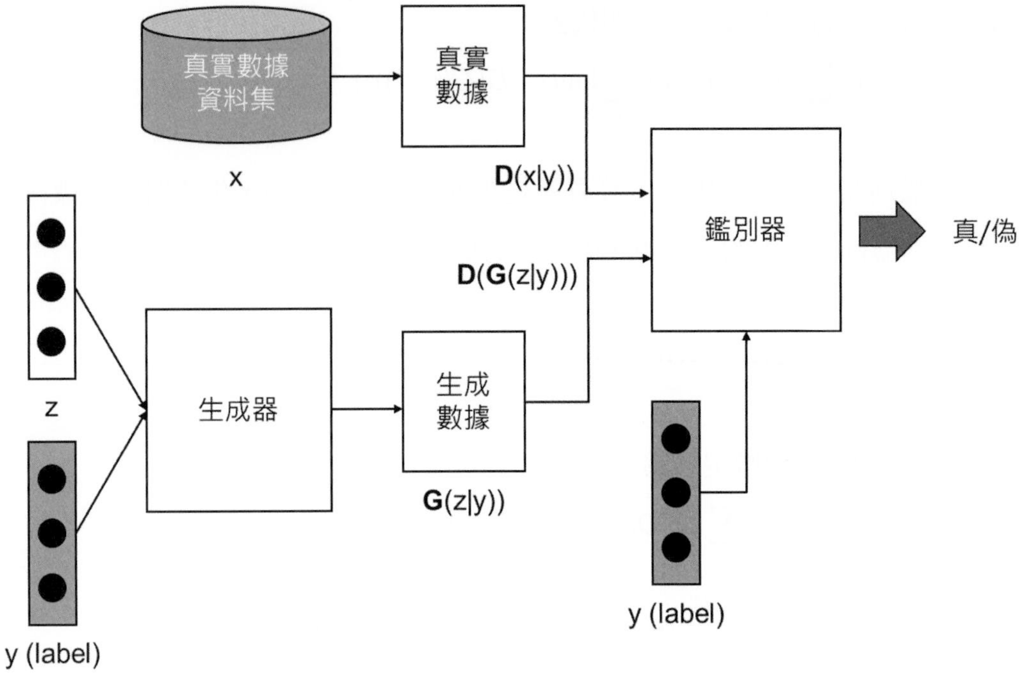

圖 7-44　cGAN 架構圖

而 cGAN 的目標函數可表達如下：

$$\arg\min_{\theta_g}\max_{\theta_d} E_{x\sim p_{\text{data}}(x)}[\log D(x|y)] + E_{z\sim p_z(z)}[\log(1-D(G(z|y)))]$$

cGAN 簡單來說就是有條件的生成對抗網路，也就是我們可以針對自己的需求去增加一個文字的條件，讓網路在訓練的時候，不僅要接近眞實的影像，還要滿足文字內容所描述的情況。舉例來說，我們訓練網路的目標是想要生成鳥的圖片，此時我們加入一段 " 鳥兒在飛 " 的文字資訊當作條件，改變生成網路與鑑別網路的訓練，希望讓模型輸出的影像是鳥在飛的畫面。隨著 GAN 的逐步發展，圖片也能當作是 cGAN 的條件作爲輸入，cGAN 的原理可以簡單表示如圖 7-45。

圖 7-45　cGAN 的基本思想

7-10 Pix2pix

Pix2pix (參考：Isola, P., Zhu, J. Y., Zhou, T., & Efros, A. A., 2017) 是基於 cGAN 的監督式的圖像翻譯方法 (Image to Image Translation)，透過訓練成對 (paired) 的數據資料來進行圖像翻譯，根據 cGAN 的概念，是可以透過增加條件資訊來做到圖像生成，因此 pix2pix 用這樣的基礎在圖像翻譯的任務中，將輸入影像作爲條件，讓模型學習從輸入圖像到輸出圖像之間的映射，進而得到目標的輸出圖像，然而大多的圖像翻譯都是基於 GAN 操作的，這也是 pix2pix 與其他方法的不同之處。

這邊用基於影像邊緣生成圖像的方式來介紹 pix2pix 的訓練流程，pix2pix 需要成對的訓練資料，如圖 7-46 所示，輸入圖像的邊緣圖像 x 作爲生成器 G 的輸入，得到生成後的圖像 $G(x)$，然後 $G(x)$ 與 x 會基於通道的維度進行合併，最後當作鑑別器 D 的輸入來判定這個輸入是否爲一對眞實影像，另外，眞實圖像 y 也會基於通道的維度與 x 合併在一起，同樣輸入到鑑別器 D 來判別是否爲一對眞實影像，總而言之，訓練生成器 G 的目的就是希望生成的 $G(x)$ 結果與 x 作爲鑑別器 D 的輸入時可以成功騙過 D，因此希望結果越像眞實圖像越好。

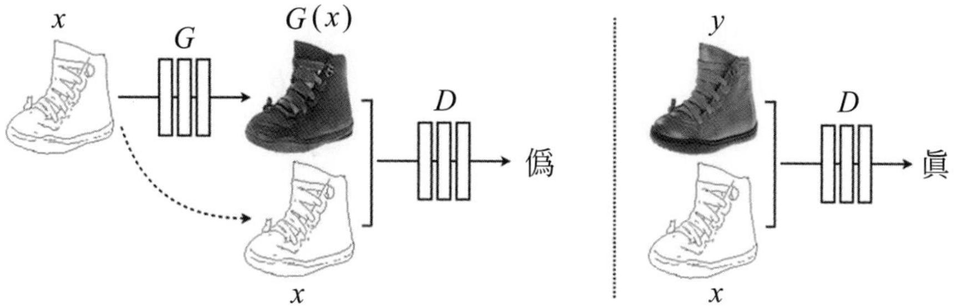

圖 7-46　pix2pix 訓練流程圖
(參考：Isola, P., Zhu, J. Y., Zhou, T., & Efros, A. A., 2017)

那 pix2pix 的目標函數如下所示：

$$G^* = \arg\min_G \max_D \ L_{cGAN}(G,D) + \lambda L_{L1}(G)$$

其中

$$L_{cGAN}(G,D) = E_{(x,y)}[\log D(x,y)] + E_{(x,y)}[\log(1 - D(x,G(x,z)))]$$

$$L_{L1}(G) = E_{(x,y,z)}[\|y - G(x,z)\|_1]$$

目標函數中包含 cGAN 的條件對抗損失 L_{cGAN} 及 $L1$ 損失 L_{L1}，L_{cGAN} 在 pix2pix 中是爲了去驗證鑑別器的重要性，因此式子中只採用生成器，並且多考慮了一個 z 的噪聲輸入。除此之外，這裡沒有使用常見的 $L2$ 損失，反而是添加了 $L1$ 損失，因爲 $L1$ 損失相較 $L2$ 損失可以確保較少的模糊，而且可以防止輸出偏離其基準眞相 (Ground Truth)，另外，λ 爲 L_{L1} 的權重，λ 的值越大表示越看重與基準眞相的相似度。

7-11 循環生成對抗式網路 (Cycle GAN)

循環生成對抗式網路 Cycle GAN (參考：Zhu, J. Y., Park, T., Isola, P., & Efros, A. A., 2017) 是一個基於 GAN，採用無監督式學習的圖像翻譯方法，也就是它能過透過訓練非成對 (unpaired) 的數據資料成功做到圖像翻譯。Cycle GAN 的概念是要訓練不同域 (domain) 之間的圖像映射，例如有兩個 domain (A, B)，我們想要把 domain A 的圖像 (例如馬) 轉換成 domain B 的圖像 (例如斑馬)，但是這種單向操作容易在訓練的過程中，隨著生成器失去資訊，慢慢變成與原圖不一樣的影像，因此 Cycle GAN 會再將 domain B 的影像轉換回 domain A 的影像，期望它能與原輸入越像越好。

由此可知，Cycle GAN 要求的不只是單向對映，同時也要求一個雙向的對映，這兩個對映也可以看做是兩個生成器 G 及 F，分別代表生成器 G 實現從 A 到 B 以及生成器 F 執行從 B 到 A 的遷移，表示爲 $G: A \rightarrow B$ 與 $F: B \rightarrow A$，然後預期 $F(G(A)) \approx A$，$G(F(B)) \approx B$，運作的示意圖如圖 7-47 所示。

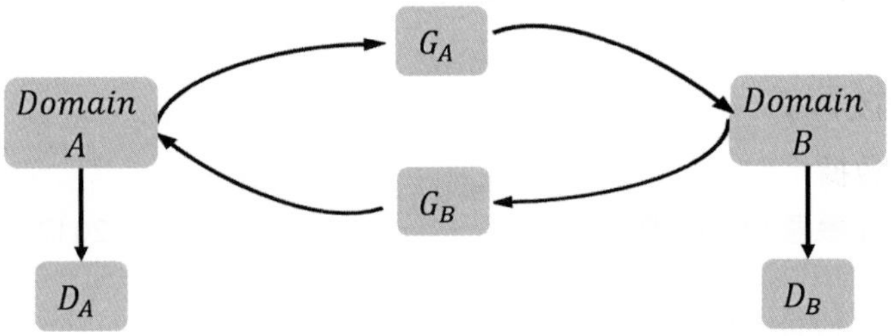

圖 7-47　CycleGAN 示意圖

Cycle GAN 的目標函數描述成以下式子，式子中的 D_A 與 D_B 爲兩個對抗式鑑別器，D_A 的目標是要區分圖像 a 與翻譯的圖像 $F(b)$，同理，D_B 的目的是要辨別圖像 b 與翻譯的圖像 $G(a)$：

$$G^*,F^* = \arg\min_{(G,F)} \max_{(D_a,D_b)} L(G,F,D_a,D_b)$$

其中

$$L(G,F,D_A,D_B) = L_{\text{GAN}}(G,D_B,A,B) + L_{\text{GAN}}(F,D_B,B,A) + \lambda L_{\text{cyc}}(G,F)$$

又

$$L_{\text{GAN}}(G,D_B,A,B) = E_{b\sim p_{\text{data}}(b)}[\log D_B(b)] + E_{a\sim p_{\text{data}}(a)}[\log(1-D_B(G(a)))]$$

$$L_{\text{GAN}}(F,D_A,B,A) = E_{a\sim p_{\text{data}}(a)}[\log D_A(a)] + E_{b\sim p_{\text{data}}(b)}[\log(1-D_A(F(b)))]$$

$$L_{\text{cyc}}(G,F) = E_{a\sim p_{\text{data}}(a)}[\|F(G(a))-a\|_1] + E_{b\sim p_{\text{data}}(b)}[\|G(F(b))-b\|_1]$$

根據以上式子，目標函數主要為 L_{GAN} 和 L_{cyc}，也就是對抗損失 (adversarial loss) 加上循環一致性損失 (cycle consistency loss)，而 L_{GAN} 分成 $G:A\rightarrow B$ 與 $F:B\rightarrow A$ 兩部分。$G:A\rightarrow B$ 代表的是可以將 domain A 中的圖片 a 轉換成 domain B 中的圖片 $G(a)$，並且需要鑑別器 D_B 來鑑別它是否為真實的圖片，再來 $E_{b\sim p_{\text{data}}(b)}[\log D_B(b)]$ 是指從真實數據 $p_{\text{data}}(b)$ 分佈中採樣的樣本，被鑑別器 D_B 判定為真實樣本的機率，並計算在每個樣本的 cross entropy 的平均值當作 loss，則表示從 $p_{\text{data}}(a)$ 分佈中採樣得到的樣本，經由生成器 G 獲得生成圖片，最後再送到鑑別器 D_B；反之，$F:B\rightarrow A$ 則是可以將 domain B 中的圖片 b 轉換成 domain A 中的圖片 $F(b)$，然後透過鑑別器 D_A 來做判別，那 $E_{a\sim p_{\text{data}}(a)}[\log D_A(a)]$ 就是從 $p_{\text{data}}(a)$ 分佈中採樣的樣本，被鑑別器 D_A 判定為真實樣本的機率，然後計算在每個樣本的 cross entropy 的平均值當作 loss，$E_{b\sim p_{\text{data}}(b)}[\log(1-D_A(F(b)))]$ 則是根據 $p_{\text{data}}(b)$ 分佈所採樣獲得的樣本，經由生成器 F 獲得生成圖片，最後再送到鑑別器 D_A。接著 CycleGAN 會同時學習 G 及 F，目的是希望生成器產生的數據分佈能夠盡可能的與真實的數據分佈 p_{data} 相似，並且在不同空間的圖片能夠互相轉換。

理論上，對抗訓練可以學習映射 G 和 F，它們分別產生與目標域 B 和 A 相同分佈的輸出，然而，如果容量足夠大，網絡可以將同一組輸入圖像映射到目標域中任意隨機排列的圖像，其中任何學習到的映射都可以導出與目標分佈相匹配的輸出分佈。換句話說，就是對於一張圖像經過轉換後，能夠再重建回原圖，因此，單獨的對抗性損失 L_{GAN} 不能保證學習到的函數能將單個輸入 a 映射到期望的輸出 b，簡單來說就是不能保證生成圖片與原始圖片為同一個物件。作者認為學習到的映射函數應該是循環一致的，也就是對於來自 domain A 的每個圖像 a，圖像翻譯的循環應該能將 a 帶回原始圖像，因此這裡採用循環一致性損失 L_{cyc} 來進一步減少可能的映射函數的空

間，避免生成器 G 及 F 相互有矛盾，$\|F(G(a))-a\|_1$ 稱作 forward cycle consistency，目的是希望圖像 a 經過生成器得到的生成圖像 $G(a)$，經過生成器 F 重建的影像 $F(G(a))$ 能夠近似於輸入的原始圖像 a，即 $a \rightarrow G(a) \rightarrow F(G(a)) \approx a$；反之，$\|G(F(b))-b\|_1$ 稱作 backward cycle consistency，此部分則是希望圖像 b 經過生成器得到的生成圖像 $F(b)$，然後經過生成器 G 重建的影像 $G(F(b))$ 能夠與輸入的原始圖像 b 看似同一物件，表示爲 $b \rightarrow F(b) \rightarrow G(F(b)) \approx a$，另外，式子中的 λ 爲 L_{cyc} 的權重。

這種透過非成對數據進行無監督式學習的圖像翻譯方法應用的領域廣泛，包括風格轉換 (style transfer)、季節轉換 (season transfer)、物體變形 (object transfiguration) 或照片修改 (photo modification) 等等，圖 7-48 至圖 7-51 分別爲上述應用的圖片結果 (範例參考：Zhu, J. Y., Park, T., Isola, P., & Efros, A. A., 2017)：

1. 風格轉換：將輸入的影像轉換成不同的藝術風格，例如梵谷、浮世繪…等。

輸入影像　梵谷　浮世繪

圖 7-48　Cycle GAN 應於於風格轉換之範例

2. 季節轉換：將優美勝地的風景做夏天與冬天的互相轉換。

夏天→冬天　冬天→夏天

圖 7-49　Cycle GAN 應於於季節轉換之範例

3. 物體變形：將馬變成斑馬亦或是斑馬變成馬。

馬→斑馬　　　　斑馬→馬

圖 7-50　Cycle GAN 應於於物體變形之範例

4. 照片修改：從繪畫生成圖片，例如將莫內畫作映射到風景圖片上。

莫內圖片　　　　生成圖片

圖 7-51　Cycle GAN 應於於照片修改之範例

與 GAN 相關實作可參考 GitHub 連結：https://github.com/eriklindernoren/PyTorch-GAN。

參考：

- Hochreiter, S., & Schmidhuber, J. (1997). Long short-term memory. Neural computation, 9(8), 1735-1780.
- Cho, K., Van Merriënboer, B., Gulcehre, C., Bahdanau, D., Bougares, F., Schwenk, H., & Bengio, Y. (2014). Learning phrase representations using RNN encoder-decoder for statistical machine translation. arXiv preprint arXiv:1406.1078.
- Hu, J., Shen, L., & Sun, G. (2018). Squeeze-and-excitation networks. In Proceedings of the IEEE conference on computer vision and pattern recognition (pp. 7132-7141).

- Li, X., Wang, W., Hu, X., & Yang, J. (2019). Selective kernel networks. In Proceedings of the IEEE/CVF conference on computer vision and pattern recognition (pp. 510-519).
- Woo, S., Park, J., Lee, J. Y., & Kweon, I. S. (2018). Cbam: Convolutional block attention module. In Proceedings of the European conference on computer vision (ECCV) (pp. 3-19).
- Fu, J., Liu, J., Tian, H., Li, Y., Bao, Y., Fang, Z., & Lu, H. (2019). Dual attention network for scene segmentation. In Proceedings of the IEEE/CVF conference on computer vision and pattern recognition (pp. 3146-3154).
- Hou, Q., Zhang, L., Cheng, M. M., & Feng, J. (2020). Strip pooling: Rethinking spatial pooling for scene parsing. In Proceedings of the IEEE/CVF conference on computer vision and pattern recognition (pp. 4003-4012).
- Vaswani, A., Shazeer, N., Parmar, N., Uszkoreit, J., Jones, L., Gomez, A. N., ... & Polosukhin, I. (2017). Attention is all you need. Advances in neural information processing systems, 30.
- Dosovitskiy, A., Beyer, L., Kolesnikov, A., Weissenborn, D., Zhai, X., Unterthiner, T., ... & Houlsby, N. (2020). An image is worth 16x16 words: Transformers for image recognition at scale. arXiv preprint arXiv:2010.11929.
- Liu, Z., Lin, Y., Cao, Y., Hu, H., Wei, Y., Zhang, Z., ... & Guo, B. (2021). Swin transformer: Hierarchical vision transformer using shifted windows. In Proceedings of the IEEE/CVF international conference on computer vision (pp. 10012-10022).
- Goodfellow, I., Pouget-Abadie, J., Mirza, M., Xu, B., Warde-Farley, D., Ozair, S., ... & Bengio, Y. (2020). Generative adversarial networks. Communications of the ACM, 63(11), 139-144.
- Mirza, M., & Osindero, S. (2014). Conditional generative adversarial nets. arXiv preprint arXiv:1411.1784.
- Isola, P., Zhu, J. Y., Zhou, T., & Efros, A. A. (2017). Image-to-image translation with conditional adversarial networks. In Proceedings of the IEEE conference on computer vision and pattern recognition (pp. 1125-1134).
- Zhu, J. Y., Park, T., Isola, P., & Efros, A. A. (2017). Unpaired image-to-image translation using cycle-consistent adversarial networks. In Proceedings of the IEEE international conference on computer vision (pp. 2223-2232).

8
CHAPTER

基於影像的深度學習案例

本章重點

8-1　影像基本原理介紹
8-2　基本影像處理
8-3　邊緣抽取、影像增強與校正
8-4　影像辨識與分類
8-5　深度學習在影像處理的應用
8-6　影像修復與辨識實驗之程式碼介紹

8-1 影像基本原理介紹

一、影像的成像原理與儲存方式

影像的儲存原理與電荷耦合元件 (CCD Sensor) 有關，我們平時在拍照的時候需要仰賴光線照射在物件上反射回來的可見光，才能讓我們拍攝到物體。電荷耦合器件 (CCD Sensor) 是一種積體電路，可以幫我們將影像資料轉換成數值資料，以便我們儲存影像。此外，彩色數位相機爲了記錄物體的色彩，它會在 CCD 外加裝濾色鏡並讓該顏色的光線通過濾色，並記錄其光線強度。

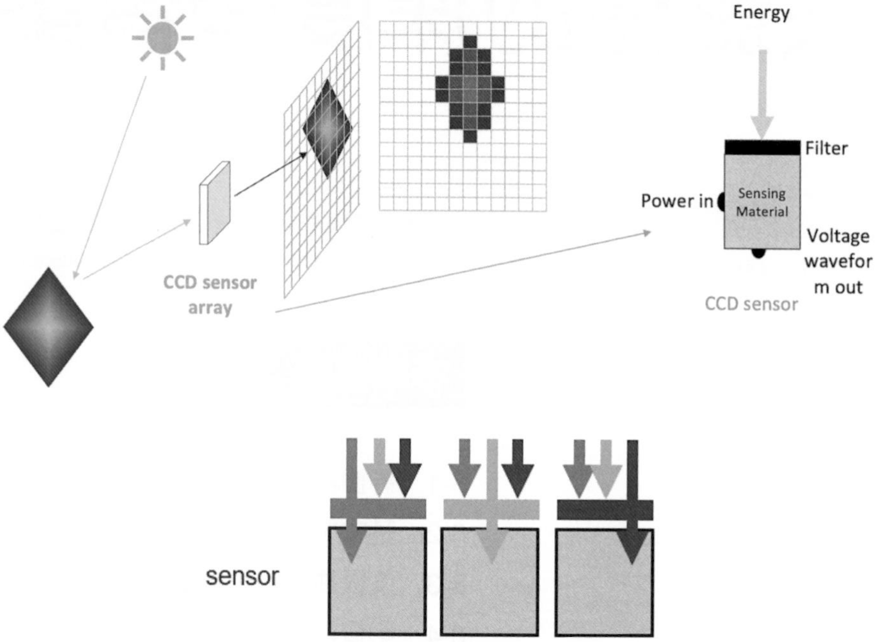

圖 8-1　影像的成像原理架構圖

由於人類的眼睛對於綠色較敏感，因此早期的拜爾濾色鏡以四個像素爲一個單位，其中紅色和藍色的濾色鏡各佔了一個單位，綠色則佔了兩個單位，形成如圖 8-2 的排列方式。

但是這樣記錄下來的影像，必定會充滿了馬賽克的圖案，因此還需要經過去馬賽克的運算，例如內插重構法便可使我們的影像變得平順。

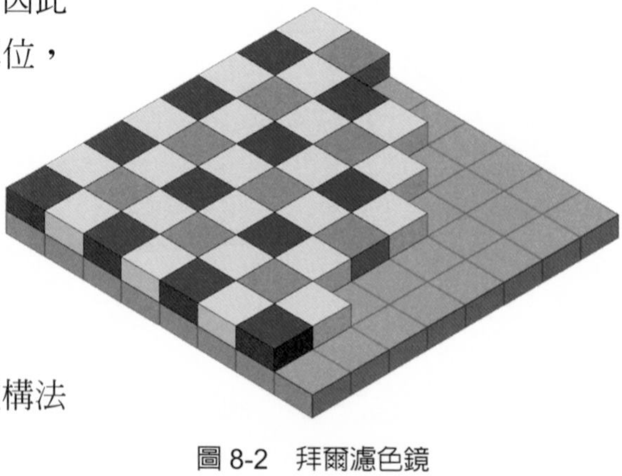

圖 8-2　拜爾濾色鏡

二、影像的儲存方式

我們知道任何色彩都可以由紅綠藍三個顏色組成，因此我們的影像會是由三個陣列資料 (紅色、綠色及藍色的陣列) 組合而成，每個像素值 (Pixel) 都會去參考這三個陣列中相對應的位置來呈現該像素的顏色。

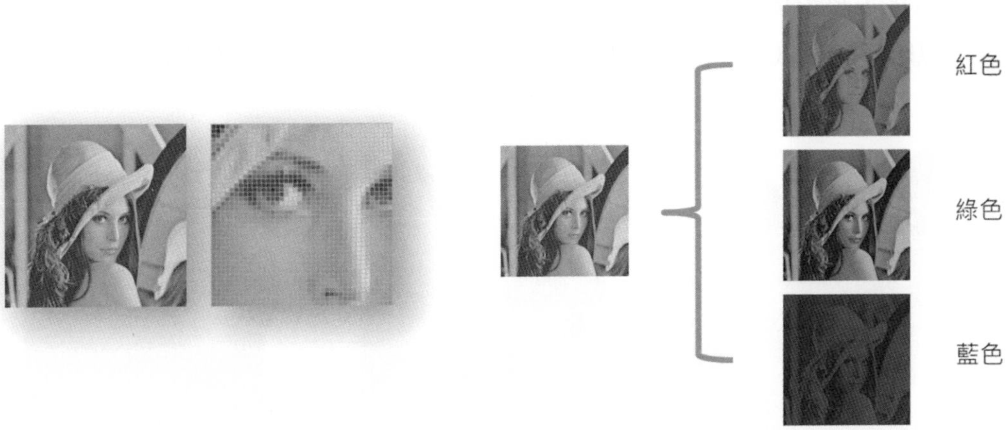

圖 8-3　影像的儲存方式

三、深度學習在影像中的應用分類

在影像的應用中，基本上可以分成如圖 8-4 的幾個等級，由低而高分別是影像處理、影像分析以及電腦視覺。其中影像處理是將影像轉換成另外一種影像，例如將受損的影像轉換成完整乾淨的影像，而影像分析是將影像中的特徵抽取出來，例如對影像中的物件輪廓感興趣，因此將輪廓邊都抽取出來。而電腦視覺，就是輸入一張影像，產生物件定位或辨識的結果，例如車牌辨識或人臉辨識。

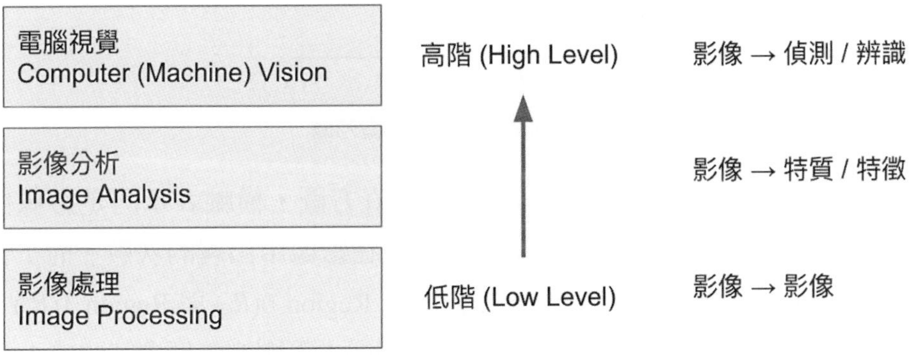

圖 8-4　影像應用關係圖

8-2 基本影像處理

二值化

二值化會應用在特定的情境，當我們不需要參考太多層級的影像強度時，就可以利用二值化，將影像用兩個數值表達 (用 0 或 1 表示)。我們將影像轉換成灰階圖後，就可以給定一個閾值，並將高於此閾值的值設爲 1，低於此閾值的設爲 0。

圖 8-5　影像全域二值化結果 (門檻值：240)

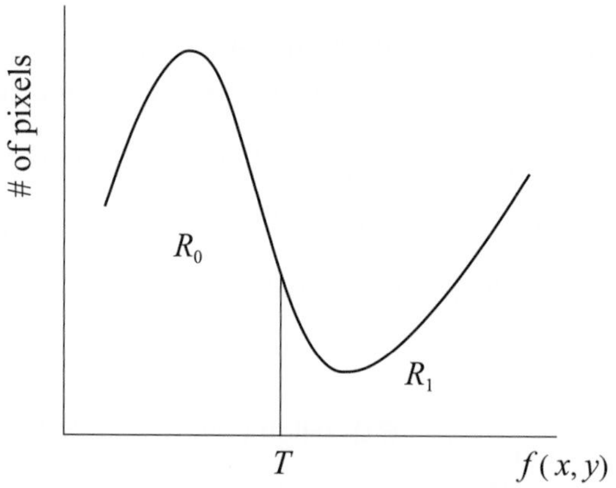

圖 8-6　影像強度 (Intensity) 直方圖

圖 8-6 表示的是某一張影像的強度 (Intensity) 直方圖，橫軸表示的是影像中位於 x, y 座標的像素強度。縱軸表示的是每一個強度在影像中出現的次數。而 T 表示的是閾值，閾值會將此分佈切成兩個區域，分別是 Region 0(R_0) 與 Region 1(R_1)，在 Region 0 範圍的強度會在二值化後被改成 0，在 Region 1 範圍的強度會被改成 1。

R_0：$0 \le f(x,y) \le T$

$$R_1 : T+1 \le f(x,y) \le 2^k - 1$$

上方式子表示的是原圖介於 0 到 T 之間的強度會被轉換成 0，而 T+1 至 2^{k-1} 的強度將會轉換成 1，其中 k 表示的是此圖的強度一共用多少個 bit 來儲存，若爲 8 個 bit，則代表最大的強度爲 2^{8-1} = 255，表示強度的可能範圍爲 0 ～ 255，而決定閾值的方式有很多種，以下列舉說明有哪些可能的做法：

A. 使用像素強度的期望值，計算的方式如下：

$$P(i) = \frac{n_i}{N}$$

N 表示的是影像總共的像素數量，而 n_i 表示的是影像中強度爲 i 的像素數量。$P(i)$ 表示的是某強度 (Intensity) 出現的機率，例如：$P(1)$ 表示強度爲 1 的像素出現機率，假設影像大小爲 36 個像素，而 1 出現了 9 次，$P(1)$ 變爲 9/36，依此類推。

期望值的計算方法便是將所有可能出現的強度值乘上出現的機率值再做加總，計算方式如下：

$$T = \sum_{i=0}^{2^k-1} p(i) \times i$$

但使用期望值的做法，經常不能好好地將物件分割出來，爲了能夠選擇更好的閾值，有人提出了以下演算法來計算合適的門檻值，分別是 Otsu's Algorithm 與 Kapur's Algorithm。

B. Otsu's Algorithm：

Otsu 提出的演算法，是根據強度的分佈，使

(1) 不同類的變異數達到最大值 (maximizing the between-class variance)

(2) 相同類的變異數達到最小值 (minimizing the within-class variance)。

在不同區域中的強度期望值計算方式如下：

$$W_0 = \sum_{i=0}^{T} P(i) \qquad W_1 = \sum_{i=T+1}^{2^k-1} P(i)$$

W_0 表示的是強度小於門檻值的機率，W_1 是強度大於門檻值的機率。

$$u_0 = E[I|R_0] = \sum_{i=0}^{T} P(i|R_0) \times i = \sum_{i=0}^{T} \frac{P(i)}{W_0} \times i$$

$$u_1 = E[I|R_1] = \sum_{i=T+1}^{2^k-1} P(i|R_1) \times i = \sum_{i=T+1}^{2^k-1} \frac{P(i)}{W_1} \times i$$

u_0 表示的是在 R_0 中的強度的平均值，u_1 表示的是在 R_1 中的強度的平均值。

而變異數的計算方法如下所示：

$$\sigma_0{}^2 = E[(I-u_0)^2|R_0] = \sum_{i=0}^{T} (i-u_0)^2 \frac{P(i)}{W_0}$$

$$\sigma_1{}^2 = E[(I-u_0)^2|R_1] = \sum_{i=/t+1}^{2^k-1} (i-u_1)^2 \frac{P(i)}{W_1}$$

$\sigma_0{}^2$ 表示的是在 R_0 中的強度的變異數，$\sigma_1{}^2$ 表示的是在 R_1 中的強度的變異數。另外，組內變異數以及組間變異數的計算方式如下：

$$\sigma_W{}^2 = W_0\sigma_0{}^2 + W_1\sigma_1{}^2$$

$$\sigma_B{}^2 = W_0(u_0-u_T)^2 + W_1(u_1-u_T)^2$$

經由以下的證明可以得知，總體的變異數會等於組間變異數加上組內變異數：

$$\sigma_T{}^2 = \sum_{i=0}^{2^k-1}(i-u_T)^2 P(i) = \sum_{i=0}^{T}(i-u_r)^2 P(i) + \sum_{i=T+1}^{2^k-1}(i-u_r)^2 P(i)$$

$$= \sum_{i=0}^{T}(i-u_0+u_0-u_r)^2 P(i) + \sum_{i=T+1}^{2^k-1}(i-u_1+u_1-u_r)^2 P(i)$$

$$= \sum_{i=0}^{T}[(i-u_0)^2 + 2(i-u_0)(u_0-u_r) + (u_0-u_r)^2]P(i)$$

$$+\sum_{i=T+1}^{2^k-1}[(i-u_1)^2 + 2(i-u_1)(u_1-u_r) + (u_1-u_r)^2]P(i)$$

$$= W_0\sum_{i=0}^{T}(i-u_0)^2\frac{P(i)}{W_0} + 2(u_0-u_r)\sum_{i=0}^{T}(i-u_0)P(i) + (u_0-u_r)^2\sum_{i=0}^{T}P(i)$$

$$+W_1\sum_{i=T+1}^{2^k-1}(i-u_1)^2\frac{P(i)}{W_1} + 2(u_1-u_r)\sum_{i=T+1}^{2^k-1}(i-u_1)P(i) + (u_1-u_r)^2\sum_{i=T+1}^{2^k-1}P(i)$$

$$\because \sum_{i=0}^{T}(i-u_0)^2\frac{P(i)}{W_0} = \sigma_0{}^2 \,\&\, \sum_{i=0}^{T}(i-u_0)P(i) = 0 \;\&\; \sum_{i=0}^{T}P(i) = W_0$$

$$\therefore \sigma_T{}^2 = W_0\sigma_0{}^2 + W_0(u_0-u_r)^2 + W_1\sigma_1{}^2 + W_1(u_1-u_r)^2 = \sigma_W{}^2 + \sigma_B{}^2$$

由於整體變異數不會因爲閾値的選擇而有所改變，因此，提升極大化組間變異數便可以同時極小化組內變異數的運算，故我們可以將目標放在找尋最大的組間變異數即可。

Otus'a algorithm 的範例操作如下：

2	12	12
2	10	10
3	3	4

假設我們有一張需要做二値化的 3 × 3 二値化影像如上表所示，會考量使用影像中不同的強度 (Intensity) 當作閾値，計算其組間誤差。

假設門檻値爲 2：

1. 計算 W_0 與 W_1：

$$W_0 = \sum_{i=2}^{2} P(i) = \frac{2}{9}$$

$$W_1 = 1 - W_0 = \frac{7}{9}$$

2. 計算不同組的平均數及整體平均：

$$u_0 = \sum_{i=2}^{2} \frac{P(i)}{W_0} \times i = 2$$

$$u_1 = \sum_{i=3}^{12} \frac{P(i)}{W_1} \times i = \frac{9}{7}\left(\frac{2}{9}\times 3 + \frac{1}{9}\times 4 + \frac{2}{9}\times 10 + \frac{2}{9}\times 12\right) = 7.71$$

$$u_T = W_0 u_0 + W_1 u_1 = \frac{2}{9}\times 2 + \frac{7}{9}\times 7.71 = 6.64$$

3. 計算組間變異數：

$$\sigma_B{}^2 = W_0(u_0 - u_T)^2 + W_1(u_1 - u_T)^2 = \frac{2}{9}(2-6.44)^2 + \frac{7}{9}(7.71-6.44)^2$$

接著我們要重複 1 ～ 3 的步驟並比較不同的閾値，找出能使得組間變異數最大的閾値。

Threshold	w_0	w_1	u_0	u_1	u_T	σ_B^2
2	$\frac{2}{9}$	$\frac{7}{9}$	2	7.7		$\frac{2}{9}(2-6.44)^2+\frac{7}{9}(7.7-6.44)^2=5.6156$
3	$\frac{4}{9}$	$\frac{3}{9}$	2.5	9.6		$\frac{4}{9}(2.5-6.44)^2+\frac{3}{9}(9.6-6.44)^2=10.2279$
4	$\frac{5}{9}$	$\frac{4}{9}$	2.8	11	6.44	$\frac{5}{9}(2.8-6.44)^2+\frac{4}{9}(11-6.44)^2=16.6024$
10	$\frac{7}{9}$	$\frac{2}{9}$	4.8	12		$\frac{7}{9}(4.8-6.44)^2+\frac{2}{9}(12-6.44)^2=8.9614$
12	$\frac{9}{9}$	0	6.4	0		$\frac{9}{9}(6.44-6.44)^2=0$

經由以上的計算，我們會發現當門檻在 4 的時候可以獲得最大的組間變異數，因此將門檻值設在 4。原圖在做完 Otus' Algorithm 後會產生以下結果：

2	12	12
2	10	10
3	3	4

$$\longrightarrow \quad \begin{cases} 0, \text{ if } i \le 4 \\ 1, \text{ if } i > 4 \end{cases}$$

0	1	1
0	1	1
0	0	0

C. Kapur's Algorithm

接著要介紹的是 Kapur 的演算法，這個演算法會透過計算 Entropy，來決定閾值。

計算的流程如下：

1. 分別計算在 R_0 及 R_1 範圍中的每個強度 (Intensity, i) 出現的條件機率值。

$$P(i|R_0)=\frac{P(i)}{W_0}\text{，for } i=0\sim T$$

$$P(i|R_1)=\frac{P(i)}{W_1}\text{，for } i=T+1\sim 2^k-1$$

其中：$W_0=\sum_{i=0}^{T}P(i)$

$$W_1=\sum_{i=T+1}^{2^k-1}P(i)$$

2. 以 R_0 為例，就是計算 0 到 T 的每個強度的條件機率值。

$$\text{Entropy for } R_0 \rightarrow H_0(T) = -\sum_{i=0}^{T} P(i|R_0)\log P(i|R_0)$$

$$\text{Entropy for } R_1 \rightarrow H_1(T) = -\sum_{i=T+1}^{2^k-1} P(i|R_1)\log P(i|R_1)$$

3. 接者我們要找到能使得 Entropy 最大的門檻值，即：

$$T^* = \arg\max_T (H_0(T) + H_1(T))$$

我們需要分別去計算閾值以下、閾值以上的 Entropy，並找到能使得 Entropy 最大的門檻值 T。

假設有一張圖的影像強度如下：

1	1	1	1	1	1
5	1	2	2	2	6
3	1	5	4	6	5
3	4	4	2	4	5
2	6	6	4	5	5
6	5	3	6	6	1

接著會根據每個強度在影像中出現的機率，製作以下機率表格：

$P(1)$	9/36
$P(2)$	5/36
$P(3)$	3/36
$P(4)$	5/36
$P(5)$	7/36
$P(6)$	7/36

接下來我們會計算，不同門檻值的前提下，在門檻值以上和以下的 Entropy 總和。

以門檻值爲 2 爲例：

小於等於 2 的強度一共有 14 個像素，其中出現強度爲 1 的次數爲 9，強度爲 2 的次數爲 5。故其條件機率分別爲 9/14 與 2/14。

大於 2 的強度則有 22 個，其中出現強度爲 3、4、5、6 的次數分別爲 3 次、5 次、7 次、7 次，故其條件機率分別爲 3/22、5/22、7/22、7/22。

因此，

R_0 的 Entropy 爲 – (9/14)log(9/14) – (5/14)log(5/14)；

R_1 的 Entropy 爲 – (3/22)log(3/22) – (5/22)log(5/22) – (7/22)log(7/22) – (7/22)log(7/22)。

接者計算在不同門檻時，R_0 以及 R_1 的 Entropy，計算如下：

- 當門檻值爲 1 時：

  – (9/9)log(9/9) – (5/27)log(5/27) – (3/27)log(3/27) – (5/27)log(5/27) – (7/27)log(7/27) – (7/27)log(7/27) = 0.681

- 當門檻值爲 2 時：

  – (9/14)log(9/14) – (5/14)log(5/14) – (3/22)log(3/22) – (5/22)log(5/22) – (7/22)log(7/22) – (7/22)log(7/22) = 0.863

- 當門檻值爲 3 時：

  – (9/17)log(9/17) – (5/17)log(5/17) – (3/17)log(3/17) – (5/19)log(5/19) – (7/19)log(7/19) – (7/19)log(7/19) = **0.907**

- 當門檻值爲 4 時：

  – (9/22)log(9/22) – (5/22)log(5/22) – (3/22)log(3/22) – (5/22)log(5/22) – (7/14)log(7/14) – (7/14)log(7/14) = 0.870

- 當門檻值爲 5 時：

  – (9/29)log(9/29) – (5/29)log(5/29) – (3/29)log(3/29) – (5/29)log(5/29) – (7/29)log(7/29) – (7/7)log(7/7) = 0.671

- 當門檻值爲 6 時：

  – (9/36)log(9/36) – (5/36)log(5/36) – (3/36)log(3/36) – (5/36)log(5/36) – (7/36)log(7/36) – (7/36)log(7/36) = 0.755

據上述計算，門檻位於 3 時，能有最大的 Entropy。所以會決定將門檻設於 3。原圖在做完 Kapur's Algorithm 後會產生以下結果：

1	1	1	1	1	1
5	1	2	2	2	6
3	1	5	4	6	5
3	4	4	2	4	5
2	6	6	4	5	5
6	5	3	6	6	1

$$\begin{cases} 0, \text{if } i \leq 3 \\ 1, \text{if } i > 3 \end{cases}$$

0	0	0	0	0	0
1	0	0	0	0	1
0	0	1	1	1	1
0	1	1	0	1	1
0	1	1	1	1	1
1	1	0	1	1	0

以上決定單一閾值套用於整張影像上的作法，被稱作全域閾值化 (Global Thresholding)。但某些情況下，例如亮度不均勻時，全域二值化就不能好好的將物件分割出來，因此我們也可以使用自適應二值化 (Adaptive Thresholding) 來分割圖片，自適應二值化會考慮區域性的像素強度，來調整門檻值，可以細分成兩種，分別是平均自適應二值化及高斯自適應二值化。平均自適應二值化是將區域中的灰階值做平均算得門檻值，高斯自適應二值化則是對區域的灰階值做高斯濾波後的數值當作門檻。

以下是二值化的範例程式碼：

```
import cv2
import matplotlib.pyplot as plt
img = cv2.imread('img.png', 0)
ret, th1 = cv2.threshold(img, 240, 255, cv2.THRESH_BINARY)
plt.imshow(cv2.cvtColor(th1, cv2.COLOR_BGR2RGB))
plt.show()
```

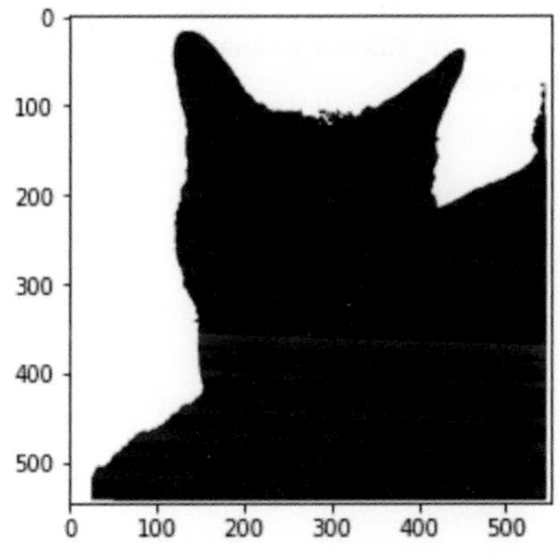

圖 8-7　全域二值化程式碼 (門檻值：240)

在圖 8-7 程式碼中，會將影像以灰階的方式讀入，接者會使用 cv2.threshold 做二值化，其中參數的部分，第一個參數要放入的是需要做二值化的灰階影像，240 表示的是閾值，255 則代表二值化後最大的強度，cv2.THRESH_BINARY 表示會將大於閾值的設爲最大強度，小於閾值的設爲 0。這個位置還可以放入其他的選項，例如：

(1) cv2.THRESH_BINARY_INV ：大於閾值的設成 0，小於則設成最大值。

(2) cv2.THRESH_TRUNC：將大於閾值的設成閾值，小於閾值的設成 0。

(3) cv2.THRESH_TOZERO：將小於閾值的設成 0，大於閾值的不變。

(4) cv2.THRESH_TOZERO_INV：小於閾值的不變，大於閾值的設成 0。

圖 8-8　影像自適應二值化 (高斯法) 結果

而自適應二值化的範例程式碼如下：

```
import cv2
import matplotlib.pyplot as plt
img = cv2.imread('img.png', 0)
th3 = cv2.adaptiveThreshold(img,255,cv2.ADAPTIVE_THRESH_GAUSSIAN_C, cv2.THRESH_BINARY,11,2)
plt.imshow(cv2.cvtColor(th3, cv2.COLOR_BGR2RGB))
plt.show()
```

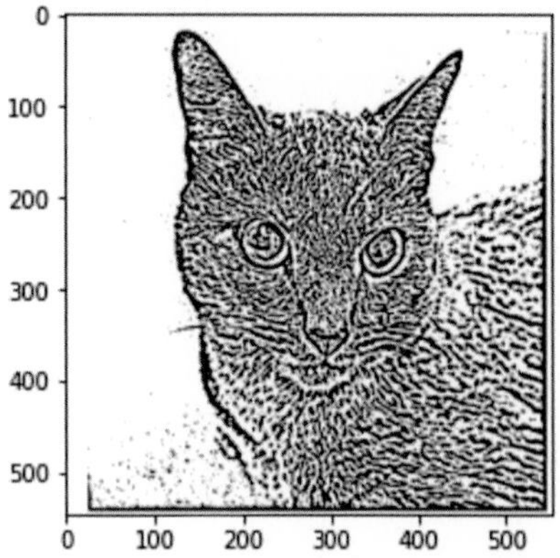

圖 8-9　影像自適應二值程式碼

在圖 8-9 的程式碼中，我們先讀入了灰階影像，接著使用 cv2.adaptiveThreshold() 做自適應二值化，第一個參數 img 表示的是需要做二值化的影像。第二個參數 255 表示的是最大強度，第三個參數若傳入 cv2.ADAPTIVE_THRESH_GAUSSIAN_C 表示的是會做高斯二值化，若使用 cv2.ADAPTIVE_THRESH_MEAN_C 表示會使用區域平均當作閾值。第四個參數的用途與先前介紹的用法相同，cv2.THRESH_BINARY 表示會將大於閾值的設爲最大強度，小於閾值的設爲 0，同樣也可以傳入其他參數。第五個參數則表示要參考的區域範圍有多大，11 表示會使用 11 × 11 大小的範圍。最後一個參數表示的是常數的偏移量，通常爲正數，但也可以是 0 或是負數，表示會將求到的閾值做偏移。

在後面的章節中，我們會介紹深度學習在二值化的應用。

8-3 邊緣抽取、影像增強與校正

一、邊緣抽取算子 (Edge Extraction)

1. 拉普拉斯算子 (Laplacian Operator)

0	1	0
1	−4	1
0	1	0

拉普拉斯算子經常被用來抽取影像的邊緣輪廓。通常在做拉普拉斯轉換前，可以先將圖片做二值化，將物體與背景做出明顯的區分，再對二值化的結果做拉普拉斯運算，將輪廓抽取出來。其中拉普拉斯運算是將我們的影像與上方的遮罩 (Mask) 進行卷積運算，其程式碼如圖 8-10 所示：

```
import cv2
import numpy as np
import matplotlib.pyplot as plt
```

```
img = cv2.imread('cat.jpg',0)
plt.imshow(cv2.cvtColor(img, cv2.COLOR_BGR2RGB))
plt.show()
_, threshold_out = cv2.threshold(img, 240, 255, cv2.THRESH_BINARY)
plt.imshow(cv2.cvtColor(threshold_out, cv2.COLOR_BGR2RGB))
plt.show()
```

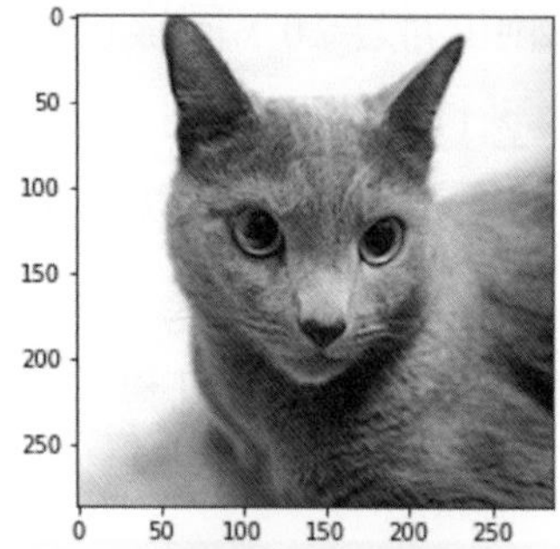

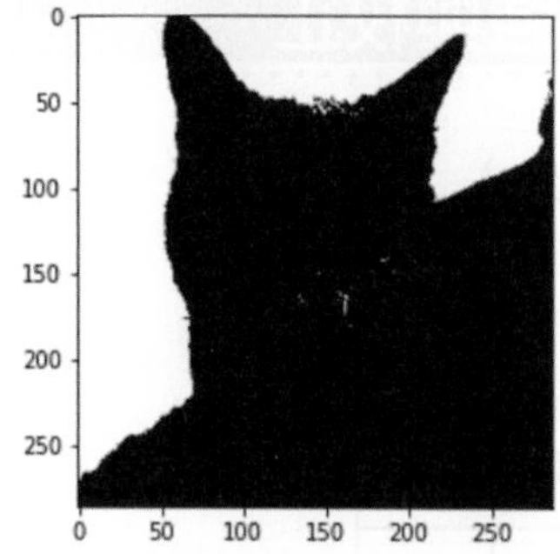


```
kernel = np.array(([0, -1, 0],
                   [-1, 4, -1],
                   [0, -1, 0]),dtype="int8")
laplacian_out = cv2.filter2D(threshold_out, -1, kernel)
plt.imshow(cv2.cvtColor(laplacian_out, cv2.COLOR_BGR2RGB))
plt.show()
```

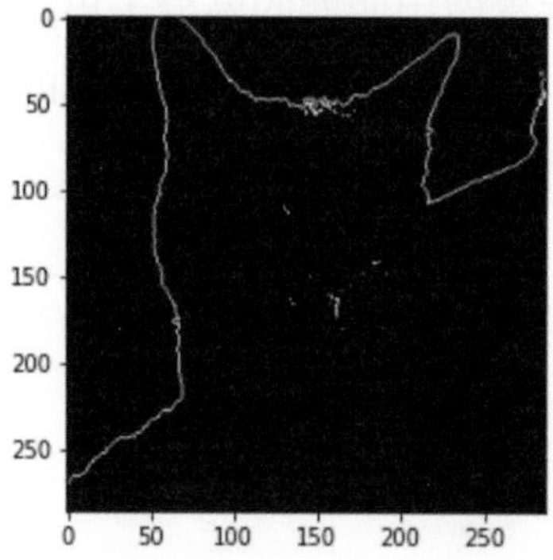

圖 8-10　拉普拉斯運算子程式碼

2. 索伯算子 (Sobel Operator)

X 方向核 (X-direction kernel)：

−1	0	1
−2	0	2
−1	0	1

Y 方向核 (Y-direction kernel)：

−1	−2	−1
0	0	0
1	2	1

索伯算子也經常被用來抽取輪廓特徵，它能將不同方向的輪廓抽取出來。

我們可以使用 X 方向的核 (X-direction kernek) 來抽取水平的特徵，如圖 8-11 的程式碼所示：

```
kernel = np.array(([1, 0, -1],
                   [2, 0, -2],
                   [1, 0, -1]),dtype="int")
sobel_out2 = cv2.filter2D(threshold_out, -1, kernel)
plt.imshow(cv2.cvtColor(sobel_out2, cv2.COLOR_BGR2RGB))
plt.show()
```

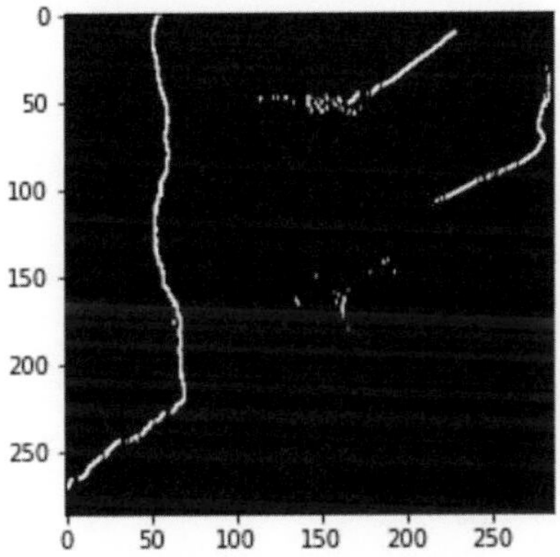

圖 8-11　用索伯算子抽取水平方向的特徵

另外，我們可以使用 Y 方向的核 (Y-direction kernek) 來抽取垂直方向的特徵。如圖 8-12 的程式碼所示：

```
kernel = np.array(([1, 2, 1],
                   [0, 0, 0],
                   [-1, -2, -1]),dtype="int")
sobel_out1 = cv2.filter2D(threshold_out, -1, kernel)
plt.imshow(cv2.cvtColor(sobel_out1, cv2.COLOR_BGR2RGB))
plt.show()
```

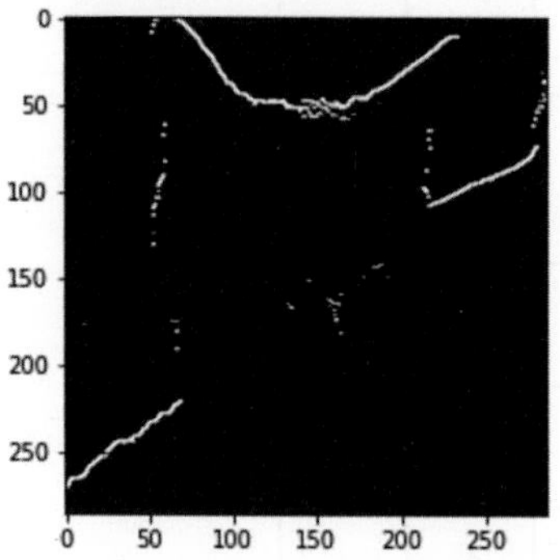

圖 8-12　用索伯算子抽取垂直方向的特徵

最後我們可以將水平與垂直的輪廓整合，抽取出物體的邊緣特徵，如圖 8-13 的程式碼所示：

```
sobel_out1 = sobel_out1.astype(np.int32)
sobel_out2 = sobel_out2.astype(np.int32)
sobel_out = np.sqrt(sobel_out1**2+sobel_out2**2)
sobel_out = sobel_out.astype(np.uint8)
```

```
plt.imshow(cv2.cvtColor(sobel_out, cv2.COLOR_BGR2RGB))
plt.show()
```

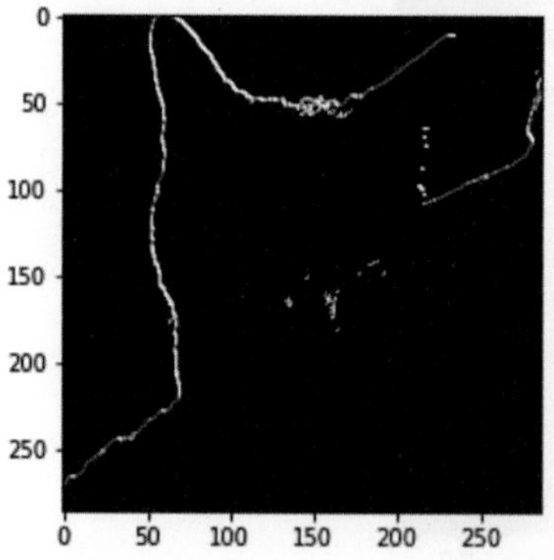

圖 8-13　索伯運算子程式碼

二、影像增強與校正 (Image Enhancement and Correction)

1. 直方圖均衡化 (Histogram Equalization, HE)

從以前到現在有許多方法可以還原影像，對比度增強即是一項技術，與對比度增強相關的眾多方法中，最常見且使用最廣泛的就是直方圖均衡化，因爲這個方法執行簡單，而且增強效果良好。

直方圖均衡化的概念如圖 8-14，概念是將原始影像像素的強度分布均衡地映射到整個色彩區域內，產生一個色彩強度均勻分布的圖像，也可以說是透過拉伸圖像像素的強度分布範圍來提升對比度，但是直方圖均衡化沒辦法應用在所有的場景，例如水下影像這種偏藍或偏綠的影像上，可能產生增強不足或過度增強，如圖 8-15 所示，此水下影像取自 UIEB 公開資料集 (參考：Li, C., Guo, C., Ren, W., Cong, R., Hou, J., Kwong, S., & Tao, D., 2019)。

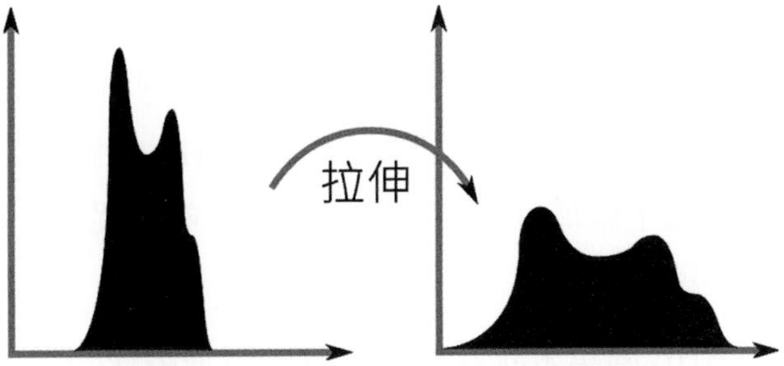

圖 8-14　直方圖均衡化映射示意圖

圖 8-15　直方圖均衡化結果

2. 限制對比度自適應直方圖均衡化 (Contrast Limited Adaptive Histogram Equalization, CLAHE)

直方圖均衡化 (HE) 在一張影像如果具有大面積的亮區或暗區的情況下，增強的效果通常表現不佳，因爲 HE 這個方法在灰度非常集中的區塊，直方圖會被拉伸的過於稀疏，導致對比度過度增強，因此有了加入對比度限制的想法被提出，也就是限制對比度均衡化 (Contrast Limited HE, CLHE)，CLHE 的原理就是給予直方圖分布的閾值，將大於閾值的分布均勻的分散在機率密度的分布上，以此來限制轉換函式增加的幅度，概念如圖 8-16 所示。

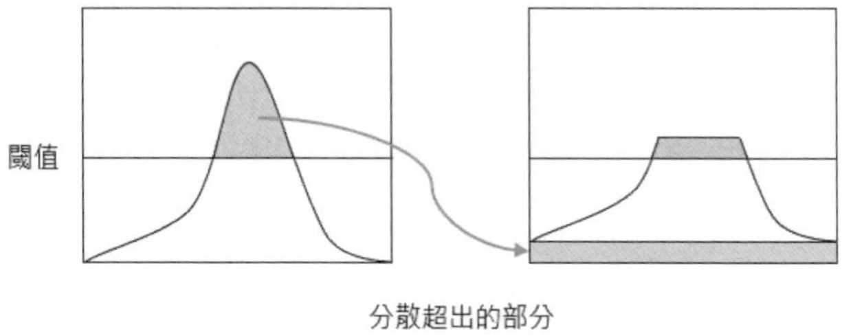

圖 8-16　限制對比度均衡化演算法

另外，在使用 HE 這個方法的時候也經常會使一些細節內容損失，因此有了自適應均衡化 (Adaptive HE, AHE) 的想法出現，AHE 的做法是會將原圖劃分成多個子區域，然後對每個子區域都進行 HE 的轉換，並且提出雙線性插值的 AHE 來解決子區域之間不連續的狀況。

綜合以上，CLAHE 簡單來說就是可以做到增強影像的對比度，同時還能抑制噪聲 (Noise)，當影像中涵蓋過暗、過曝的區塊，此時套用 CLAHE，能夠在減緩雜點發生的條件下，視覺上使原本低對比區域的內容更加彰顯。因此 CLAHE 可以看做是 AHE 的一種變體，即是將 CLHE 與 AHE 的概念作結合的一個演算法，此演算法之增強效果如圖 8-17 所示，影像取自 AI CUP「2021 的繁體中文場景文字辨識競賽」。

原圖　　限制對比度自適應直方圖均衡

圖 8-17　CLAHE 增強效果示意圖

3. 白平衡 (White Balance)

白平衡的主要目的是要讓圖片中白色的物體在不同的光源之下，仍能呈現白色的樣子，爲什麼會這樣說呢？是因爲在不同的色溫底下，人眼的適應性可以讓我們感受顏色時，隨著環境的光源很快地進行調整，並準確的判斷出白色，但是使用相機拍出的照片就沒有辦法正確的紀錄物體的色彩，不然就是會與我們人眼看到的顏色有些落差，這主要是因爲在不同的色溫下會讓圖像出現色偏的問題，因此白平衡的演算法就是要解決這樣的問題。圖 8-18 爲採用 RUIE 資料集 (參考：R. Liu, X. Fan, M. Zhu, M. Hou, and Z. Luo, 2020) 的一張水下影像並進行白平衡後的結果。

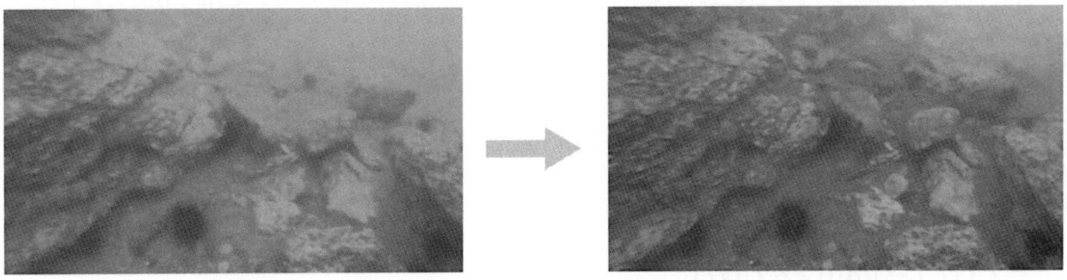

原圖　　白平衡

圖 8-18　白平衡演算法執行結果

4. 灰界理論演算法 (Gray World Theory)

灰界理論演算法也可稱爲灰度世界演算法，是最常使用的白平衡算法之一，它提出「人眼所感知之影像刺激量，紅綠藍光總刺激量相等」的假設，簡單來說就是經過人眼所感知到的自然影像之色彩分佈是均勻的，也就是紅、綠、藍三個通道的平均值是等量的，即一個灰值的 *RGB* 數值。

灰度世界演算法是以灰界理論的假設作爲基礎，此假設認爲對於一張具有大量色彩變化的影像，紅、綠、藍 (*RGB*) 三個通道分量的平均值會趨於同一個灰度值 *GS*。物理意義上來說，這個方法假設自然景象對於光線反射的平均均值爲一個定值，而這個定值近似於 " 灰色 "，此算法便將這個假設強制應用於待處理的影像來消除環境光在影像中的影響，並獲得原始的場景影像。

接著要介紹灰界理論演算法的執行步驟，大致可分爲三個步驟：

(1) 先確定灰度值 *GS*，方法有兩種，一爲計算影像中三個通道 *R*、*G*、*B* 的平均值，定義爲 $\overline{R}$、$\overline{G}$、$\overline{B}$，因此平均值爲 $GS = \frac{\overline{R}+\overline{G}+\overline{B}}{3}$，另一個方法是 *GS* 取固

定值，例如對於一張 0 ～ 255 的影像，可以取最亮的灰度值的一半，其值即爲 128。

(2) 計算 R、G、B 三個通道的增益係數，公式表示爲：

$$\text{gain}_R = \frac{GS}{\bar{R}}$$

$$\text{gain}_G = \frac{GS}{\bar{G}}$$

$$\text{gain}_B = \frac{GS}{\bar{B}}$$

(3) 依據 Von Kries 對角模型，計算影像中每個像素 P 經過調整後的 R、G、B 分量，此過程表示爲：

$$P(R') = \text{gain}_R \times P(R)$$

$$P(G') = \text{gain}_G \times P(G)$$

$$P(B') = \text{gain}_B \times P(B)$$

Von Kries 對角模型提出可以用一個對角矩陣變換來描述在兩種光照的條件下，同一物體表面顏色之間的關係。此理論假設在光源 L_1 與 L_2 下感知到的物體之 R、G、B 值分別爲 $RGB_1 = [R_1,G_1,B_1]$ 及 $RGB_2 = [R_2,G_2,B_2]$，根據 Von Kries 的對角理論，RGB_1 與 RGB_2 兩者存在以下轉換的關係：

$$\begin{bmatrix} R_2 \\ G_2 \\ B_2 \end{bmatrix} = \begin{bmatrix} \omega_r & 0 & 0 \\ 0 & \omega_g & 0 \\ 0 & 0 & \omega_b \end{bmatrix} \times \begin{bmatrix} R_1 \\ G_1 \\ B_1 \end{bmatrix}$$

其中 ω_r、ω_g、ω_b 分別代表的是 R、G、B 三個通道的校正係數。

總的來說，灰度世界演算法是一個快速又簡單的方法，在面對具有豐富色彩的影像時，也能發揮不錯的白平衡效果。而缺點則是如果影像本身沒有產生色偏或是出現大塊的單色物體時，使用此方法就會做出錯誤的調整，例如影像中有一片大海時，就有可能被誤認爲整張影像偏藍。

8-4 影像辨識與分類

一、以芒果辨識為例：

此芒果辨識的任務是要辨識不良品，類別有五種：乳汁吸附、機械傷害、炭疽病、著色不佳、黑斑病。我們會根據標籤座標去標出每一張圖片所框出類別特徵的邊界框 (bounding box)，另外也會對所有的 x, y 座標做標準化 (normalization)，以符合我們所使用的偵測模型。此外，除了原圖之外，我們嘗試對影像做裁切處理，如圖 8-19 所示，我們觀察每一張影像的邊緣，將邊緣裁切至貼齊影像中的芒果的邊緣，讓模型不會去學到太多不重要的邊緣內容，以測試是否能提升辨識的結果。圖 8-20 呈現的是透過訓練出的模型所辨識芒果不良品的結果。範例所使用之圖片皆取自 AI CUP「2020 台灣高經濟作物 – 愛文芒果影像辨識正式賽」。

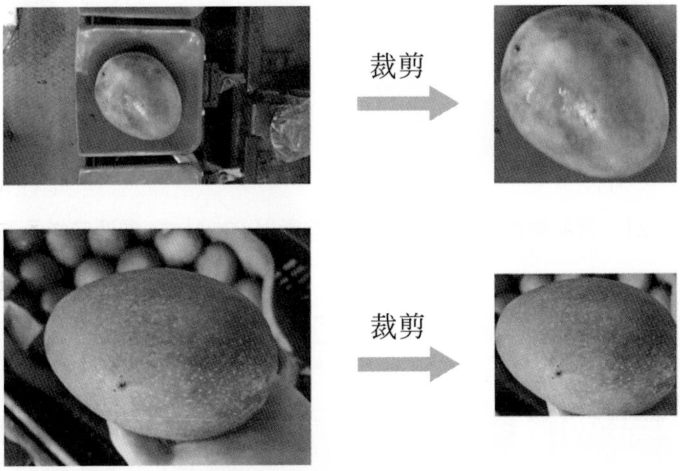

圖 8-19　對芒果圖像做裁切之示意圖

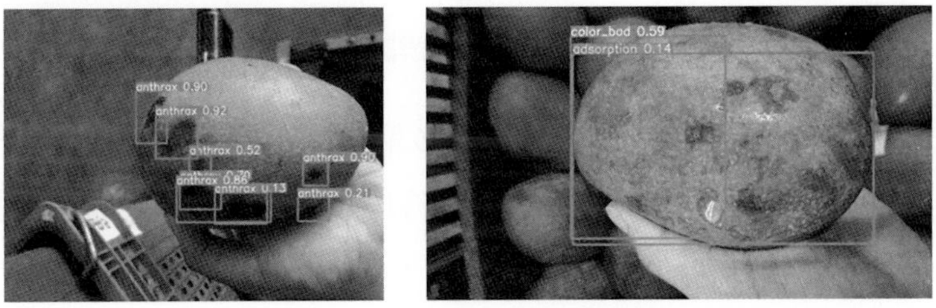

圖 8-20　偵測芒果不良品結果圖

二、以場景文字辨識為例：

此場景文字辨識的目標爲利用機器學習或是深度學習的技術，定位畫面中肉眼可見的文字及其位置，並開發適合的模型來偵測這些街景畫面中的文字區域，而這些街景皆爲台灣市區的景象。對於這個任務，我們先對取得的資料做前處理，前處理的內容包含從 json 檔案中將 *x*, *y* 座標位置取出、處理邊界框所框出的範圍、根據使用的模型將資料轉換成正確的型態等等，另外我們應用 CLAHE 演算法於訓練集的影像，透過這些增強後的影像來達到資料擴增的效果，由圖 8-21 中可以明顯看到經過 CLAHE 處理後，原本較暗的區域提亮許多。而圖 8-22 呈現的是透過訓練好的模型所辨識出的文字位置結果。範例所使用之圖片皆取自 AI CUP「2021 繁體中文場景文字辨識競賽」。

圖 8-21　限制對比度自適應直方圖均衡化 (CLAHE) 處理前後示意圖

圖 8-22　文字辨識結果

在物件偵測模型架構後，我們可以從眾多輸出的候選框中，選擇出最終預測框，Non-Maximum Suppression (NMS) 是常用的演算法。NMS 透過各框的信心分數排序、框與框的 IoU(全名爲 Intersection over Union，是測量在特定數據集中檢測相應物體準確度的一個標準) 門檻値，來篩去多餘物件框找到最佳預測框。在偵測後處理階段，可以以 NMS 方法做結果的整合，圖 8-23 的左圖與中間圖爲兩模型之輸出結果，右圖爲經過 NMS 後之結果。可以看到 NMS 結合前兩個模型的輸出結果，框出更多的文字框。

圖 8-23　NMS 處理示意圖

那上述提到的 IoU 是什麼呢？ IoU(Intersection over Union) 是用來測量特定數據集中，檢測相應物體準確度的一個標準，計算出來的值會介於 0 ～ 1 之間，如果 IoU = 0，表示模型預測出的位置與標準答案完全不重疊，但若 IoU = 1 就代表模型預測出的位置與標準答案完全吻合，IoU 計算的公式如下所示：

$$\text{IoU}=\frac{\text{Area of Overlap}}{\text{Area of Union}}$$

以公式的角度來看，IoU 即為預測的物件區域與眞實的物件區域之交集，除以上述兩個物件區域的聯集，示意圖如圖 8-24 所示，一個框為預測的邊界框 (predicted bounding box)，另一個為眞實答案的邊界框 (ground truth bounding box)：

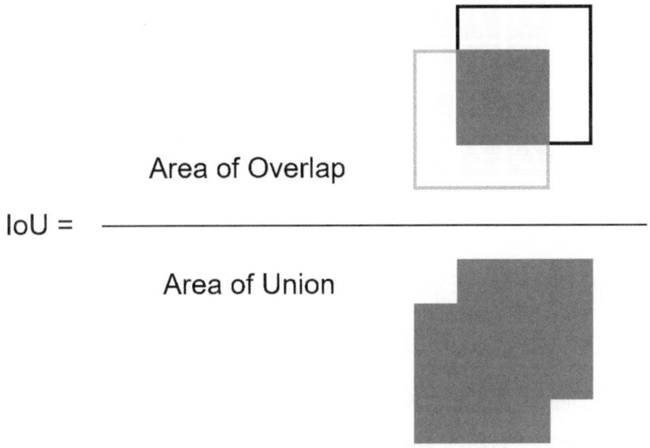

圖 8-24　IoU 計算公式與其示意圖

至於 IoU 的值，一般判斷的基準為 0.5，也就是說 IoU 的分數若大於 0.5，即可以算是不錯的結果，物件辨識率的好壞以圖 8-25 做一個簡單的表示，其中右上方的框皆為預測邊界框：

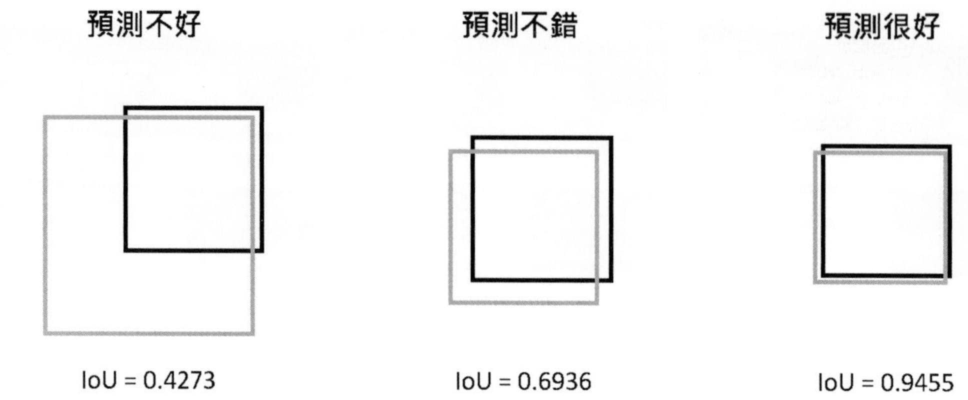

圖 8-25　IoU 結果之比較示意圖

三、以手寫數字辨識為例：

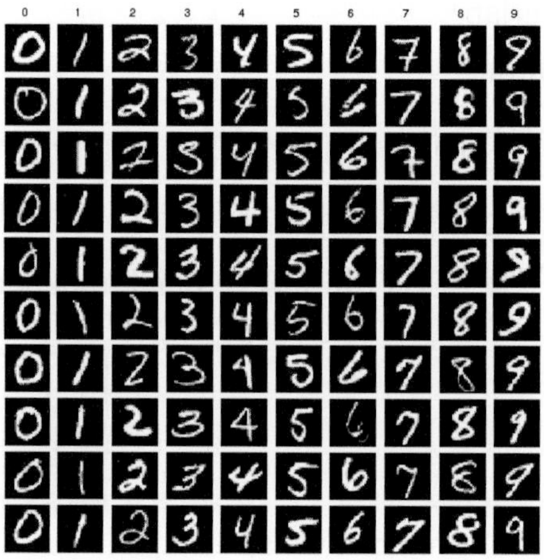

圖 8-26　Mnist 資料圖

MNIST 資料集是個著名的手寫數字資料集，其中包含手寫數字 0 ～ 9 的資料集，訓練資料集有 60000 張，測試資料集則有 10000 張，圖片大小 28 × 28 像素。而手寫數字辨識可以使用我們過去學過的 CNN 網路來進行學習與分類，範例程式碼如下，我們可以使用第六章提到的 VGG 網路來抽取特徵，並修改網路後面的幾層以滿足我們的分類需求，範例程式碼如圖 8-27 所示：

```
class VGGNet(nn.Module):                                    # 定義 VGG 網路
    def __init__(self, num_classes=10):
        super(VGGNet, self).__init__()
        net = models.vgg16(pretrained=True)                 # 使用預先訓練好的VGG來抽取特徵
        self.features = net
        self.classifier = nn.Sequential(                    # 定義線性轉換、激活函數以及輸出層
                nn.Linear(512 * 7 * 7, 512),
                nn.ReLU(True),
                nn.Dropout(),
                nn.Linear(512, 128),
                nn.ReLU(True),
                nn.Dropout(),
            nn.Linear(128, num_classes),                    # 輸出的特徵長度為分類數
                                                            # 此處為10, 因為 mninst 一共有 10 個數字
        )

    def forward(self, x):                                   # 定義資料如何傳遞, x 表示傳入的特徵
        x = self.features(x)                                # 使用 VGG 抽取特徵
        x = x.view(x.size(0), -1)                           # 將特徵攤平
        x = self.classifier(x)                              # 經過幾層MLP、激活函數並輸出結果
        return x
```

圖 8-27　根據 Mnist 分類任務客製化的 VGG 網路

在 __init__ 中，我們會定義一些網路層，其中我們載入訓練好的 VGG 網路來幫助抽取特徵，並在後方接上數個全連階層及激活函數，最後輸出長度為 10 的向量，做為每個分類的預測機率。

```
DOWNLOAD_MNIST = True                                   # 定義是否要下載 Mnist 資料集

train_data = torchvision.datasets.MNIST(                # 準備 Mnist 訓練集
    root='./mnist',
    train=True,
    transform=torchvision.transforms.ToTensor(),        # 將資料轉換成 tensor
    download=DOWNLOAD_MNIST
)
test_data = torchvision.datasets.MNIST(                  # 準備 Mnist 測試集
    root='./mnist/',
    train=False,
    transform=torchvision.transforms.ToTensor(),        # 將資料轉換成 tensor
    download=DOWNLOAD_MNIST,
)

train_loader = Data.DataLoader(dataset = train_data, batch_size = BATCH_SIZE, shuffle=True)  # 定義訓練集的 dataloader
test_loader = Data.DataLoader(dataset = test_data, batch_size = BATCH_SIZE, shuffle=True)    # 定義測試集的 dataloader
```

圖 8-28　使用 torchvision 套件來下載 MNIST 資料並建構 dataloader

在圖 8-28 中則展示如何使用 torchvision 下載 MNIST 資料並建構 dataloader。其中 root 需要給定資料集的存放位置 (範例會將資料集存在 mnist 的資料夾中)。

```
vgg = VGGNet()                                                       # 實例化事先定義好的網路
optimizer = torch.optim.Adam(vgg.parameters(), lr=LR)               # 定義優化器，使用Adam作為優化器
loss_function = nn.CrossEntropyLoss()                                # 定義損失函數，使用CrossEntropyLoss
if if_use_gpu:                                                       # 是否要使用GPU進行訓練
    vgg = vgg.cuda()                                                 # 若為是：將網路傳至GPU

for epoch in range(10):                                              # 開始訓練網路
    for step, (x, y) in enumerate(train_loader):                     # 將訓練資料迭代取出
        b_x = Variable(x, requires_grad=False)
        b_y = Variable(y, requires_grad=False)
        if if_use_gpu:                                               # 是否要使用GPU進行訓練
            b_y = b_y.cuda()                                         # 若為是：將訓練資料傳至GPU

        b_c = torch.zeros([BATCH_SIZE,3,28,28])                      # 將單通道圖轉換成三通道圖
        for i in range(len(b_x)):
            c = torch.cat((b_x[i],b_x[i],b_x[i]),0)
            b_c[i] = c

        b_c = F.interpolate(b_c,scale_factor=2,mode="bilinear", align_corners=True) # 將輸入圖做雙線性內插
        b_c = b_c.cuda()
        output = vgg(b_c)                                            # 將影像資料傳入網路中
        loss = loss_function(output, b_y)                            # 將網路的輸出與標準答案傳入損失函數，計算損失
        optimizer.zero_grad()                                        # 將優化器中的梯度設為 0
        loss.backward()                                              # 反向傳播計算梯度
        optimizer.step()                                             # 優化器進行模型參數更新

        if step % 1000 == 0:                                         # 每100steps 輸出一次train loss
            print('Epoch:', epoch, '|step:', step, '|train loss:%.4f'%loss.data)

torch.save(vgg.state_dict(), "./vgg.pt")                             # 訓練完成後將模型參數存起來
```

圖 8-29 訓練 VGG 網路

```
vgg = VGGNet()
vgg.load_state_dict(torch.load("./vgg.pt", map_location="cuda:0"))  # 將先前訓練好的結果讀入
if if_use_gpu:                                                       # 是否要使用GPU進行訓練
    vgg = vgg.cuda()                                                 # 若為是：將網路傳至GPU

error = 0
for step, (x, y) in enumerate(test_loader):                          # 將資料迭代產生出來
    b_x = Variable(x, requires_grad=False)
    b_y = Variable(y, requires_grad=False)
    if if_use_gpu:                                                   # 是否使用GPU
        b_x = b_x.cuda()                                             # 將測試資料移至GPU
        b_y = b_y.cuda()

    b_c = torch.zeros([1,3,28,28])                                   # 將單通道圖轉換成三通道圖
    for i in range(len(b_x)):
        c = torch.cat((b_x[i],b_x[i],b_x[i]),0)
        b_c[i] = c

    b_c = b_c.cuda()
    b_c = F.interpolate(b_c,scale_factor=2,mode="bilinear", align_corners=True) # 將輸入圖做雙線性內插

    output = vgg(b_c)                                                # 將影像資料傳入網路中，產生預測結果
    result = torch.argmax(output,dim=1)

    A = result.tolist()
    B = b_y.tolist()

    if A[0] != B[0]:                                                 # 計算錯誤次數
        error+=1

error_rate = error/10000                                             # 計算錯誤率及準確率
print("The error rate is ", error_rate*100,"%")
print("The accuracy rate is ", (1-error_rate)*100,"%")
```

圖 8-30 測試 VGG 網路

訓練的過程如圖 8-29 所示，其中因爲 VGG 網路的輸入影像尺寸不能太小，因此我們先使用雙線性插值 (Bilinear Interpolate) 將影像放大成兩倍，再傳入網路進行

預測，而後會再將預測的結果與標準答案計算損失函數 (此範例使用 Cross Entropy Loss)，並做梯度更新。訓練完成後會將網路參數存下，並在推理 (Inference) 階段拿來使用。

測試的過程如圖 8-30 所示，在第二行程式碼，會先將先前訓練好的 VGG 網路權重載入，再進行推理 (Inference)。其中同樣因爲原 VGG 網路的輸入影像尺寸不能太小，因此我們先使用雙線性插值 (Bilinear Interpolate) 將影像放大成兩倍，再傳入網路中進行預測。

8-5 深度學習在影像處理的應用

在接下來的篇幅中會介紹一些低階影像處理的應用，其中包含：去雜訊技術、去反射技術、除雨技術、水下影像還原技術及高動態範圍影像技術。

一、去雜訊技術

基於串接平滑濾波器與卷積優化網路之影像去雜訊模型

隨著智慧型手機的普及，手機逐漸取代傳統數位相機。但是，當光線通過相機鏡頭被影像感測器接收時，由於影像訊號可能被電壓突波干擾，經過類比轉數位電路或因感測器高溫而產生訊號誤差，導致影像通常會具有脈衝雜訊，這將嚴重影響影像的視覺品質，且可能導致影像品質不佳，更會造成後續例如影像辨識、物件追蹤，及物件分類等應用之準確度。因此，開發一種有效的去除影像雜訊的方法至關重要。

影像雜訊有多種類型：脈衝雜訊 (Impulse noise)，高斯雜訊 (Gaussian noise)，均勻雜訊 (Uniform noise) 等。在這麼多種雜訊中，最常見的脈衝雜訊之一是椒鹽雜訊 (Salt-and-pepper noise)，其範例如圖 8-31 所示。

圖 8-31　具有不同密度椒鹽雜訊 (Salt-and-pepper noise) 影像範例

過去的研究中，已經開發出各種去除這類影像雜訊方法。最簡單的方法就是使用中位數濾波器，可以在某種程度上清除雜訊，但由於使用中位數濾波器 (Median Filter) 處理影像，並不會將無雜訊像素與雜訊像素區分開，因此可能會同時產生僞影和模糊的現象。一般而言，在濾波器中使用較小的遮罩，可能無法有效消除影像中高密度雜訊，然而使用較大的遮罩，可能會處理到無關的像素。

因此，如何在去除雜訊的同時有效地恢復細節特徵，是十分重要的事。使用中位數濾波器是一種簡單的去雜訊方法，爲了使該濾波器可更有效的處理脈衝雜訊，有許多切換型中位數濾波器的研究被提出。這類方法是使用許多的閾值，來決定使用不同的轉換濾波器，進而去除雜訊，但這種方法很難決定適當的閾值，所以僅能在一些特定狀況上才能使用。

Esakkirajan 等人 (參考：Esakkirajan, S., Veerakumar, T., Subramanyam, A. N., & PremChand, C. H., 2011) 提出改進的基於決策不對稱中位數濾波器，藉由選擇性地使用像素中位數或是平均值的方法，來改善中位數濾波器，也就是依據預定的條件，將固定大小的遮罩 (通常爲 3 × 3) 中的雜訊像素替換成中位數或平均值。但因爲此方法使用很小且固定的遮罩大小，所以在具有低密度雜訊的影像上較爲適用，若是在高密度雜訊上使用，將無法有效清除影像中雜訊。但是若使用大尺寸遮罩，在修復雜訊像素的時候，會很容易牽涉到許多無關的非雜訊像素，可能會導致產生僞影的現象 (Ghosting artifacts)。

在遮罩尺寸選擇上，Erkan 等人 (參考：Erkan, U., Gökrem, L., & Engino lu, S. , 2018) 提出了可適性的中位數過濾器，其具有三種遮罩大小不同 (3 × 3、5 × 5 和 7 × 7) 的二階段的中位數過濾器。在第一階段，它會選擇最小的遮罩大小，若找不到非雜訊像素，則逐漸放大遮罩，直到找到至少一個非雜訊像素，再使用中位數濾波。

在第二階段的時候，如果第一階段產生的結果仍然有雜訊像素，則利用 3 × 3 大小的遮罩，找到剩餘的雜訊像素，再以中位數濾波方式，消除剩餘雜訊像素。儘管利用二階段濾波處理，提供了不錯的去除高密度雜訊的結果，但對於影像的邊緣與細節，還是會經常引入不正確的像素到影像中，而且有時可能會有殘留雜訊，無法完全被去除。

Fareed 等人 (參考：Sheik Fareed, S. B., & Khader, S. S., 2018) 提出具有自適應遮罩大小的選擇性平均值濾波器 (Mean filter)。在初始爲 3 × 3 遮罩大小中，依據雜訊周邊有效像素多寡，決定以有效的像素平均值填補雜訊像素，若在目前遮罩中找不到夠多有效像素 (非雜訊像素)，便將遮罩放大，並重複上面的步驟。此方法目的是利用有效像素去填補最近的無效像素 (雜訊像素)，而且以盡可能以小的遮罩進行處理。雖然在低密度雜訊時使用平均值過濾方法是有效的，但隨著雜訊密度的增加，導致使用的遮罩尺寸增大，則有效像素與無效像素間距離增大，將使還原的影像更加模糊，影像的邊緣也會產生不平滑的現象。

Satti 等人 (參考：Satti, P., Sharma, N., & Garg, B., 2020) 則認為單純使用單一的濾波器在雜訊密度較高的系統下效果有限，從而提出使用不同濾波器的線性組合去雜訊。其演算法分為三個步驟，首先對於雜訊影像進行雜訊密度的判斷，若是雜訊密度小於 0.45 的情況下，則先對雜訊影像進行一次 3 × 3 的中位數濾波，從而修正部分雜訊，緊接著會將這張雜訊影像複製一張，並依序對第一張雜訊影像進行 3 × 3 的最大值濾波 (Max filtering)、最小值濾波 (Min filtering)、最小值濾波、最大值濾波，對第二張則為最小值濾波、最大值濾波、最大值濾波、最小值濾波，最後再將兩張影像進行加權平均成一張影像，並對其影像再做一次 3 × 3 的平均值濾波，以改善影像的平滑度，得到最後的還原結果。此方法的目的是希望利用最小值濾波與最大值濾波的組合交錯進行，進而捕捉明亮至黑暗區域及黑暗至明亮區域的邊緣及邊界，達到較佳的去雜訊結果。

此外，除了單純使用濾波器之外，亦有基於變分方法的去除雜訊演算法 (參考：Chen, F., Ma, G., Lin, L., & Qin, Q., 2013)。該演算法提出使用稀疏表示之字典，學習聯合自適應的中位數濾波器，以及自適應的中心加權中位數濾波器處理後之無雜訊影像，並以此去修復雜訊影像。

Aggarwal 等人 (參考：Aggarwal, H. K., & Majumdar, A., 2015) 提出使用分裂的布雷格曼方法 (split Bregman-based algorithm) 去除雜訊，這個方法是基於一般分析先驗 (general analysis prior) 去解決資料的保真度最小化問題。Yin 等人 (Yin, J. L., Chen, B. H., & Li, Y., 2018) 提出根據影像雜訊稀疏性、密度性和多模態性，融合成的雜訊資料集中，從中學習得到的全局和局部和社會語境 (social contexts) 來移除影像中脈衝雜訊。然而，這些基於學習的方法，在特別是在高密度雜訊的情況下，常常無法學習到較正確的特徵對應，因為從一些沒有雜訊的像素映射到整張影像的學習，是屬於極度約束不足的問題，所以這些方法通常無法得到良好的結果。

近幾年來，深度學習方法的研究，在影像去雜訊這方面也取得很大的進展。在過去的研究中 (參考：Zhang, K., Zuo, W., Chen, Y., Meng, D., & Zhang, L., 2017)，提出前饋卷積網路架構，並加入殘差學習的方法，來進行影像去雜訊，藉由直接學習圖片的雜訊至乾淨影像的端對端非線性對應，可以更快且有效的得到去雜訊影像。

Ulyanov 等人 (參考：Ulyanov, D., Vedaldi, A., & Lempitsky, V., 2018) 提出使用深度自動編碼網路去移除雜訊，但是該方法對去除脈衝雜訊沒有好的成效。Laine 等人 (參考：Laine, S., Karras, T., Lehtinen, J., & Aila, T., 2019) 提出自我監督學習深度影像去雜訊方法，可適用於脈衝雜訊和高斯雜訊，該方法建立一個貝氏去雜訊的模型和盲點網路架構。然而，此方法因爲缺少沒有足夠非雜訊的資訊，讓網路學習還原雜訊像素，因此對高密 度雜訊影像的去雜訊效果不佳。

我們提出一影像去雜訊 / 還原方法，首先，我們開發出的重疊可適性高斯平滑 (OAGS) 的方法 (參考：Peng, Y. T., Lin, M. H., Tang, C. L., & Wu, C. H., 2019) 產生初步結果，再利用提出的卷積優化神經網路，進一步修復影像細節與邊緣。

以下我們將分二階段說明本方法流程 :

第一階段爲重疊可適性高斯平滑濾波，先將輸入原圖透過重疊可適性高斯濾波，消除所有爲雜訊的像素，並初步還原該此雜訊像素；第二階段爲使用我們提出的卷積優化網路 (CRNs) 優化第一階段的初步去雜訊結果，以恢復影像細節和紋理，其中卷積優化網路 (CRNs) 包括卷積預處理網路 (Convolutional Preliminary Network, CPN)，殘差優化 U 型網路 (Residual Refinement U-Net, RRU)，以及條件式的生成對抗網路 (Conditional Generative Adversarial Network, cGAN)，並使用多階段的損失函數，幫助去完雜訊的影像具備自然且無失眞品質。模型流程示意圖如圖 8-32 所示。此模型包含兩個部分 : 1) 基於重疊可適性高斯平滑濾波器 (OAGS); 2) 影像卷積優化網路 (CRNs)。(取自 Peng, Y. T., & Huang, S. W., 2021 之圖 1)。

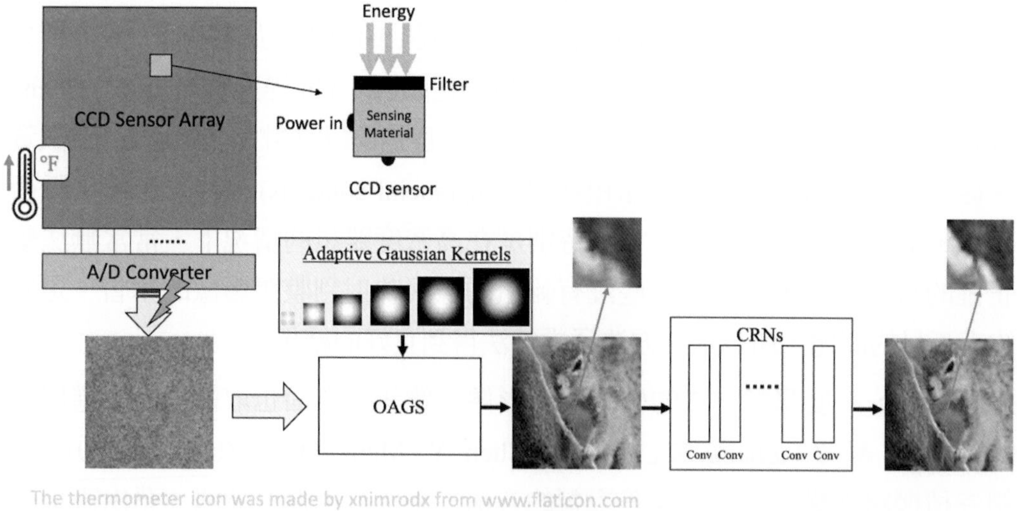

圖 8-32　影像去雜訊串接模型

A. 重疊可適性高斯平滑濾波器 (Overlapped and Adaptive Gaussian Smoothing, OAGS)

OAGS(參考：Peng, Y. T., Lin, M. H., Tang, C. L., & Wu, C. H., 2019) 爲我們開發適用於去影像脈衝雜訊方法，這裡簡述該方法細節。假設輸入影像 $I(i)$ 中受脈衝雜訊破壞的像素，僅具有最高或最低的像素強度 (也稱爲椒鹽脈衝雜訊)。將輸入影像的像素值正規化至 0 到 1 之間。對於輸入影像 $I \in R^N$，我們產生非雜訊像素對應圖 $B \in Z^N$，用來表示非雜訊與雜訊像素對應在影像中的位置，可表示爲：

$$B(i) = \begin{cases} 0, & I(i) = 0 \text{ or } 1 \\ 1, & \text{otherwise} \end{cases}$$

其中 N 是像素總數，i 是像素 $I(i)$ 的坐標。接著，我們將決定每個 $I(i)$ 的濾波器遮罩的大小，即以 $I(i)$ 爲中心之初使遮罩的大小 (3 × 3)，該遮罩應至少具有一個非雜訊像素。若無非雜訊像素，則將遮罩的半徑增加 1，直到找到至少具有一個非雜訊像素遮罩爲止。其中濾波器遮罩的半徑爲 r 並以 p 爲中心，表示爲 $\Omega_I^{p,r}$，而 $1 \le r \le 6$，遮罩的大小爲 $(2r + 1)^2$。圖 8-33 顯示了不同的 r 對 OAGS 效能的影響。

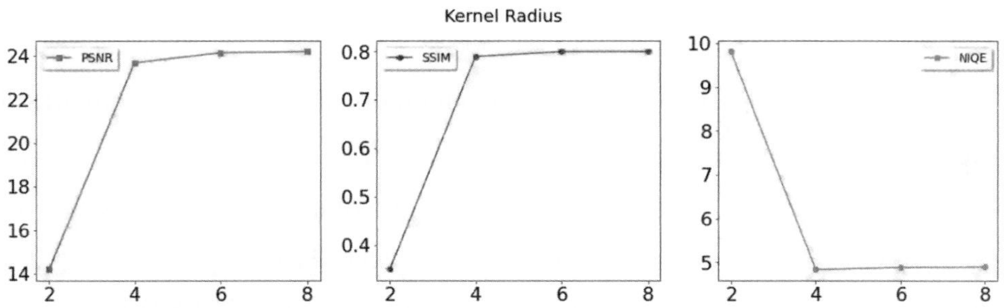

圖 8-33 用訓練數據集上的平均 PSNR/SSIM/NIQE 展示不同的半徑值 r 對 OAGS 效能的影響 (取自 Peng, Y. T., & Huang, S. W., 2021 之圖 3)

在 Algorithm 1 中 AGS($\Omega_I^{p,r}$, $\Omega_B^{p,r}$,i,r)，是透過高斯平滑恢復 $\Omega_I^{p,r}$ 中的每個雜訊像素，並將其保存爲臨時結果圖 T，其中 $T(i) \leftarrow T(i)$+AGS($\Omega_I^{p,r}$, $\Omega_B^{p,r}$,i,r)：

$$\text{AGS}(\Omega_I^{i,r}, \Omega_B^{i,r}, i, r) = \frac{\sum_{\forall j \in \Omega_I^{p,r}} G^r(\|i-j\|^2) \times I(j) \times \Omega_B^{p,r}(j)}{\sum_{\forall z \in \Omega_I^{p,r}} G^r(\|i-z\|^2) \times \Omega_B^{p,r}(z)}$$

Algorithm 1 Overlapped and Adaptive Gaussian Smoothing (OAGS)

Input: Noisy image $I \in R^N$, non-noisy pixel map $B \in Z^N$
Output: Denoised image $I_d \in R^N$
$T \leftarrow B. \times I$
$C \leftarrow B$
for each pixel coordinate p in I **do**
  $r \leftarrow$ Find_Kernel_Radius(I, p)
  for each pixel index i in $\Omega_I^{p,r}$ **do**
    if $I(i)$ is a noisy pixel **then**
      $T(i) \leftarrow T(i) + \mathrm{AGS}(\Omega_I^{p,r}, \Omega_B^{p,r}, i, r)$
      $C(i) \leftarrow C(i) + 1$
    end if
  end for
end for
return $I_d \leftarrow T./C$

其中，G^r 是具有均值爲零和標準差爲 r 的高斯核，$\| i-j \|$ 代表 i 和 j 之間的歐幾里得距離。其中，$\forall j$ 和 $\forall z$ 表示在 $\Omega_I^{p,r}$ 中的所有像素坐標。使輸出更加平滑，我們儲存並累加重疊的平均值當作臨時結果。再利用與 $T(i)$ 對應的計數圖 $C \in Z^N$ 記錄雜訊像素被使用高斯平滑所復原的次數。最終的去雜訊結果爲將 T 點對點除以累積復原次數 C。Algorithm 1 詳細描述所提出的 OAGS 計算方法，其中 .× 和 ./ 表示各別元素的乘法和除法。

B. 卷積優化網路 (CRNs)：

在 OAGS 後，我們以卷積優化網路 (Convolutional Refinement Networks, CRNs) 優化 OAGS 初步去雜訊的結果，以復原去雜訊影像中的細節與邊緣。卷積優化網路 (CRNs) 包括三個子網路：卷積預處理網路 (Convolutional Pre-processing Network, CPN)、殘差優化 U 型網路 (Residual Refinement U-Net, RRU) 和條件式的生成對抗網路 (Conditional Generative Adversarial Network, cGAN)，以及多階段損失函數，其包括高階層和低階層的損失，以重建影像細節並產生擬眞的還原效果。表 8-1 顯示各層卷積優化網路 (CRNs) 的整體架構與每一層的詳細資訊，包含 CPN、RNN 和 cGAN：

當中使用到了二維的卷積層 (e.g. Conv2d(3, 64, 3)，後方的三個參數分別表示輸入通道、輸出通道以及卷積核大小) 而 s 和 p 分別表示卷積或池化的步長和 padding 大小。在池化的部分，使用的是最大值池化 (e.g. max_pool(2,2)，表示採用 2 × 2 大小的範圍去做池化，且移動的步伐大小爲 2)。

另外，也有使用上採樣 (e.g. Upsample(scale=2, bilinear)，表示的是會使用雙線性插值的方式來做 2 倍上採樣。而 BN 爲 Batch Normalization 的縮寫，ReLU 和 Tanh 是激活函數。

表 8-1　各層卷積優化網路 (取自 Peng, Y. T., & Huang, S. W., 2021 之表 1)

Module	Layers	Layer Settings	Output
CPN	[layer1]	Conv2d(3,64,3), $s = 1$, $p = 1$; ReLU;	-
	[layer2-4]	Conv2d(64,64,3), $s = 1$, $p = 1$; ReLU;	-
	[layer5]	Conv2d(64,3,3), $s = 1$, $p = 1$; ReLU;	$\hat{I}_{pre}$
RRU	[layer6]	Conv2d(3,64,3), $s = 1$, $p = 1$; ReLU;	-
	[layer7-10]	Conv2d(64,64,3), s= 1, p= 1; BN;ReLU; + max_pool(2,2), s = 2, p = 0;	-
	[layer11]	Conv2d(64,64,3), $s = 1$, $p = 1$; BN; ReLU;	-
	[layer12-14]	Conv2d(128,64,3),s= 1,p= 1; BN; ReLU; +Upsample(scale=2, bilinear);	-
	[layer15]	Conv2d(128,64,3), $s = 1$, $p = 1$; BN; ReLU;	-
	[layer16]	Conv2d(64,1,3), $s = 1$, p=1;	$\hat{I}_R$
cGAN	[layer17]	Conv2d(1,64,7), $s = 1$; BN; ReLU;	-
	[layer18]	Conv2d(64,128,3), $s = 2$, $p = 1$; BN; ReLU;	-
	[layer19]	Conv2d(128,256,3), $s = 2$, $p = 1$; BN; ReLU;	-
	[layer20-36 (*even)]	Conv2d(256,256,3), $s = 1$, $p = 1$; BN; ReLU;	-
	[layer21-37 (**odd)]	Conv2d(256,256,3), $s = 1$; BN;	-
	[layer38]	ConvTranspose2d(256,128,3), $s = 2$, $p = 1$; BN; ReLU;	-
	[layer39]	ConvTranspose2d(128,64,3), $s = 2$, $p = 1$; BN; ReLU;	-
	[layer40]	Conv2d(1,64,7), $s = 1$; BN; Tanh;	$\hat{I}_f$
	* represents even layer indices ** represents odd layer indices		

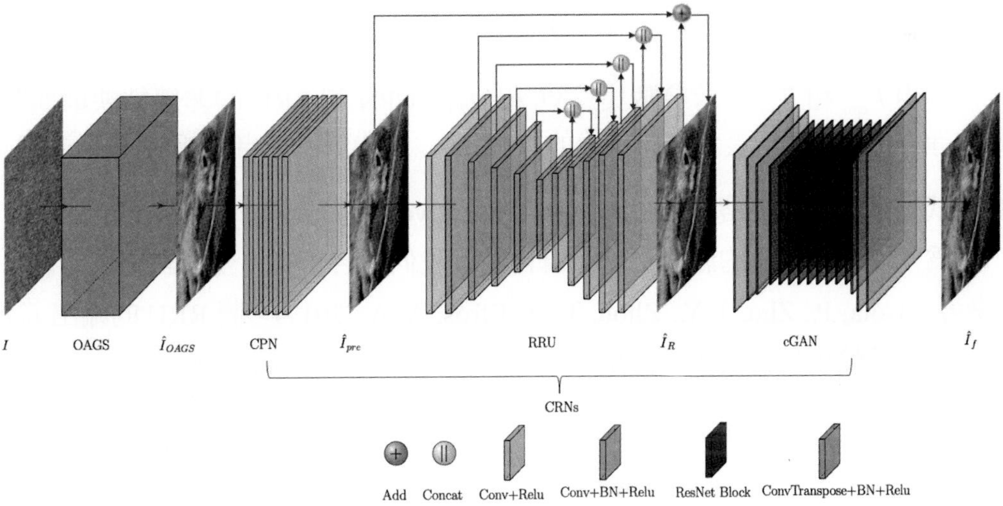

圖 8-34　OAGS+CRNs 模型的整體結構 (取自 Peng, Y. T., & Huang, S. W., 2021 之圖 2)

接下來，我們敘述三個子網路和多階段損失的設計。

1. **卷積預處理網路 (Convolutional Refinement Networks, CPN)：**

首先，卷積預處理網路有五個卷積層，使用 3 × 3 的卷積核來做初步處理 OAGS 的結果。此五層卷積層中，除第一層和最後一層以外，卷積層通道 (Channel) 的數量都爲 64，而第一層和最後一層的通道數量必須等於影像通道數 (灰階影像爲 1，彩色影像爲 3)。我們使用雜訊與無雜訊影像對，監督其輸出以強制 CPN 可以初步優化去雜訊影像。

2. **殘差優化 U 型網路 (Residual Refinement U-Net, RRU)：**

爲了讓深度卷積網路容易訓練，並學習有用的影像訊息，殘差優化 U 型網路 (RRU) 的設計，包含有在具殘差連接 (Residual connection) 編碼器層與其大小相同的解碼器層。我們還採用殘差學習 (Residual learning)，可更有效地學習映射模糊失真的內容至清晰的內容，以及其至結構良好的影像細節的映射。每層有 64 個 3 × 3 濾波器，然後進行批次正規化 (Batch normalization) 和使用 ReLU 激勵函數。以非重疊最大池化 (Max pooling) 作影像下採樣 (down sampling)，雙線性插值 (Bilinear interpolation) 用於上採樣 (up sampling)。最後結合 CPN 和 RRU，我們產生一個低階像素損失去監督他們的輸出，公式如下：

$$
\begin{aligned}
L_{\text{mse}} &= L_{\text{mse}}^{\text{cpn}} + L_{\text{mse}}^{\text{rrn}} \\
&= \mathrm{E}_{x,y}[\| F_{\text{cpn}}(\hat{I}_{\text{OAGS}} | x;\Theta_1) - y \|^2 + \| F_{\text{rru}}(\hat{I}_{\text{pre}} | x;\Theta_2) - y \|^2]
\end{aligned}
$$

其中 F_{cpn} 和 F_{rru} 表示參數集爲 Θ_1 和 Θ_2 的 CPN 和 RRU 的非線性映射函數，y 是乾淨影像。$I_{\text{OAGS}}|x$ 表示去雜訊後的影像 I_{OAGS} 中的雜訊來自雜訊影像 x。

3. **條件式的生成對抗網路 (Conditional Generative Adversarial Network, cGAN)：**

爲了使去雜訊後的影像更加逼真自然，我們整合了條件生成對抗網路 (cGAN) (參考：Isola, P., Zhu, J. Y., Zhou, T., & Efros, A. A., 2017)，將 RRU 的輸出 $\hat{I}_R$ 作爲其輸入，並輸出最終去雜訊輸出 $\hat{I}_f$。cGAN 的損失包含兩個部分：

(1) 一致性的損失 (Consistency loss)：

$$L_{L1} = \mathrm{E}_{x,y}[\| y - F_{\text{gan}}(\hat{I}_R | x;\Theta_3) \|_1]$$

其中 F_{gan} 表示 cGAN 生成器的非線性函數，Θ_3 爲 cGAN 的參數集。

(2) 對抗損失 (Adversarial loss)，以 ($\hat{I}_R$, y)and($\hat{I}_R$, $F_{\text{gan}}(\hat{I}_R;\Theta_3)$) 爲眞與僞影像對：

$$L_{\text{GAN}} = \text{E}_{x,y}[\log D(\hat{I}_R|x, y;\Theta_4)] + \text{E}_x[\log(1 - D(\hat{I}_R|x, F_{\text{gan}}(\hat{I}_R|x;\Theta_3);\Theta_4))]$$

其中 D 爲以 Θ_4 爲參數集的分類器。而 cGAN 的總損失爲：

$$L_{\text{cGAN}} = L_{\text{GAN}} + \lambda_1 L_{L1}$$

其中 λ_1 爲模型超參數，設定爲 10。

4. 多階段損失：

CRNs 的多階段損失函數，包括高階和低階的損失。

(1) 高階損失：高階損失除了包含對抗性損失函數外，另包含一內容損失 (Content loss)。該內容損失目的爲使模型輸出影像與無雜訊影像在影像高階特徵上相似。因此，我們使用預訓練的 VGG-16 模型中四個高階層輸出 (conv4_2、conv4_3、conv5_1、以及 conv5_2) 作爲內容特徵集合 (表示爲 ϕ)，藉此計算去雜訊後影像與無雜訊影像之間的感知相關性。內容損失可以寫成：

$$L_{\text{content}} = \text{E}_{\phi,x,y}[(\phi(F_{\text{gan}}(\hat{I}_R|x;\Theta_3)) - \phi(y))^2]$$

其中 $\phi(\cdot)$ 表示不同輸入經過每一層 VGG-16 預訓練模型後的內容特徵集合輸出。而 L_{GAN} 的對抗性損失函數亦爲一高階損失，其使輸出影像看起來更逼眞自然。

(2) 低階層損失：公式 3 分別計算 CPN 和 RRU 的輸出 ($\hat{I}_{\text{pre}}$ 與 $\hat{I}_R$) 與無雜訊影像的均方差總和。最終的多階段損失如下：

$$L = L_{\text{content}} + \lambda_2 L_{\text{mse}} + \lambda_3 L_{\text{cGAN}}$$

其中 $\lambda_2 = 0.6$ 及 $\lambda_3 = 0.4$ 爲超參數。我們發現借助 L_{mse} 能夠讓卷積預處理網路 (CPN) 和殘差優化 U 型網路 (RRU) 的輸出和無雜訊影像的像素相似，使得網路更有效的學習，並利用條件式的生成對抗網路 (cGAN) 的內容損失和對抗損失增強內容方面的相似性 (L_{content}) 與自然度 (L_{cGAN})。圖 8-35 展示了各個子網路輸出的結果，圖 8-36 爲以 OAGS 與各子網路輸出的結果展示的方法流程圖。

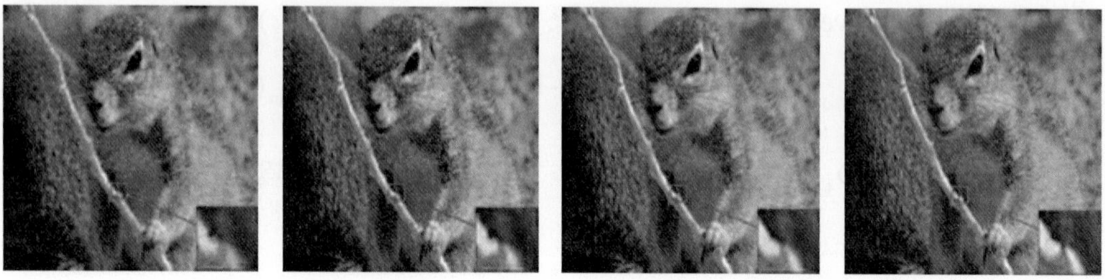

圖 8-35　各個子網路輸出的結果 (取自 Peng, Y. T., & Huang, S. W., 2021 之圖 4)

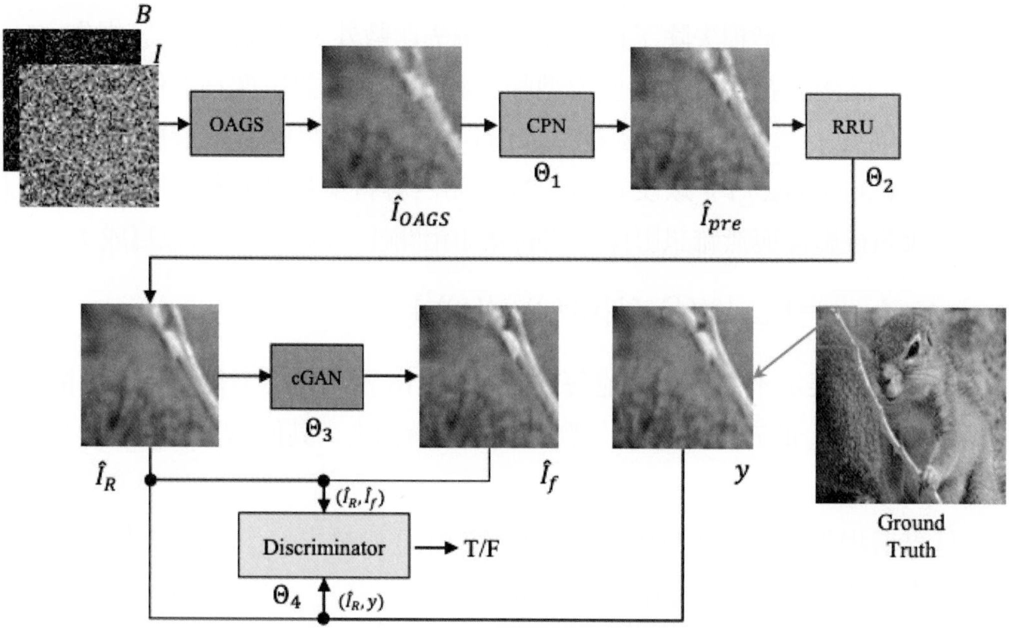

圖 8-36　方法流程圖 (取自 Peng, Y. T., & Huang, S. W., 2021 之圖 5)

透過我們提出的方法進行消除雜訊的成功例子，如圖 8-37 所示。

其中使用了 PSNR/ SSIM/ NIQE/ LPIPS 來衡量影像品質，PSNR 及 SSIM 用以測試雜訊影像與對應的無雜訊影像之間的相似程度，越大的值代表兩張影像之間的相似程度越高。另外，Learned Perceptual Image Patch Similarity (LPIPS) 是一種抽取兩張影像的深層特徵去比較感知視覺相似層度的全參考指標，比起 PSNR 及 SSIM，LPIPS 可以反映出更多人眼視覺的細節，越低的 LPIPS 數值代表兩張比對的數據有更高視覺相似度。除此之外，也採用了無參考評估指標：Natural Image Quality Evaluator(NIQE)，NIQE 是一個利用空間域自然場景統計數據去評估影像品質的指標，其不需要有參考的照片做比對，越低的 NIQE 數值代表有更好的影像品質。

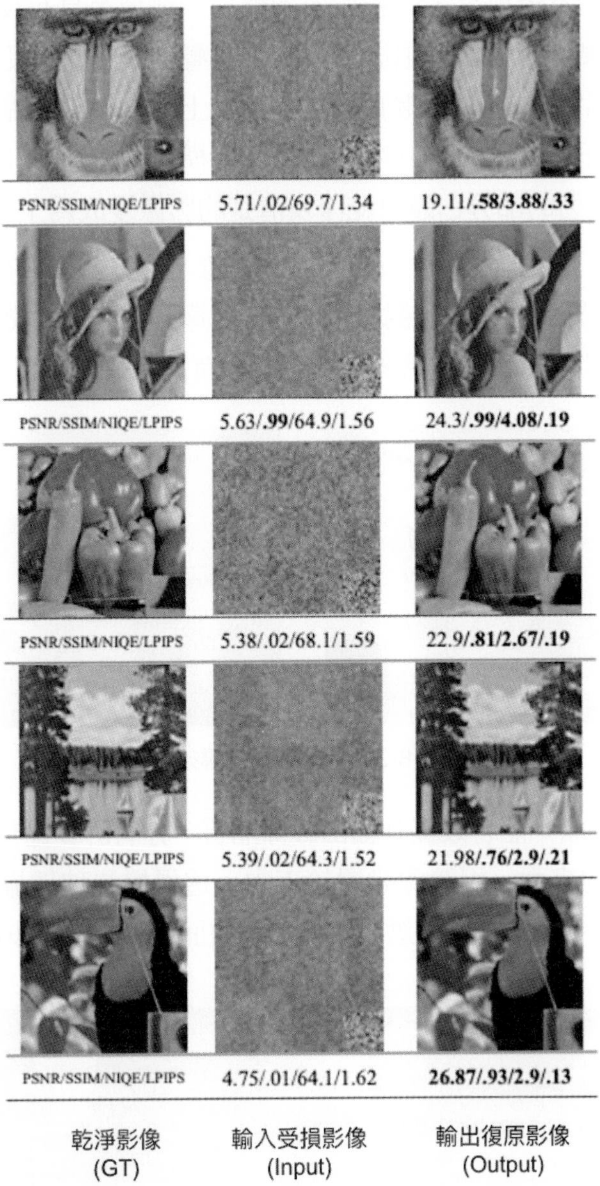

圖 8-37　經過我們的方法修復後的結果
(取自 Peng, Y. T., & Huang, S. W., 2021 之圖 7)

二、去反射技術

基於深度學習之影像還原方法 – 反射去除：

隨著智慧型手機的普及與相機感測器的進步，人們可隨時隨地拍照記錄。而雖然影像解析度與畫質在不斷提昇，但若是透過窗戶、玻璃等具有反射性和透明性的材質拍攝照片，因光線反射而同時拍攝到前後方重疊場景。這種影像視覺上的干擾會損害視覺效果與照片質量；而在電腦視覺的應用上，如物件追蹤、影像辨識、物件分類、圖像分割等任務，具有反射場景，將使得模型的準確度下降。因此，開發一種可以移除影像中反射的部分，還原乾淨及清楚的影像變成爲了一項重要的任務。

一般而言，影像去反射比影像去雜訊更加困難。其主要因素在於一般雜訊常爲高頻訊號，通常可透過訊號分析過濾掉高頻成份而達到去雜訊的效果。而具有反射的影像 (如圖 8-38)，其反射成份常跨多頻率而非僅有高頻成份。

圖 8-38　具有反射的影像

影像中反射的去除，能有效提升輸出影像品質，亦有許多應用，常見的應用場景如行車記錄器錄製的畫面，因鏡頭設置於車內，透過擋風玻璃攝影，常拍攝到具反射之畫面 (如圖 8-39 所示)，可能遮擋到重要的畫面或資訊 (如車牌、招牌等)。

圖 8-39　具反射干擾的行車記錄器畫面 (圖取自 https://imgur.com/THLE4Kw)

綜上所述，影像中的反射除了造成畫面干擾外，可能將會使得畫面中的重要資訊被遮擋破壞，以至於讓後續的人爲判讀或電腦視覺自動辨識準確度下降，故是重要的影像處理問題。因此我們針對影像中的反射開發有效的影像還原模型，有效去除影像中干擾，提升影像品質，此研究的主要目標在於如何將影像中反射層從影像中有效解糾結 (Disentangling)，分離出乾淨影像。

影像去反射問題，目前研究主要爲單一影像反射去除 (Single image reflection removal, SIRR) 任務，反射的情況會隨著光源入射的角度、光圈的大小、環境光、玻璃的材質、玻璃的厚度而有所不同，因此對於反射影像去除，單張影像所包含的資訊量少，若使用傳統方法，不易得到好的結果。近年來因深度學習技術發展與進步，單張影像去反射方法才有較多的進展，這裡我們會先針對基於深度學習之影像反射去除方法進行介紹。爲了更好的理解單張影像反射去除，一般來說，我們會將一張具有反射的影像拆分成透射層 (背景) 影像與反射層 (前景) 影像，如圖 8-40 所示，圖片取自 Natural Reflection Dataset (NRD, https://reurl.cc/xgG2VE)：

圖 8-40　上中下列圖各自為 (上) 透射層、(中) 具反射影像、(下) 反射層

由於要去除反射層是一個不適定問題 (ill-posed problem)，在沒有足夠資訊時，我們很難對單張影像的反射層進行分離，因此使用深度學習的方式，可盡可能的還原出透射層 (背景) 影像。以下介紹近年較具代表性的方法：

1. Fan 等人 (參考：Fan, Q., Yang, J., Hua, G., Chen, B., & Wipf, D., 2017) 提出了 CEILNet，該模型具有兩階段，第一階段有兩輸入，一爲具反射影像，另一影像爲具反射影像之梯度邊緣圖，第二階段去除反射影像，得到最後預期之去除反射影像。

2. Zhang 等人 (參考：Zhang, X., Ng, R., & Chen, Q., 2018) 假設透射層和反射層各自具有不同的影像內容場景，而這些輪廓大致具有不同的邊緣，其邊梯度應無重疊，而提出了排他損失函數 (Exclusion loss)，代表透射層與反射層的邊梯度應彼此不相似，藉以幫助分離透射層與反射層。

3. Wei 等人 (參考：Wei, K., Yang, J., Fu, Y., Wipf, D., & Huang, H., 2019) 提出 ERRNet，引入對齊不變損失 (Alignment-Invariant Loss)，使其可使用不對齊影像資料訓練網路，該對齊不變損失包含使用預訓練 VGG-19 模型的高階特徵層與生成對抗損失，可儘可能的使用更多的訓練資料，讓網路學習的更好。

4. Li 等人 (參考：Li, C., Yang, Y., He, K., Lin, S., & Hopcroft, J. E., 2020) 提出使用一串聯網路 (Cascaded Networks)，命名爲 IBCLN (Iterative Boost Convolutional LSTM Network)，其使用遞迴網路迭代的把估計的反射與透射層反覆分離結合，以此得到較準確的去反射結果。

5. Kim 等人 (參考：Kim, S., Huo, Y., & Yoon, S. E., 2020) 觀察到光反射之物理行爲，應分爲反射與透射，而透射與反射影像階受到不同程度的削弱，故該分二階段去除反射影像，第一階段先透過 SP-net 分離反射與透射層，第二階段透過 BT-net 還原透射層與反射層。

如前所述，深度學習網路在去反射上廣泛使用，亦取得不錯成效，但在如何將反射層從影像中分離乾淨，成效有限。我們研發一通用知識萃取內容解糾結 (Disentanglement) 方法，將該些干擾層分離，可適用於影像去反射。

Hinton 等人 (參考：Hinton, G., Vinyals, O., & Dean, J., 2015) 提出使用學生網路，學習老師網路的輸出 (Soft Label)，將老師網路的知識萃取並轉移給學生網路，其中老師網路通常較爲複雜並使用較多參數，而學生網路包含較少參數且較爲簡單，以達到模型簡化壓縮的效果。Adriana 等人 (參考：Adriana, R., Nicolas, B., Ebrahimi, K. S., Antoine, C., Carlo, G., & Yoshua, B., 2015) 提出了一種特徵模仿方法，發現學生網路透過學習老師網路，可達到比老師網路更高的準確度。

我們提出的方法將使用知識萃取的方式 (參考：Peng, Y. T., Cheng, K. H., Fang, I. S., Peng, W. Y., & Wu, J. S., 2022)，來分離影像透射層和反射層，以消除輸入影像的反射，獲得乾淨的影像。此模型由一個學生網路 (Student Network) 以及二個老師網路 (Teacher Network) 組成。我們將知識萃取應用於去反射的任務上，此模型由一個學生網路以及兩個老師網路組成，其架構圖如圖 8-41 所示。

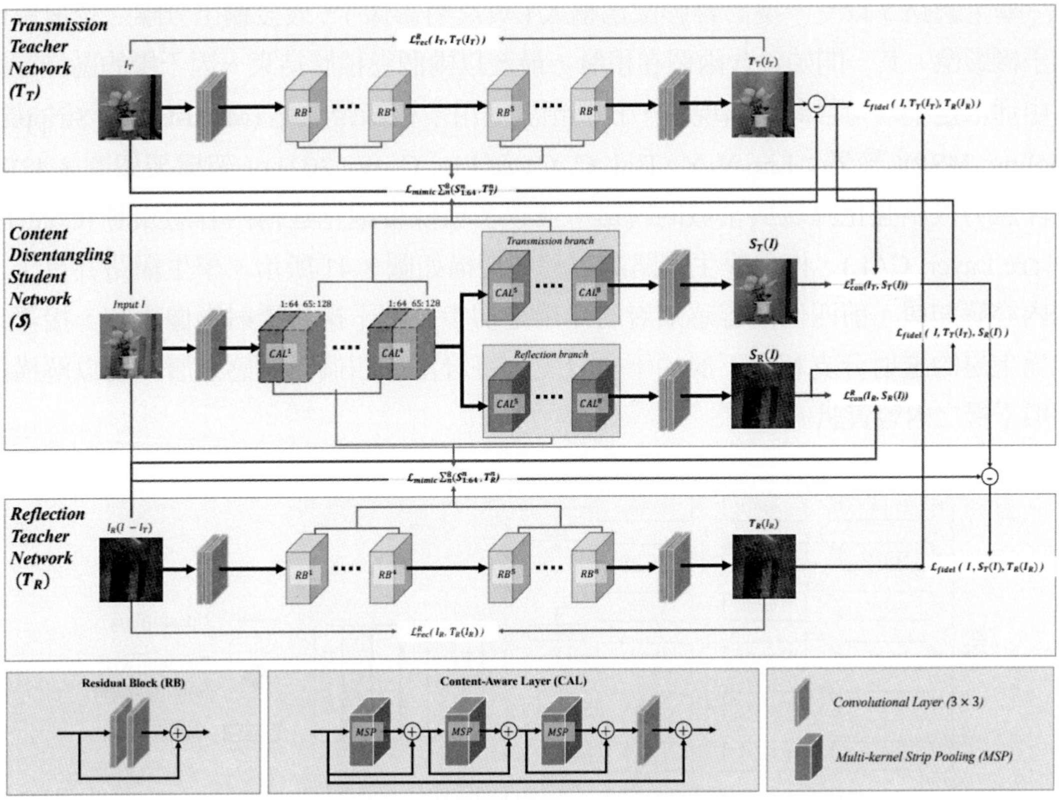

圖 8-41 網路架構圖 – 以去反射為例
(取自 Peng, Y. T., Cheng, K. H., Fang, I. S., Peng, W. Y., & Wu, J. S., 2022 之圖 3)

該模型 (圖 8-41) 擁有一個透射層老師網路 T_T、一個干擾層老師網路 T_D 和一個內容解構學生網路 S。透射層老師網路學習乾淨透射影像 I_T 的特徵，而干擾層老師網路提取反射影像 I_D(即 $I–I_T$) 的特徵。學生網路通過知識萃取兩個老師學到的知識，分離出透射層和干擾層。也就是說，模型可透過模仿老師網路中提取的各層級特徵，得到並分離出兩個不同層的內容。

學生網路逐步老師萃取的特徵，將輸入影像分解爲透射層和反射層。換句話說，我們的模型通過模仿從老師網路中提取的反射特徵來將兩層的內容解糾結 (disentangle)。老師和學生網路的設定爲所有卷積層都使用 3 × 3 的核 (kernel)，步長 (stride) 爲 1，而後接 ReLU 激勵函數 (除了最後一層使用 Tanh)。透射層和干擾層老師網路 (T_T 和 T_D) 具有一致的架構，包含兩個卷積層，連接八個殘差模塊 (Residual Block, RB)，最後再連接兩個卷積層。而殘差模塊是由兩個卷積層搭配輸入輸出之殘差連接。每層殘差模塊提取輸入影像由低至高之特徵，讓各層學生網路學習。除了輸入和輸出層是三個通道數，殘差模塊卷積層都具 64 個通道數。

學生網路 S 以受干擾影響影像為輸入 (具反射影像)，最後輸出分離之透射影像和干擾影像。其一開始包含兩個卷積層，最後以兩個卷積層結束。因干擾的區域在影像中通常是不均勻且局部出現的，我們預計使用多核條帶池化 (Multi-kernel Stripping Pooling, MSP)(參考：Lin, Y. Y., Tsai, C. C., & Lin, C. W., 2021) (架構架如圖 8-42)，以注意力機制強化區域與全域的特徵，並以多核條帶池化建構內容感知層 (Content-Aware Layer, CAL)，作為學生網路之主幹，架構如圖 8-41 所示。學生網路共有十二個內容感知層，前四個內容感知層的作用是初步分解干擾和透射影像內容，接著分離為上層的透射分支和與下層的干擾分支，每層都有四個內容感知層，用以解構透射與干擾之內容資訊。

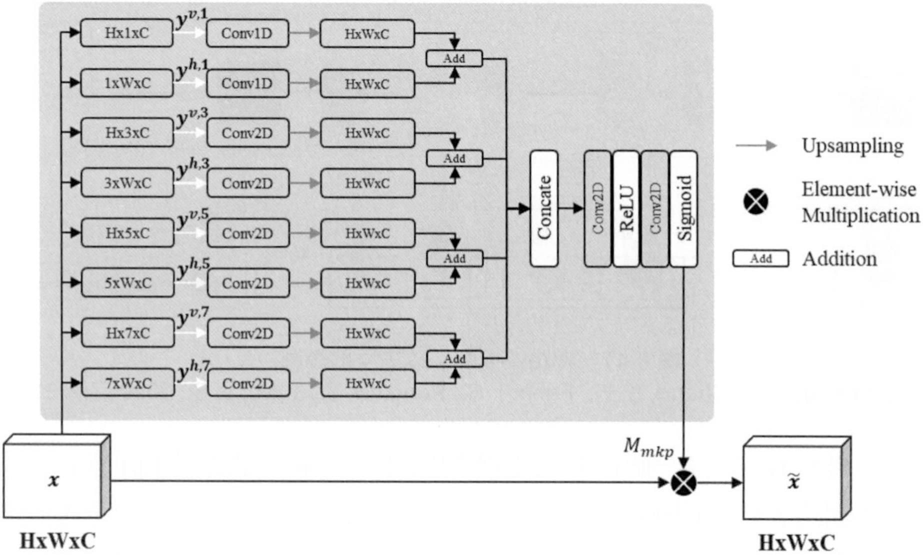

圖 8-42　多核條帶池化架構圖 (參考：Lin, Y. Y., Tsai, C. C., & Lin, C. W., 2021)

接下來要介紹的是此模型使用的損失函數，老師網路之損失函數輸入影像和輸出影像 (皆為相同影像) 之 L_1 範數距離，包含透射和干擾老師網路重建損失：

$$L_{\text{rec}} = L_{\text{rec}}^{T}(I_T, T_T(I_T)) + L_{\text{rec}}^{T}(I_D, T_D(I_D))$$
$$= \left|I_T - T_T(I_T)\right|_1 + \left|I_D - T_D(I_D)\right|_1$$

其中 I_T 是輸入影像，I_D 為干擾層 (即 $I - I_T$)，而 I_T (I_T) 和 I_D (I_D) 則代表透射老師網路和干擾老師網路的輸出。對於學生網路，為了分離透射和干擾的內容，我們使用以下公式：

$$L_{\text{con}} = L_{\text{con}}^{T}(I_T, S_T(I)) + L_{\text{rec}}^{D}(I_D, T_D(I_D))$$
$$= \left|I_T - S_T(I)\right|_1 + \left|I_D - S_D(I)\right|_1$$

其中 $S_T(I)$ 和 $S_D(I)$ 都代表學生網路使用輸入影像 I(即帶有干擾的影像) 生成的輸出影像。$S_T(I)$ 是學生網路的透射分支影像輸出，$S_D(I)$ 是干擾分支影像。學生網路透過 L_1 損失使輸出影像與眞實 (Ground Truth) 影像一致，藉此讓模型解構透射層及干擾層。

為了進行知識的萃取轉移，學生網路的各層特徵輸出需與老師網路各層特徵相似，對於前四個模塊，每個模塊前半通道會學習干擾層特徵，後半通道會學習透射層特徵。前四個內容感知層具有 128 個通道，一個內容感知層對應兩個殘差模塊，一個來自透射老師網路，另一個來自干擾老師網路。前四個內容感知層的前 64 個通道學習干擾特徵；後 64 個通道學習透射特徵。而在這四個內容感知層後會分成兩個分支，一個負責處理透射層特徵，一個負責處理干擾層特徵。在這些分支中，所有內容感知層皆有 64 個通道，一個內容感知層對應一個殘差模塊。以此，我們設計模仿損失，並表示為：

$$L_{\text{mimic}} = \sum_{n=1}^{8}\left(\left|T_D^n(I_D) - S_{1:64}^n(I)\right|_1 + \left|T_T^n(I_T) - S_{65:128}^n(I)\right|_1\right)$$

其中 $T_T^{\,n}(I_{\text{T}})$ 和 $T_D^{\,n}((I_D)$ 表示 T_T 和 T_D 從 n^{th} 的殘差模塊模塊所提取的特徵。$S_{c_1:c_2}^n(I)$ 表示 n^{th} 內容感知層的 $c_1^{\text{ th}}$ 到 $c_2^{\text{ th}}$ 通道特徵。最後為了強化輸入影像 I、透射影像 I_T 和干擾影像 I_D 之間保眞度，我們引入基於 $I = I_T + I_D$ 的保眞度損失為：

$$L_{\text{fidel}} = L_{\text{fidel}}(I, T_T(I_T), T_D(I_D)) + L_{\text{fidel}}(I, T_T(I_T), S_D(I)) + L_{\text{fidel}}(I, S_T(I), T_D(I_D))$$
$$= \left|I - T_T(I_T) - T_D(I_D)\right|_1 + \left|I - T_T(I_T) - S_D(I)\right|_1 + \left|I - S_T(I) - T_D(I_D)\right|_1$$

綜合以上的損失函數，整體損失函數如下所示：

$$L = L_{\text{recon}} + \lambda_1 L_{\text{con}} + \lambda_2 L_{\text{mimic}} + \lambda_3 L_{\text{fidel}}$$

其中 λ_1、λ_2、λ_3 為超參數。

圖 8-43 為透過我們提出的方法進行消除反射的成功例子，其中具反射的影像是來自 SIRR 資料集 (參考：Wan, R., Shi, B., Duan, L. Y., Tan, A. H., & Kot, A. C., 2017) 與資料集 NRD：

圖 8-43　影像去反射的結果

三、影像除雨技術

自監督式的單一影像除雨技術：

單一影像除雨 (Single Image Derain) 的任務目標在於去除單一影像中的雨紋，該領域引起了許多關注。近期在這個主題的研究，主要集中在深度學習方法上，該方法使用下雨場景影像與其相對應的乾淨影像來訓練模型。然而，收集成對影像的工作相當花費時間與人力成本，因此，我們團隊提出了一個架構稱爲 Rain2Avoid(R2A)，一個只需要一張下雨場景影像就可以進行除雨的自監督式學習模型。

我們也提出一個參考影像梯度來預測潛在雨紋的模組，在訓練過程中我們略過雨紋像素產生較乾淨的背景影像，並直接對輸入下雨影像進行自監督式訓練，可以預期的是 R2A 的表現可能不如有使用乾淨影像作爲參考的監督式學習模型。但是當訓練的成對影像是無法取得時，R2A 就會有優勢，R2A 可以只使用一張下雨場景影像進行自監督學習。實驗結果顯示，我們所提出的方法表現的與最先進的小樣本除雨和自監督去雜訊方法還好。

拍攝的影像若有雜訊或視覺干擾，像是霧霾、霧或雨，將導致物件偵測或物件辨識的電腦視覺任務表現下降，因此修復這些影像使其恢復成乾淨影像是重要的，影像除雨的任務就是從下雨的圖片中去除雨紋來獲取乾淨的背景。

過去傳統的方法通常會將雨紋影像分解成雨紋和乾淨的背景來對影像進行除雨，這些方法基於影像先驗 (Image Prior)、統計字典學習 (Statistical Dictionary Learning)、稀疏編碼 (Sparse Coding)、低秩近似 (Low-Rank Approximation) 和高斯混合模型 (Gaussian Mixture Models) 來獲得雨紋。然而，這些方法在複雜多變的雨景影像上效果並不好，因爲它們只使用基於先驗假設的統計模型，缺少泛化性。

最近，基於深度學習的方法在低等級 (low level) 視覺任務中蓬勃發展，取得不錯的效用。對於影像除雨，使用大量的訓練資料的深度學習模型可以幫助推斷各種不同的場景並獲得希望修復的結果，在除雨的領域中，大部分都是監督式學習的方法。然而，監督式學習的方法需要給模型學習許多有雨和無雨的訓練影像對，但同時獲取現實世界中雨天的影像以及其對應的乾淨影像是具有挑戰性的。

此外，訓練集和測試集可能存在著域差距 (Domain Gap) 的問題，會使模型表現惡化。爲了解決這個問題，有些方法使用無配對的有雨和無雨影像來訓練循環對抗式網路 (CycleGAN) 的除雨模型，但這些無監督的生成對抗方法可能會在修復結果上產生不必要的附加物。目前使用自監督式學習模型進行影像除雨的工作並不多，如果我們將影像除雨視爲影像去雜訊任務，在自監督影像去雜訊方面，已有提出了一些重要的作品，例如 Noise2Void(N2V)(參考：Krull, A., Buchholz, T. O., & Jug, F., 2019) 和 Noise2Self(N2S)(參考：Batson, J., & Royer, L., 2019)

他們假定一張影像的相鄰相素是概率相關的，但在給定不同像素的噪聲的條件上獨立，因此理論上可以利用其鄰近的像素來估計任何像素，因爲噪聲的平均被假設爲零。然而，這些方法無法在除雨上起作用，因爲雨滴像素的期望值不應該是零，這違反了假設。

受到 N2V 的啓發，本文提出 Rain2Avoid (R2A)，一個只需要下雨場景影像來除雨的新自監督訓練方法，我們利用局部梯度作爲先驗資訊來顯示可能的雨紋，並在訓練時避免這些雨紋像素。當乾淨背景影像無法取得時，R2A 將表現的更好，因爲它可以只用雨天影像來做自監督式除雨。我們主要的貢獻分爲兩個部分，首先，據我們所知，這項研究是自監督式除雨的首次嘗試。另外，R2A 將傳統的影像梯度先驗資訊來萃取雨水像素並和先前提出的自監督訓練的方法整合爲一體，使之表現與最先進 (SOTA) 的小樣本除雨及自監督式去雜訊方法相比更爲良好。

我們提出的方法可以分爲兩個部分。首先，我們計算一個局部優勢梯度作爲先驗資訊來顯示出可能的雨紋，叫做局部優勢梯度先驗 (LDGP)，有了局部優勢梯度先驗的資訊，我們的自監督訓練方案在訓練輸入影像時可以避免雨紋像素。在下文中，我們將詳細介紹該方法的兩個部分。

1. 局部優勢梯度先驗 (Locally Dominant Gradient Prior, LDGP)

一些先前的作品中，已有些研究藉由傳統的影像先驗資訊從下雨場景影像提取雨紋。Jiang 等人 (參考：Jiang, T. X., Huang, T. Z., Zhao, X. L., Deng, L. J., &

Wang, Y., 2018) 透過從影片幀之間的雨紋差異，來提取雨紋方向中的單方向總變差來計算出有鑑別性的先驗資訊。而 Li 等人 (參考：Li, Y., Monno, Y., & Okutomi, M. , 2022) 提出的校正局部對比標準化 (Rectified Local Contrast Normal, RLCN) 來定位強度高於相鄰像素的像素。然而，使用校正局部對比標準化 (RLCN) 可能會將明亮的像素誤判成雨紋像素。受到 Jiang 等人的啓發，我們提出一種簡單且有效的傳統方法來計算局部梯度，從單一下雨場景影像中找出雨紋像素。由於雨紋時常以同一個方向出現並覆蓋整張圖，我們將輸入的下雨場景影像 x 分為 $K \times K$ 個子圖 $\left\{ S_i \middle| 1 \le i \le \frac{HW}{K^2} \right\}$ 來預測雨紋的角度，其中 K 是影像高 H 和寬 W 的最大公因數。接著，我們對每張子圖 S_i 計算方向梯度直方圖 (Histogram of Oriented Gradients)，其值為 $h_{si}(\theta)$，其中 θ 為梯度角度。因此雨紋角度 θ_{si} 在此子圖中為 $\theta_{si} = \text{argmax}_{\theta} h_{si}(\theta)$ 。

我們採用 $\{\theta_{si} | \forall i\}$ 的多數決來決定整張影像的雨紋角度 θ^*。為了估計雨的位置，我們首先使用了自適應二值化將下雨場景影像 x 轉換成二元圖 B 來提取雨紋像素，即：

$$B_{i,j} = \begin{cases} 1, & \text{if } x_{i,j} \ge T_{i,j} \\ 0, & \text{otherwise} \end{cases}$$

其中 $T_{i,j} = \mu_{\Omega}(x_{i,j})$，閾值設置為以 $x_{i,j}$ 為中心的 3×3 局部區塊的平均，因雨紋的像素通常比周圍的像素還亮。接著，我們把二元圖 B 旋轉 θ^* 使潛在的雨紋垂直，以過濾掉非雨紋的部分，然後我們使用影像型能學運算 (Morphological Operations) 中的斷開 (Opening) 運算來提取畫面中的直線。最後，我們將二元圖 B 旋轉 $-\theta^*$，以取得局部優勢梯度先驗資訊 (LDGP)，其表示輸入影像 x 中的雨紋像素。

2. Rain2Avoid: 自監督除雨訓練方法

如上文提到的，Deep Image Prior (DIP) 利用一個隨機初始的雜訊向量以及深度神經網路來還原雜訊影像。它的自監督損失是 $L_{\text{dip}} = \left| f_{\xi}(z) - x \right|^2$，其中 f_{ξ} 是以 ξ 參數化的深度神經網路，z 是一個隨機向量，x 是雜訊影像的輸入。因為在影像中高頻率的雜訊較難被網路學習，較平滑且乾淨的背景會被較快地學習到，所以 DIP 可以順利地還原雜訊影像。但這個特性並不適用於下雨場景影像，因為雨紋會出現較多的結構紋路和圖型，所以通常會和背景一起被學習。

另一方面，N2V 假定影像中的雜訊是零平均和均勻分布的，即爲 $x = y + n$，其中 y 是 x 的對應乾淨影像，n 是噪聲。x 的期望值爲零，即 $E[x]=0$。因此，N2V 在訓練中使用盲點卷積來在最後平均掉噪聲像素，即

$$E[x] = E[y+n] = E[y] + E[n] = E[y]$$

損失函數爲 $L_{\mathrm{n2v}} = \left| f_{\xi}(x') - x \right|^2$，其中 x' 爲帶有被盲點訓練方法替換的隨機選擇像素的輸入 x，這是一個隨機的過程，它使用目標附近隨機選擇的像素來替換目標像素。然而，在除雨情形中，$x = y + r$，其中 x 代表下雨場景影像，r 代表雨紋信號。顯然 $E[r] \neq 0$，因此 N2V 不適用於下雨場景影像。

爲了處理以上提到的問題，我們提出 Rain2Avoid (R2A)，一個只需下雨場景影像來除雨的新型自監督訓練方案。與 N2V 不同的是，R2A 在訓練時考慮局部優勢梯度先驗 (LDGP)。此外，本文所提出的 R2A 的隨機訓練過程，並不是針對輸入的下雨場景影像如 N2V，而是在於目標影像。損失函數爲：

$$L_{\mathrm{r2a}} = \left| f_{\xi}(x) - x'_{ldgp} \right|^2$$

其中網路 f_{ξ} 的輸入爲雨天影像 x，目標輸出爲帶有雨水像素的 x'，x' 是我們參考局部優勢梯度先驗 (LDGP)，從雨水鄰近像素 $m \times m$ 中一個隨機選擇非雨像素來取代雨紋像素的結果。我們提出的訓練方法便是利用深度網路，從隨機的下雨場景影像 x 以及對應的 LDGP，來學習低階級的影像統計資訊。這個隨機的過程顯示於圖 8-45 中。它的成效比 N2V 還來的好，因爲 N2V 不可避免地會學習到雨紋的像素，所以 N2V 的輸出目標仍然可以看到有雨紋在影像中。圖 8-44 比較了不同的自監督訓練方法，包括 DIP、N2V 和本文的 R2A。

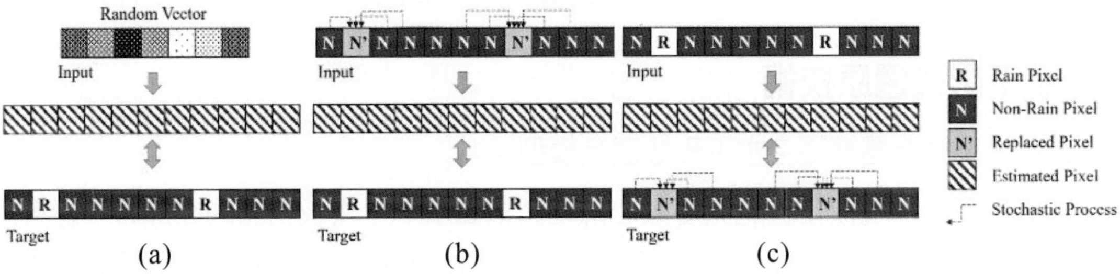

圖 8-44　不同自監督式學習方法的比較：(a)Deep Image Prior，(b)Noise2Void，(c)Rain2Avoid

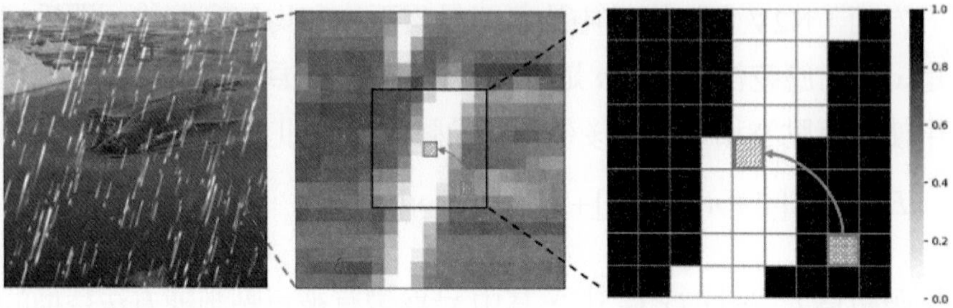

(a) (b) (c)

圖 8-45　根據 LDGP 進行隨機的取代的過程：(a) 下雨場景影像，(b) 下雨影像局部放大圖，(c) 相對應的 LDGP。在此處的紅色像素點將會被隨機選取的藍色像素點取代

圖 8-46 爲我們提出的 Rain2Avoid 方法所還原的結果，圖中的影像來自於常見的除雨資料集 Rain100L(參考：Yang, W., Tan, R. T., Feng, J., Liu, J., Guo, Z., & Yan, S. , 2017) 以及 Rain800(參考：Zhang, H., Sindagi, V., & Patel, V. M., 2019)。

(a) (b) (c)

輸入下雨影像　除雨結果影像　乾淨背景影像

圖 8-46　Rain2Avoid 的除雨結果：(a) 為原輸入影像，(b)R2A 除雨影像，(c) 乾淨背景

四、水下影像還原技術

基於深度直方圖網路之水下影像還原模型：

由於水下的環境複雜且能見度低，當我們拍攝水下生物或物體的照片時，總會產生模糊似霧或是色偏的問題，導致看不清楚水下的狀況，而這主要是因爲光在水下傳播時的吸收、散射與衰減，導致水下影像存在嚴重的顏色失真、模糊與低對比度的情況，這也是水下還原任務一直以來的挑戰之一。

在水中的光衰減是由不同波長的光以不同衰減率在水中傳播 (參考：Zaneveld, J. R. V., 1995) 所引起的，因此會導致顏色失眞。另一方面，光散射主要源於光在撞擊浮游植物等懸浮顆粒時隨機偏轉，導致拍攝的影像對比度低。然而，顏色和對比度對於水生環境的視覺研究至關重要。例如，物體檢測器在高質量影像上比在低質量影像上工作得更好 (參考：Islam, M. J., Xia, Y., & Sattar, J., 2020)。因此開發一種有效的水下影像增強方法至關重要。

在許多提高影像視覺質量的方法中，對比度增強是一種增加影像對比度的有用方法，可以揭示原本不可見的影像細節，而在眾多對比度增強方法中，直方圖均衡化 (參考：Hummel, R., 1975) 因其簡單和良好的增強效果而成爲最常見和廣泛使用的技術之一。直方圖均衡化 (Histogram Equalization, HE) 這個方法是使用影像像素値的累積分佈函數去計算變換函數，影像的強度級別在可用強度範圍內均勻分佈，儘管它可以增強影像，但 HE 也可能會放大噪聲並產生僞影。由於直方圖中的顯著峰在映射變換中會佔據較寬的範圍，而使其他強度水平具有相對較窄的範圍，從而導致影像的過度增強和增強不足。然而，由於場景吸收的光，水下影像呈現藍色或綠色，導致基於 HE 的方法在某些情況下表現不好，因此，HE 可能並不適用於所有場景，因爲它沒有考慮水下物理。近期的研究在解決這些問題的基於深度學習的方法上取得了重大進展。

作爲先驅水下影像恢復 / 增強任務，Cao 等人 (參考：Cao, K., Peng, Y. T., & Cosman, P. C., 2018) 提出使用基於水下場景影像形成模型合成的退化 / 乾淨影像對來訓練模型，他們將其應用於估計水下影像中的場景深度和背景光。爲了使恢復的水下影像更加逼眞，Li 等人 (參考：Li, J., Skinner, K. A., Eustice, R. M., & Johnson-Roberson, M., 2017) 建議通過使用生成對抗網路 (參考 Mirza, M., & Osindero, S., 2014) 來擴展它。此外，Guo 等人 (參考 Guo, Y., Li, H., & Zhuang, P., 2019) 採用殘差多尺度密集的對抗網路模型來增強水下影像。Dudhane 等人 (參考：Dudhane, A., Hambarde, P., Patil, P., & Murala, S., 2020) 設計了一個端到端的廣義深度網路，它同時利用密集的殘差網路和通道特徵提取模組成功地增強不同水類型的影像並減少了模糊和霧度。儘管如此，它仍無法考慮光的吸收和散射。再者，還提出一種基於簡單條件式對抗網路的模型 (參考：Islam, M. J., Xia, Y., & Sattar, J., 2020)，用於水下增強和目標檢測，它顯著提高水下視覺感知的性能，但仍舊沒有考慮到光吸收與散射的問題。

然而，大多數基於深度學習的水下影像還原方法都是通過學習特徵進行建圖，需要大量的訓練數據。然而，由於缺乏有效的訓練數據，基於深度學習的水下影像增強算法的性能往往表現不佳。Li 等人 (參考：Li, C., Guo, C., Ren, W., Cong, R., Hou, J., Kwong, S., & Tao, D., 2019) 構建了一個大規模的眞實世界水下影像數據集，以促進此類任務的訓練。另外還提出了 UWCNN(參考：Li, C., Anwar, S., & Porikli, F., 2020)，根據不同的水類型，採用模擬眞實水下影像的水下合成影像組，收集到的有效水下影像的數量通常決定了這些監督式水下影像增強模型的性能，因此，必須有足夠的水下影像來代表眞實世界的條件。此外，當前基於深度學習的水下影像還原 / 增強模型的魯棒性和泛化能力也不盡如人意。啓發於上述的情況，我們提出一種基於直方圖的水下場景影像增強模型，所提出的模型估計增強水下影像從輸入直方圖中擁有的目標直方圖，限制模型學習直方圖到直方圖的轉換而不是影像到影像的轉換。由於直方圖的多樣性遠低於影像場景，因此可以放寬對訓練數據的高要求，該模型通過將直方圖指定的方法 (參考：Coltuc, D., Bolon, P., & Chassery, J. M., 2006) 合併到網路中來生成輸出，並改進增強結果。

我們提出用於水下影像還原的模型稱爲 Histoformer-PQR，其中 Histoformer 是一個基於變換器的直方圖預測模型，它將水下影像的顏色直方圖作爲輸入，並爲其恢復影像估計目標顏色直方圖，以實現基於直方圖的顏色和對比度恢復。接下來，這個模型會透過直方圖匹配 (參考：Coltuc, D., Bolon, P., & Chassery, J. M., 2006) 從輸入影像生成顏色恢復和對比度增強的影像。之後，提出的基於像素的質量細化器 (Pixel-based Quality Refiner, PQR) 是用來細化恢復的水下影像，接下來會藉由圖 8-47 的架構圖來介紹我們的模型。

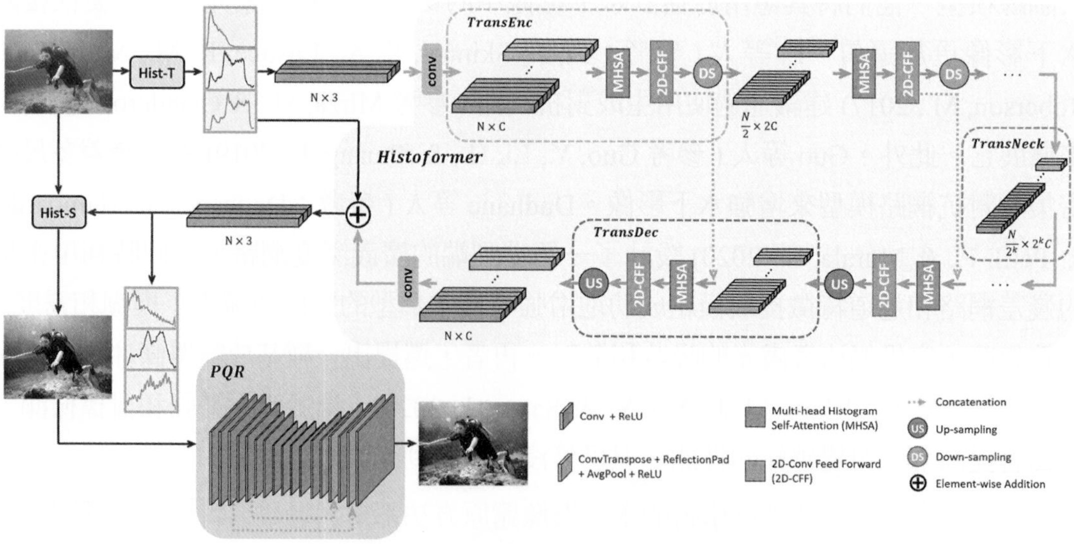

圖 8-47　Histoformer-PQR 架構圖

我們的模型主要是由基於變換器的直方圖預測模型 Histoformer，並連接一個質量細化器 PQR 所組成。傳統的變換器 (Transformer) 架構 (參考 Vaswani, A., Shazeer, N., Parmar, N., Uszkoreit, J., Jones, L., Gomez, A. N., ... & Polosukhin, I., 2017) 是在編碼器和解碼器中包含多個變換器塊，這些變換器模組由自注意力機制的模組、層次歸一化 (Layer Normalization) 和前饋網路組成。而我們的 Histoformer 便是基於 Transformer 的架構，提出了多頭直方圖自注意力 (Multi-head Histogram Self-Attention, MHSA) 模組和二維卷積前饋網路 (2D Conv-Feed-Forward network, 2D-CFF)，學習目標直方圖用於顏色和對比度恢復。

我們的 Histoformer 是以顏色直方圖作爲輸入，首先輸入的水下影像 I 會透過直方圖變換 (Hist-T) 的函數計算獲得其顏色直方圖 $H_{\text{in}} = \text{Hist-T}(I) \in R^{N\times 3}$ ，其中 N = 256，是顏色直方圖中 bin 的數量。它從帶有 Leaky ReLU 的 3 × 1 的一維卷積層開始以獲得直方圖特徵，提取的特徵被饋送到 k 個變換器編碼塊，然後是一個瓶頸塊，再來對應於編碼塊，堆疊 k 個變換器解碼塊來得到預測的目標直方圖 H_{out}。接下來會使用直方圖匹配 (Hist-S) 將輸入影像 I 轉換爲 S 來將輸入直方圖 H_{in} 與預測目標直方圖 H_{out} 匹配，並表示爲：

$$S = \text{Hist-S}(I, H_{\text{out}})$$

接下來要介紹的是多頭直方圖自注意力、二維卷積前饋網路以及基於像素的質量細化器。

1. 多頭直方圖自注意力 **(Multi-head Histogram Self-Attention, MHSA)**

多頭直方圖自注意力這個模組包含兩個部分：直方組界自注意力機制 (Bin-wise Self-Attention, BSA) 以及直方通道自注意力機制 (Channel-wise Self-Attention, CSA)，BSA 的輸入是以 bin 作爲直方圖標記並處理直方圖間的特徵，相比之下，CSA 是採用通道維度的直方圖標記並關注直方圖之間的特徵。兩個機制的運作方式分別如圖 8-48(a) 與圖 8-48(b) 所示：

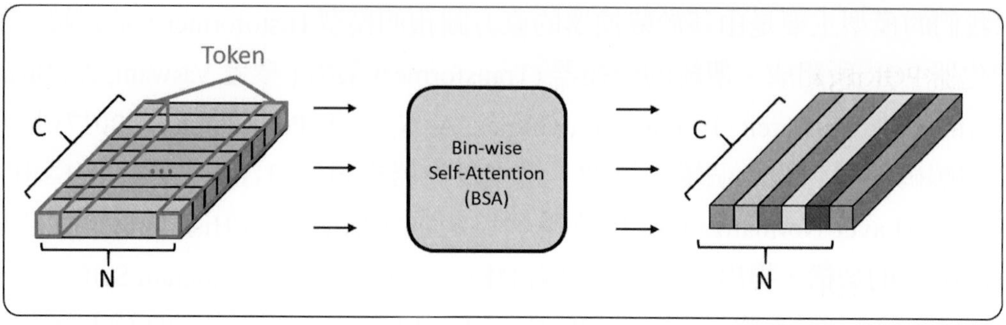

(a)

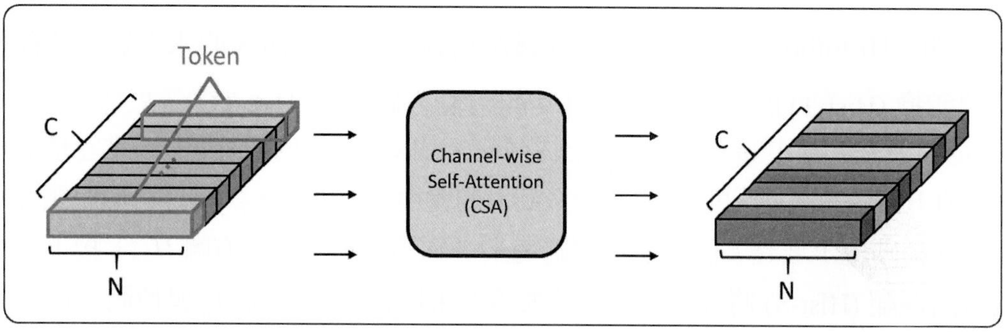

(b)

圖 8-48　多頭直方圖自注意力模塊的結構：(a) 直方組界自注意力，(b) 直方通道自注意力

(1) BSA

BSA 首先會將輸入的直方圖特徵 $X \in R^{N \times C}$ 進行 Layer Normalization，表示爲：

$$X^{\text{norm}} = \text{Norm}(X)$$

其中 $X^{\text{norm}} \in R^{N \times C}$。另外，我們假設關注機制中的多頭的頭數 (head) 爲 n，所以每個頭具有 $b_n = \frac{N}{n}$ 個 bin 或 $d_n = \frac{C}{n}$ 個通道數。對於 BSA，我們透過 bin 方向的輸入 X^{norm} 生成與 X 關聯的查詢 (query)、鍵 (key) 和值 (value)，分別標示爲 $Q, K, V \in R^{b_n \times C}$，然後在每個頭的 b_n 標記間執行自我注意機制。最後，我們串接所有的頭並進行線性投影以獲得 $Y \in R^{N \times C}$，並將原始輸入 X 添加到最終結果 $Y_{\text{BSA}} \in R^{N \times C}$：

$$Y_{\text{BSA}} = \text{BSA}(X) = Y + X$$

(2) CSA

執行完 BSA 之後，接著透過 CSA 處理 Y_{BSA}。一開始如同 BSA 的操作，會採取 Layer Normalization 得到直方圖特徵 $X^{\mathrm{norm}} \in R^{N\times C}$ ，只是這邊輸入的特徵變為 Y_{BSA}。對於 CSA，多頭的查詢、鍵和值是通過將 BSA 中的 Q, K, V 重塑 $Q_j, K_j, V_j \in R^{d_n\times N}$ 獲得的，因此輸出特徵 $Y_j \in R^{d_n\times N}$ 是通過每個頭的 d_n 標記計算的。最後與 BSA 相似，我們串接所有的頭，然後進行線性投影並將其重塑為 $Y \in R^{N\times C}$ 並與輸入的殘差連接：

$$Y_{\mathrm{CSA}} = \mathrm{CSA}(Y_{\mathrm{BSA}}) = Y + Y_{\mathrm{BSA}}$$

圖 8-49(a) 與圖 8-49(b) 分別為 BSA 與 CSA 於模型中執行的示意圖：

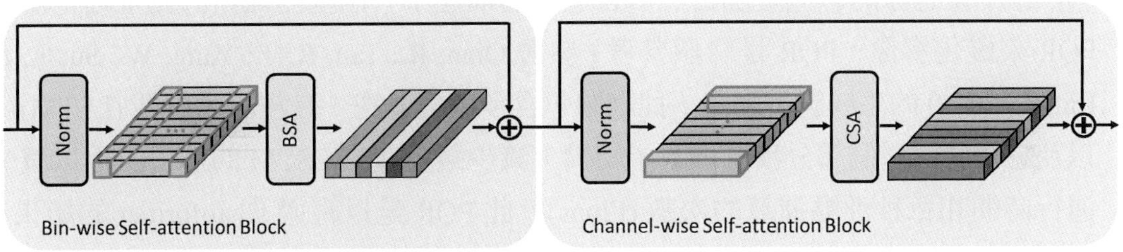

圖 8-49　多頭直方圖自注意力示意圖：(a) 直方組界自注意力，(b) 直方通道自注意力

2. 二維卷積前饋網路 (2D Conv-Feed-Forward network, 2D-CFF)

直方圖的全局分佈除了可以學習到有用的訊息外，分佈之間的相鄰值也是影像還原的重要參考 (參考 Wang, Z., Cun, X., Bao, J., Zhou, W., Liu, J., & Li, H., 2022)，如圖 8-50 所示，我們首先對 Y_{CSA} 應用層次歸一化，然後使用線性投影來增加每個標記 (token) 的維度，並將這些標記重塑為二維 (2D) 空間特徵圖，然後使用 3×3 的深度卷積 (DWC)(參考 Howard, A. G., Zhu, M., Chen, B., Kalenichenko, D., Wang, W., Weyand, T., ... & Adam, H., 2017) 捕獲局部訊息。最後，我們透過重塑特徵映射並經過另一個線性函數縮小通道來匹配輸入通道的維度來攤平特徵，在每個線性層和卷積層之後，使用 GELU 作為激活函數。

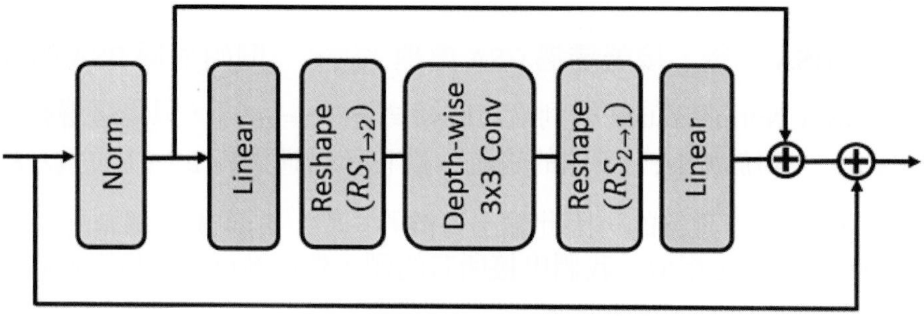

圖 8-50　二維卷積前饋網路架構

3. 基於像素的質量細化器 (Pixel-based Quality Refiner, PQR)

爲了使還原的影像更加自然眞實，我們構建了一個基於像素的質量細化器器 PQR 來優化影像，PQR 是一個參考 (參考 Qian, R., Tan, R. T., Yang, W., Su, J., & Liu, J., 2018) 的生成對抗網路，此網路包含多個殘差塊、長短記憶模型 (LSTM)，以及卷積層。這個部分我們修改了結構，減少殘差塊和 LSTM 的迭代次數以減少運行時間和每秒浮點運算的次數 (Flops)。此 PQR 是以經過 Histoformer 的結果 S 作爲輸入，得到最終的輸出 I_f，因此最終還原後的影像表示爲：

$$I_f = \mathrm{PQR}(S).$$

在訓練此模型時，採用了多種損失函數，包含均方誤差損失 (MSE Loss)、平均絕對誤差損失 (MAE Loss)、感知損失 (Perceptual Loss)、GAN 損失以及內容損失 (Content Loss)。

A. 均方誤差損失 (MSE Loss)

對於影像的顏色直方圖，點的分佈對於顏色的恢復很重要，我們使用均方誤差損失 (MSE Loss) 來定義兩個影像的直方圖分佈之間的距離差異。令 h_i 和 g_i 分別爲預測的直方圖和眞實影像的直方圖。我們分別計算紅色、綠色、藍色通道與其目標通道的分佈差異，並根據紅色、綠色、藍色通道各自的結果調整權重。因此，我們使用均方誤差損失來比較兩個直方圖：

$$F_{\mathrm{MSE}}(h_i, g_i) = \frac{1}{N}\sum_{j=0}^{N-1}(\mathrm{PDF}_j(h_i) - \mathrm{PDF}_j(g_i))^2$$

其中 $\mathrm{PDF}_j(h_i)$ 和 $\mathrm{PDF}_j(g_i)$ 是 h_i 和 g_i 的概率密度函數的第 j 個元素，而 $i \in \{R, G, B\}$ 三個顏色通道。

均方誤差損失源自 $F_{\mathrm{MSE}}(\cdot)$，它將預測的顏色直方圖和參考的顏色直方圖之間的均方誤差定義爲：

$$L_{\mathrm{MSE}} = \lambda_R F_{\mathrm{MSE}}(h_R, g_R) + \lambda_G F_{\mathrm{MSE}}(h_G, g_G) + \lambda_B F_{\mathrm{MSE}}(h_B, g_B)$$

其中 $\{h_R, h_G, h_B\}$ 和 $\{g_R, g_G, g_B\}$ 分別是紅色、綠色和藍色通道的輸出和參考直方圖，另外，我們設定 $\lambda_R = 2$；$\lambda_G = 0.5$；$\lambda_B = 1$。

B. 平均絕對誤差損失 (MAE Loss)

我們使用平均絕對誤差作爲計算增強影像 S 和基準真相 $G_t \in R^{H \times W \times 3}$ 之間的損失函數，公式爲：

$$L_{\mathrm{MAE}} = \frac{1}{HWC} \left\| S - G_t \right\|_1$$

C. 感知損失 (Perceptual Loss)

我們在目標中調整感知損失項，以便在內容的自然性和相似性方面將 Histoformer 的輸出與乾淨影像相匹配，這裡是基於在 ImageNet(參考：Deng, J., Dong, W., Socher, R., Li, L. J., Li, K., & Fei-Fei, L., 2009) 上預訓練的 VGG19 網路 (參考：Simonyan, K., & Zisserman, A., 2014) 來計算感知損失，我們參考 (參考：Islam, M. J., Xia, Y., & Sattar, J., 2020) 定義以第 j 層輸出作爲高級特徵的 VGG19 網路函數 $\Phi^j(\cdot)$，並將感知損失公式化如下：

$$L_{\mathrm{per}} = E_{S,G_t} \left\| \Phi^j(S) - \Phi^j(G_t) \right\|_2$$

其中 S 代表預測直方圖指定的輸入影像 I，G_t 爲參考影像，第 j 層是 VGG19 的 conv5_2 層。

D. GAN 損失

在 GAN 損失中，它分爲對抗損失與 L_1 損失兩個部分。首先，我們計算對抗損失 (Adversarial Loss) 以優化我們的模型，我們將指定的影像 S 和參考影像 G_t 作爲僞造和真實的影像對：

$$L_{\mathrm{adv}} = E_{S,G_t}[\log D(S, G_t)] + E_S[\log D(1 - D(S, G(S)))]$$

其中 D 是鑑別器，G 是生成器。

爲了使還原的影像更加自然逼眞，我們將 L_1 損失 (Consistency Loss) 用作：

$$L_{L1} = E_{S,G_t} \left\| G(S) - G_t \right\|_1$$

因此 GAN 損失記作爲：

$$L_{\text{GAN}} = L_{\text{adv}} + L_{L1}$$

E. 內容損失 (Content Loss)

我們採用內容損失來衡量生成器的輸出 I_f 與相應的基準眞相 G_t 之間的差異，以獲取 PQR 中的感知訊息。這裡的內容特徵是從預訓練的 VGG19(參考：Simonyan, K., & Zisserman, A., 2014) 網路 $\Phi^j(\cdot)$ 中的四個內部層中提取的，分別是 relu1_1、relu1_2、relu2_1 和 relu2_2，該函數表示爲：

$$L_{\text{content}} = \sum_{j \in 1,3,6,8} E_{I_f,G_t} \left\| \Phi^j(I_f) - \Phi^j(G_t) \right\|_2^2$$

綜合上述的損失函數，整體損失函數如下所示：

$$L = L_{\text{MSE}} + \lambda_1 L_{\text{MAE}} + \lambda_2 L_{\text{per}} + \lambda_3 L_{\text{GAN}} + \lambda_4 L_{\text{content}}$$

其中 λ_1、λ_2、λ_3、λ_4 爲各項損失的權重，λ_1 和 λ_2 皆爲 0.6；λ_3 爲 0.4；λ_4 則是 0.3。

圖 8-51 爲我們提出的 Histoformer-PQR 方法所還原的結果，圖中的水下影像是來自 UIEB 資料集 (參考：Li, C., Guo, C., Ren, W., Cong, R., Hou, J., Kwong, S., & Tao, D., 2019)，圖 8-52 的水下影像則是採源自 RUIE 資料集 (參考：Liu, R., Fan, X., Zhu, M., Hou, M., & Luo, Z., 2020)：

輸入
(原圖)

輸出
(我們的方法)

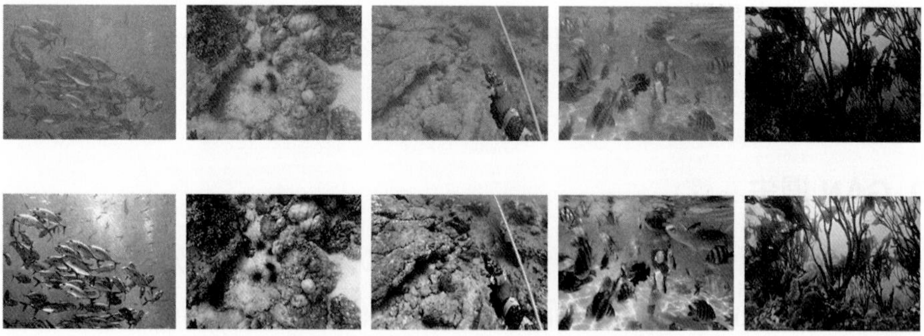

圖 8-51　Histoformer-PQR 應用於 UIEB 資料集的結果

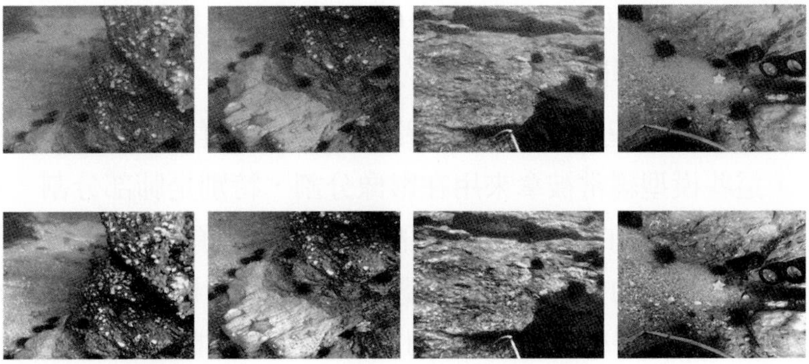

圖 8-52　Histoformer-PQR 應用於 RUIE 資料集的結果

五、深度學習與二値化的應用

對比增強與卷積網路在肺部 **X** 光影像分割之應用：**(** 參考：**Chen, H. J., Ruan, S. J., Huang, S. W., & Peng, Y. T., 2020)**

在胸部 X 光 (CXR) 影像中檢測肺邊界已廣泛用於肺部健康診斷，耳鼻喉科醫師受過訓練後可以根據肺部區域內發生的特定差異辨識可能的肺部疾病。例如，形狀、大小和肺總容積可為心臟擴大、氣胸、塵肺或肺氣腫等嚴重疾病提供線索，而這種主觀方法需依賴放射科醫師的診斷經驗。

空氣污染對人類健康的影響是有據可查的，當空氣污染程度增加時，一個人罹患肺部疾病的可能性就會增加，因此，當更多的患者需要進行 X 光檢查時，會使得耳鼻喉科醫生增加更多的工作量，也就可能提高了誤診的可能性。

過去研究指出計算機輔助診斷 (Computer-aided Diagnosis, CAD) 系統可以協助標示出特定呼吸系統疾病的特徵，減少放射科醫生的工作量。例如，國家醫學圖書館與印第安納大學醫學院合作，正在開發一種 CAD 系統，在缺乏放射科醫師和設備的地方，檢測肺結核病患者。強大的 CAD 系統可以進行器官影像分割，繪出肋骨、鎖骨區域的輪廓或是多變的肺部形狀、心臟尺寸。

我們的研究提出一種預處理方法，以實現低成本的肺部 X 光影像分割技術，該方法可對 CXR 影像中的肺部邊界區域進行影像分割。提出的方法分為三個步驟：

1. 將基於限制區域的直方圖均衡化方法應用在 CXR 影像，以增加肺部與其周圍區域 (包括骨結構和其他軟組織) 之間的差異 (對比度)，經由實驗證明這樣的方法可以提高基於實驗的準確性結果。

2. 基於自適應二值化方法將灰度 CXR 影像轉換爲二值影像，可減少約 94.6% 的記憶體使用，且準確度只有下降約 1.1%。

3. 我們使用各種基於卷積神經網路的模型進行實驗，比較提出的肺部分割任務的性能，這些模型經常被拿來用在影像分割，特別是肺部分割。包括：全卷積神經網路 (FCN)、U-net 和 SegNet，搭配我們提出的預處理流程。實驗結果顯示，我們的方法與最先進的方法相比，預處理步驟可以使模型訓練過程加快 20.74%，同時保持相當的分割準確度。我們做出了三項主要貢獻：(1) 我們採用基於限制區域的直方圖均衡化方法可以提高分割準確度；(2) 所提出的方法可以加快模型訓練過程；(3) 它還可以大幅節省儲存空間，而預測精度只有輕微下降 (1.1%)。

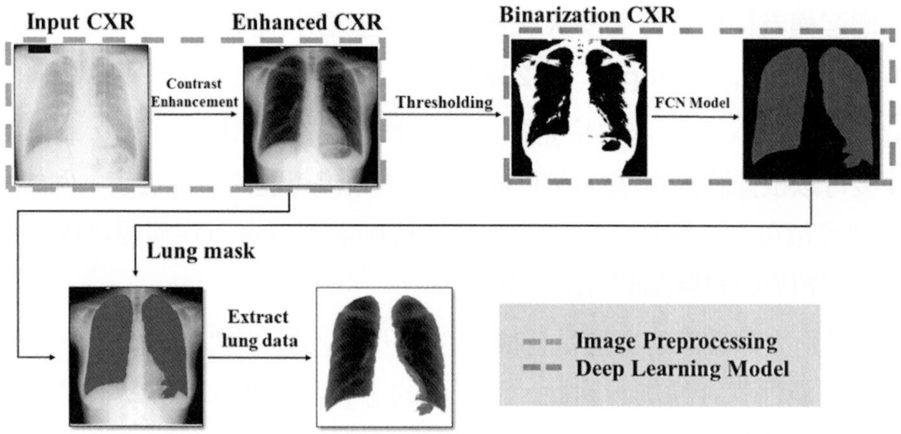

圖 8-53　所提出的預處理方法的流程圖 (取自 Chen, H. J., Ruan, S. J., Huang, S. W., & Peng, Y. T., 2020 之圖 1)

我們的方法一共分爲以下幾個步驟：1. 基於限制區域的直方圖均衡化增強對比度；2. 影像二值化；3. 基於深度神經網路的影像分割。

1. 基於限制區域的直方圖均衡化增強對比度：

X 光片的檢查會使用 X 光射線或伽馬射線，來檢查一個物件的內部結構，而 X 光片影像往往有比較低的對比度。因此，在進一步使用這些影像進行分割之前，可以透過影像增強的方法，使其具有更好的對比度，以獲得更準確的分割結果。

直方圖均衡化是一種可以提高影像對比度的方法，然而，直方圖均衡化會均勻地拉長影像的強度範圍，導致影像增強不足或增強過度，因此，我們提出使用基於限制區域的直方圖均衡化，將肺部與背景區分離來。其作法如下：

假設$I(p) \in [0, 2^b - 1]$，是像素 p 處的輸入影像的強度，其中 b 表示的是影像強度的位元數，若 $b = 8$，表示我們強度的範圍介於 0 ～ 255。

而影像直方圖 H 計算為：

$$H(l) = \sum_{\forall p} \mathrm{I}_l[I(p)]$$

其中$\mathrm{I} \in [0, 2^b - 1]$，I 是指示函數 (indicator function)，定義如下：

$$\mathrm{I}_l(x) := \begin{cases} 1, \text{if } \ x = 1 \\ 0, \text{if } \ x \neq 1 \end{cases}$$

首先，我們根據影像的中值強度 $\tilde{\mu}$ 將輸入影像直方圖 H 分成兩個子直方圖 SH_{L} 和 SH_{U}，其中 $SH_{\mathrm{U}}(l) = H(l) - SH_{\mathrm{L}}(l)$，$SH_{\mathrm{L}}(l)$ 定義如下：

$$SHL(l) = \begin{cases} H(l) & \text{if} 1 \leq \tilde{\mu} \\ 0 & \text{otherwise} \end{cases}$$

通常，CXR 影像的背景較暗，前景較亮，其中 SH_{L} 是具有軟組織的器官，會有比較低的像素強度，而 SH_{U} 通常會表示骨骼結構，有比較高的像素強度。

為了擴大背景和前景之間的差異，我們將累積分佈函數 CDF_{LU} 定義為：

$$CDF_{LU}(l) = \frac{1}{W} \sum_{i=L}^{l} H(i), \forall l \leq U$$

其中$W = \sum_{i=L}^{U} H(i)$。基於限制區域累積分佈函數 CDF_{LU}，直方圖均衡化的變換函數 T 定義為：

$$T(l) = (U - L)CDF_{LU}(l) + L.$$

在我們的方法中，我們將 L 和 U 設為為 $L = SH_L{}^{\max}$ 和 $U = SH_U{}^{\max}$，其中：

$$SH_L{}^{\max} = \arg_i \max SH_L(i)$$

$$SH_U{}^{\max} = \arg_i \max SH_U(i)$$

$SH_L{}^{\max}$ 和 $SH_U{}^{\max}$ 代表 SH_{L} 和 SH_{U} 兩個區域中出現頻率最多的強度值，如圖 8-54 所示。而直方圖均衡化的輸出影像 I_{o}，可經由變換函數 T 獲得，即 $I_{\mathrm{o}}(p) = T(I(p))$。

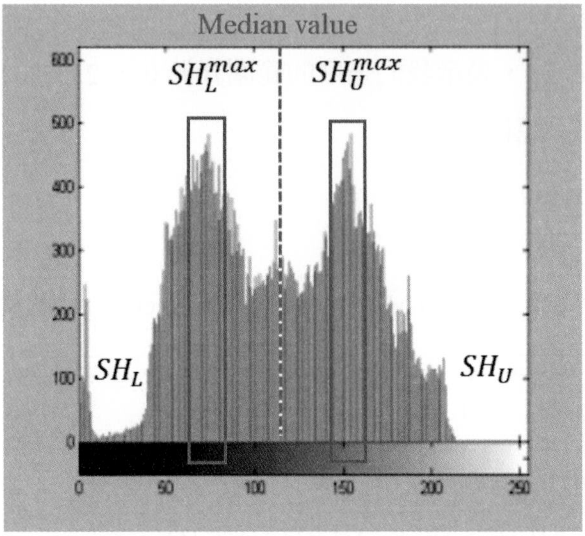

圖 8-54　胸部 X 射線 (CXR) 影像直方圖分為兩個子直方圖
(取自 Chen, H. J., Ruan, S. J., Huang, S. W., & Peng, Y. T., 2020 之圖 2)

2. 影像二值化：

在影像二值化的部分，我們可以採取先前介紹的 Otus 或是 Kapur 演算法，然而我們在此採用的是類似分群的做法。

做完前一步驟的直方圖均衡化後，我們可以量化 (quantize) 其強度範圍以減少花費的記憶體大小。爲了產生更好的量化結果，我們使用迭代的方式來尋找閾值，量化不同級別的影像強度。首先，我們會產生初始群心，接著將像素分類到不同的群中。

通過觀察 CXR 特徵，我們根據經驗法則來決定前兩個群的群心，將其初始化爲影像四個角落中的其中一個角落像素點以及中心點的像素。並將角落像素點視爲強度 T_0 的背景像素，而中心的像素被視爲前景像素，其強度爲 T_s，其中 $T_0 \leq T_1$。其餘的群中心爲 $\{T_1, T_2,..,T_{S-1}\}$ 會在 T_0 和 T_S 之間平均的分配做選擇，每個群心 T_1 對應著它的群 C_1。接下來，將影像像素 M_i 分類到中心到該像素距離最短的類別，其中距離的計算方式如下：

$$D_{ij} = (M_i - T_j)^2$$

在此處的 i 是像素的索引 (index)，j 則是群的索引 (index)，其中 $j \in \{0,1,...,S\}$，即 $M_i \in C_k$ 爲 $D_{ik} = \min_{\forall j}(D_{ij})$ (當某個像素被分類到某一群，表示其像素與該群

的中心有最短的距離)。當分類完所有的像素後，我們會持續迭代，更新群心，計算方式如下：

$$T_j' = \frac{1}{|c_j|}\sum_{p\in c_j} p, \forall j \in \{0,1,\ldots,S\}$$

其中 T_j' 會被不斷的更新迭代，直到收斂為止。群的中心可表示為 $\{T_0, T_1,..,T_S\}$，接著我們就可以量化影像的原始強度。根據實驗結果，我們選擇對 CXR 影像進行二值化以減少數據儲存使用量，預測精度僅略有下降 (1.1%)。

3. 基於深度神經網路的影像分割：

最後，在對 CXR 影像應用對比度增強和影像二值化之後，我們選擇三種最先進且常用於語義分割的深度神經網路模型，包括 FCN、U-net 和 SegNet 來評估所提出方法的實用性。另外，我們會在預處理的 CXR 影像上訓練這些模型，並重新對肺部 X 光影像進行影像分割。

在圖 8-55 中，呈現 FCN、U-net 和 SegNet 的架構。FCN 模型僅由卷積層、池化層和轉置卷積層組成，可將輸入影像轉換為像素類別，該模型沒有使用全連接層，而是使用類似編碼器的層從輸入影像中提取特徵，並通過轉置卷積層將這些特徵轉換回輸入影像的大小，對於輸入影像中給定位置的像素，輸出是對應於該位置的像素的預測分割標籤。

U-Net 添加一個完整的解碼器。U-net 與 FCN 的不同之處在於 U-net 將轉置卷積層替換成上採樣，以提高輸出的分辨率。此外，U-net 添加殘差連接的架構，將編碼器部分的低級特徵與解碼器部分的高級特徵連接起來，為全局訊息提供局部訊息。

SegNet 是一種卷積編碼器 - 解碼器架構，經常用於影像分割，其架構類似於 U-net。兩者的區別有兩點，一為原始的 SegNet 沒有跳躍連接；二則是它使用反池化層對特徵圖和輸出的分辨率進行上採樣，另外，我們使用二元交叉熵 (Binary Cross Entropy) 當作影像分割任務的損失函數，定義為：

$$L_{bce} = -\sum_{\forall p}[S_{gt}(p)\log(\tilde{S}(p)) + (1-S_{gt}(p))\log(1-\tilde{S}(p))]$$

其中 $S_{gt}(p)\in\{0,1\}$ 是像素 p 的真實分割標籤 (ground truth segmentation label)，是肺部區域像素 p 的預測機率值。

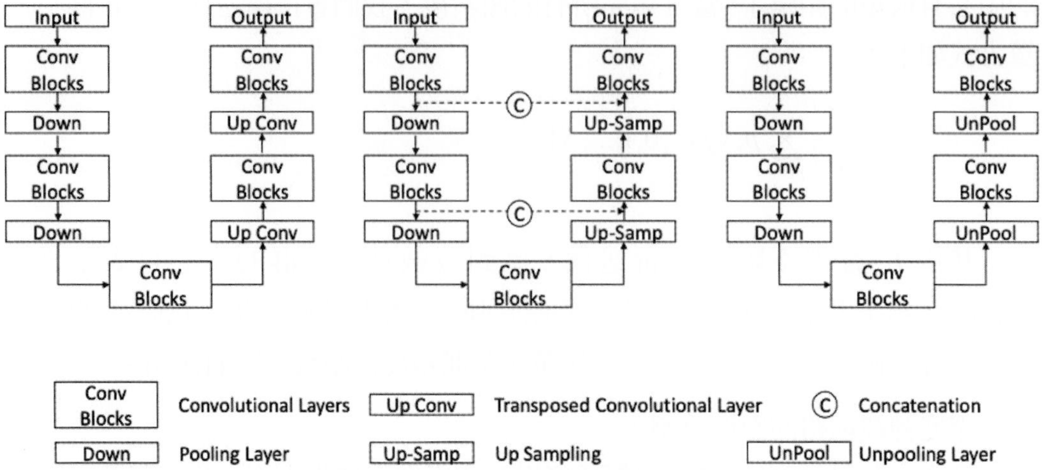

圖 8-55　三種最先進且常用於語義分割的深度神經網路模型架構。(a) 全卷積網路 (FCN)；(b)U-net；(c) SegNet (取自 Chen, H. J., Ruan, S. J., Huang, S. W., & Peng, Y. T., 2020 之圖 3)

圖 8-56 展示在 BECXR 數據集上訓練的 U-net 模型獲得的準確分割結果，ECXR 數據集是將 OCXR 數據集經過增強後的結果。

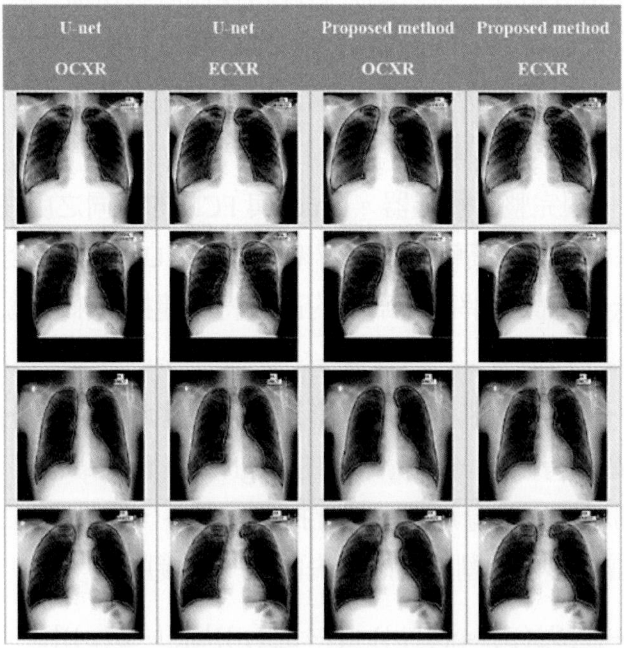

圖 8-56　分割結果示例，紅色和綠色輪廓分別代表專家註釋和模型的估計分割 (取自 Chen, H. J., Ruan, S. J., Huang, S. W., & Peng, Y. T., 2020 之圖 4)

下表比較不同的資料集需要訓練至收斂的迭代次數，這些資料集對原始 X 光胸腔影像使用不同的前處理方式，所需要收斂的迭代次數比較如下 (第六至第十行列出兩種不同預處理方法的迭代縮減百分比)

表 8-2　使用不同預處理方法的收斂率 (使用模型訓練收斂所需的迭代次數測量) 的比較。(取自 Chen, H. J., Ruan, S. J., Huang, S. W., & Peng, Y. T., 2020 之表 2)

Model	Iterations				OCXR vs. ECXR	OCXR vs. BOCXR	OCXR vs. BECXR	BOCXR vs. BECXR	ECXR vs. BECXR
	OCXR	ECXR	BOCXR	BECXR					
U-net	11,321	9394	10,517	8664	−17.02%	−7.10%	−23.47%	−17.62%	−7.77%
FCN-8	21,665	19,523	20,101	16,512	−9.89%	−7.22%	−23.78%	−17.85%	−15.42%
FCN-32	19,433	17,576	18,298	15,273	−9.56%	−5.84%	−21.41%	−16.53%	−13.10%
SegNet	13,588	12,209	12,456	11,868	−10.15%	−8.33%	−12.66%	−4.72%	−2.79%
Average	16,502	14,676	15,343	13,079	−11.07%	−7.02%	−20.74%	−14.75%	−10.88%

其中，OCXR 表示的是原始胸部 X 光片、ECXR 爲增強後的胸部 X 光片、BOCXR 爲二值化後的 OCXR、BECXR 爲二值化的 ECXR。實驗結果表明，與使用原始數據集 (OCXR) 相比，使用經過所提出方法處理的數據集 (BECXR) 可以幫助訓練收斂速度提高 20.74%，並平均減少 94.6% 的儲存空間使用。

8-6 影像修復與辨識實驗之程式碼介紹

MNIST 是含有手寫數字的資料集，有 60,000 張訓練資料以及 10,000 張測試資料，請嘗試以下實驗：

1. 請建構一個分類網路來分類 MNIST 的數字，且此網路基於多層卷積網路建構而成 (至少兩層)，並查看此時網路預測的準確度。(提示：可以使用交叉熵 (Cross Entropy) 當作損失函數)
2. 請隨機將 5%、10%、15% 的像素值設爲 255 作爲干擾的雜訊，並使用您在 1. 訓練完成的模型來分類這些受到干擾的影像，以及查看在這三種干擾下的準確度。
3. 請重新訓練在 1. 建構出的網路，此時的訓練集改成使用受過雜訊干擾的影像，並同樣測試在這三種雜訊干擾的影像，查看其準確度。
4. 承 2. 請建構一個還原網路 (同樣是卷積神經網路)，此網路的輸入是一張受雜訊干擾的影像，網路的輸出應是一張乾淨影像。(提示：損失函數可以使用均方誤差 (MSE) 或是平均絕對值誤差 (MAE))

5. 請使用您建構的還原網路，還原不同程度的受損影像，並使用您在 1. 訓練好的網路預測結果，查看其準確度。

首先，先匯入所需的套件並定義多層卷積網路 (如圖 8-57 所示)：

```
import torchvision
import torch
import torch.nn as nn
import torch.utils.data as Data

class CNN(nn.Module): # 定義辨識 CNN 網路
    def __init__(self):
        super(CNN, self).__init__()

        self.layer1 = nn.Sequential(          # 使用 nn.Sequential 將一連串運算包起來
            nn.Conv2d(                        # 定義 2D 卷機層
                in_channels=1,                # 定義輸入通道數
                out_channels=16,              # 定義輸出通道數
                kernel_size=5,                # 定義卷積核大小
                stride=1,                     # 定義卷積的步伐大小
                padding=2,                    # 定義填充大小
            ),
            nn.ReLU(),                        # 定義激活函數 ReLU
            nn.MaxPool2d(kernel_size = 2),    # 定義池化層, 最大池化(MaxPooling)
        )

        self.layer2 = nn.Sequential(
            nn.Conv2d(16,32,5,1,2),           # 定義 2D 卷機層
            nn.ReLU(),                        # 定義激活函數 ReLU
            nn.MaxPool2d(2)                   # 定義池化層, 最大池化(MaxPooling)
        )

        self.out = nn.Linear(32*7*7, 10)      # 定義線性轉換層作為輸出層
                                              # 將特徵攤平後丟入此層, 進行線性轉換, 輸出分類結果

    def forward(self,x):                      # 定義資料如何傳遞, x 表示傳入的特徵
        x = self.layer1(x)                    # 經過定義好的 layer1
        x = self.layer2(x)                    # 經過定義好的 layer2
        x = x.view(x.size(0), -1)             # 將資料攤平
        output = self.out(x)                  # 將特徵傳入輸出層
        return output
```

圖 8-57　定義辨識網路之程式碼

在自定義的 CNN 網路中使用了 nn.sequential 定義了兩個包含 2D Convolution, ReLU 及 Max Pooling 的層，分別爲 Layer1 以及 Layer2，並在 CNN 的最後一層接上一個全連接層，輸出 0 ～ 9 的預測結果。(輸出的結果會需要與標準答案計算損失函數)

資料集準備之程式碼如圖 8-58 所示：

```
1 DOWNLOAD_MNIST = True                                  # 定義是否要下載 Mnist 資料集
2
3 train_data = torchvision.datasets.MNIST(               # 準備 Mnist 訓練集
4     root='./mnist',
5     train=True,
6     transform=torchvision.transforms.ToTensor(),       # 將資料轉換成 tensor
7     download=DOWNLOAD_MNIST
8 )
9 test_data = torchvision.datasets.MNIST(                # 準備 Mnist 測試集
10     root='./mnist/',
11     train=False,
12     transform=torchvision.transforms.ToTensor(),      # 將資料轉換成 tensor
13     download=DOWNLOAD_MNIST,
14 )
15
16
17 BATCH_SIZE = 50                                       # 定義 batch size
18 train_loader = Data.DataLoader(dataset = train_data, batch_size = BATCH_SIZE, shuffle=True) # 定義 dataloader
19 test_loader = Data.DataLoader(dataset = test_data, batch_size = 1, shuffle=False)
```

圖 8-58　定義 dataset 與 dataloader

可使用圖 8-58 的程式碼直接下載 MNIST 資料集，第一次下載時須將第一行程式碼的布林值改成 True，表示會進行下載。而後可以再將其改成 False，不再進行下載。

訓練之程式碼如圖 8-59 所示：

```
# 定義訓練時的超參數
EPOCH = 20                # 定義 Epoch數
LR = 0.001                # 定義學習率
if_use_gpu = True         # 定義是否要用 GPU
img_size = 28*28          # 定義影像大小

if __name__ == "__main__":
    cnn = CNN()                                                # 實例化事先定義好的網路
    optimizer = torch.optim.Adam(cnn.parameters(), lr=LR)      # 定義優化器，使用Adam作為優化器
    loss_function = nn.CrossEntropyLoss()                      # 定義損失函數，使用CrossEntropyLoss
    if if_use_gpu:                                             # 是否要使用GPU進行訓練
        cnn = cnn.cuda()                                       # 若為是：將網路傳至GPU

    for epoch in range(EPOCH):
        for step, (x, y) in enumerate(train_loader):           # 將訓練資料迭代取出
            if if_use_gpu:                                     # 是否要使用GPU進行訓練
                x = x.cuda()                                   # 若為是：將訓練資料傳至GPU
                y = y.cuda()
            output = cnn(x)                                    # 將影像資料傳入網路中
            loss = loss_function(output, y)                    # 將網路的輸出與標準答案傳入損失函數，計算損失
            optimizer.zero_grad()                              # 將優化器中的梯度設為 0
            loss.backward()                                    # 反向傳播計算梯度
            optimizer.step()                                   # 優化器進行模型參數更新
            if step % 1000 == 0:                               # 每100個 iteration 將數據印出，方便查看訓練過程是否有收斂
                print('Epoch:', '%2s' % epoch, '|Step:', '%5s' % step,
                      '|Train loss:%.4f'%loss.data)

    torch.save(cnn.state_dict(), "./cnn.pt")                   # 訓練完成後將模型參數存起來
```

圖 8-59　訓練網路之程式碼

在圖 8-59 的程式碼中，21 ～ 25 行定義了一些超參數，例如要訓練的圈數、訓練的批次大小、初始的學習率，以及是否要使用 GPU 進行訓練。第 28 行程式碼，實例化我們預先定義好的模型，第 29 行定義我們的優化器，選用 Adam 優化器，第 30 行定義損失函數，在多分類問題中我們經常會使用交叉熵 (Cross Entropy) 當作損失函數。

接著在第 34 至 43 行就會進行訓練，我們會將輸入 x 傳入網路中，得到 CNN 的預測結果，並在 40 行中與標準答案 y 計算損失，進行模型的參數更新，在訓練的過程中我們會印出當前的損失值後，來確保模型有在往正確的方向進行收斂。在 48 行程式碼，我們存下訓練結果，並預計在測試的時候存取模型來做預測。

測試之程式碼如圖 8-60 所示：

```
cnn = CNN()
cnn.load_state_dict(torch.load("./cnn.pt", map_location="cuda:0")) # 將先前訓練好的結果讀入
if if_use_gpu:                                                      # 是否要使用GPU進行訓練
    cnn = cnn.cuda()                                                # 若為是：將網路傳至GPU

for noisy in range(0,4):                                            # 使用for 迴圈，進行不同雜訊的辨識 （包含：0%, 5%, 10%, 15%)
    error = 0
    for step, (x, y) in enumerate(test_loader):
        if if_use_gpu:                                              # 是否要使用GPU進行訓練
            x = x.cuda()                                            # 若為是：將訓練資料傳至GPU
            y = y.cuda()

        # 製作隨機抽樣的雜訊影像
        random_seq = random.sample([n for n in range(img_size)], np.int32(img_size*0.05*noisy))

        # 將x攤平後，再將特定位置的像素值改成1
        x = x.reshape(-1,img_size)
        x[0][random_seq]=1

        # 將x 變形為原大小
        x = torch.reshape(x,(1,1,28,28))

        # 將測試資料傳入網路
        output = cnn(x)
        result = torch.argmax(output,dim=1)
        A = result.tolist()
        B = y.tolist()

        # 記錄錯誤值
        if A[0] != B[0]:
            error+=1

    error_rate = error/10000

    # 印出不同雜訊時，各自的錯誤率
    print("Noisy ", '%.2f' % (0.05*noisy*100), "%")
    print("The error rate is ", error_rate*100,"%")
    print("The accuracy rate is ", (1-error_rate)*100,"%")
    print("-"*20)
```

```
Noisy  0.00 %
The error rate is  0.9400000000000001 %
The accuracy rate is  99.06 %
--------------------
Noisy  5.00 %
The error rate is  2.6 %
The accuracy rate is  97.39999999999999 %
--------------------
Noisy  10.00 %
The error rate is  6.41 %
The accuracy rate is  93.58999999999999 %
--------------------
Noisy  15.00 %
The error rate is  12.34 %
The accuracy rate is  87.66000000000001 %
--------------------
```

圖 8-60　測試網路程式碼

圖 8-60 爲測試程式碼的實作過程，我們必須在測試時加入不同程度的雜訊，因此在第 14 ～ 18 行程式碼中我們會隨機的選取一定比例的像素值，並將其像素值改爲 1。(由於此時的資料已經是張量，因此須將像素值改成 1)。

此結果符合預期表現，也就是有越多雜訊的影像，就會使得模型的預測表現下降。

6. 請重新訓練在 1. 建構出的網路，此時的訓練集改集使用受過雜訊干擾的影像，並同樣測試在這三種雜訊干擾的影像，查看其準確度。

訓練過程的程式碼如圖 8-61：

```
for noisy in range(4): # 使用不同程度的雜訊影像來訓練辨識模型

    cnn = CNN()                                               # 實例化辨識網路
    optimizer = torch.optim.Adam(cnn.parameters(), lr=LR)     # 建立優化器, 選擇 Adam 做為優化器
    loss_function = nn.CrossEntropyLoss()                     # 使用cross entropy作為損失函數
    if if_use_gpu:                                            # 是否使用GPU
        cnn = cnn.cuda()                                      # 將網路移至GPU

    for epoch in range(EPOCH):                                # 開始訓練網路
        for step, (x, y) in enumerate(train_loader):          # 將資料迭代產生出來
            if if_use_gpu:                                    # 是否使用GPU
                x = x.cuda()                                  # 將訓練資料移至GPU
                y = y.cuda()

            for index in range(BATCH_SIZE):                   # 加雜訊至影像上
                random_seq = random.sample([n for n in range(img_size)], np.int32(img_size*0.05*noisy))
                x = x.reshape(-1, img_size)
                x[index][random_seq]=1

            x = torch.reshape(x,(BATCH_SIZE,1,28,28))

            output = cnn(x)                                   # 產生預測結果
            loss = loss_function(output, y)                   # 將模型預測的結果與標準答案傳入損失函數, 計算損失
            optimizer.zero_grad()                             # 將優化器中的梯度設為 0
            loss.backward()                                   # 反向傳播計算梯度
            optimizer.step()                                  # 優化器進行模型參數更新
            if step % 1000 == 0:                              # 印出訓練資訊: 在不同階段的損失值
                print('Epoch:', '%2s' % epoch, '|Step:', '%5s' % step, '|Train loss:%.4f'%loss.data)

    torch.save(cnn.state_dict(), "./cnn"+str(noisy)+".pt")  # 存下訓練結果
```

圖 8-61　訓練網路程式碼

我們可以使用 for 迴圈用不同程度的受損影像進行訓練，並將該模型存下，接著在測試時，再去存取經過不同的受損影像訓練的模型參數進行預測，程式碼如圖 8-62：

```
cnn = CNN()                                                                      # 實例化辨識網路
for i in range(4):
    cnn.load_state_dict(torch.load("./cnn"+str(i)+".pt", map_location="cuda:0"))  # 將先前訓練好的辨識網路載入
    if if_use_gpu:
        cnn = cnn.cuda()

    for noisy in range(0,4): # 0%, 5%, 10%, 15%
        error = 0
        for step, (x, y) in enumerate(test_loader):
            if if_use_gpu:                                                       # 是否使用 GPU
                x = x.cuda()                                                     # 將測試資料傳到 GPU
                y = y.cuda()

            # 加上雜訊
            random_seq = random.sample([n for n in range(img_size)], np.int32(img_size*0.05*noisy))
            x = x.reshape(-1,img_size)
            x[0][random_seq]=1
            x = torch.reshape(x,(1,1,28,28))

            output = cnn(x) # 產生預測結果
            result = torch.argmax(output,dim=1)
            A = result.tolist()
            B = y.tolist()
            if A[i] != B[i]:
                error+=1

        # 印出錯誤率
        error_rate = error/10000
        print("Noisy ", '%.2f' % (0.05*noisy*100), "%")
        print("The error rate is ", error_rate*100,"%")
        print("The accuracy rate is ", (1-error_rate)*100,"%")
        print("-"*20)
    print("="*40)
```

圖 8-62　測試網路程式碼

7. 承 2. 請建構一個還原網路 (同樣是卷積神經網路)，此網路的輸入是一張受雜訊干擾的影像，網路的輸出應是一張乾淨影像。(提示：損失函數可以使用均方誤差 (MSE) 或是平均絕對值誤差 (MAE))

   我們可使用 UNet 建構一個還原影像模型，但輸出的結果需要改成輸出影像，而不是分類結果。建構的還原模型網路如下：(需要確保輸出的張量與目標張量兩者的形狀一致，才能夠計算 Loss)

```
class ConActiv(nn.Module): # 定義卷積層與激活函數，在下方的UNet中使用
    def __init__(self, in_ch, out_ch, bn=True, sample='none-3', activ='relu',
                 conv_bias=False):
        super().__init__()
        if sample == 'down-5':
            self.conv = nn.Conv2d(in_ch, out_ch, 5, 2, 2, dilation=1, groups=1, bias=conv_bias)
        elif sample == 'down-7':
            self.conv = nn.Conv2d(in_ch, out_ch, 7, 2, 3, dilation=1, groups=1, bias=conv_bias)
        if bn:
            self.bn = nn.BatchNorm2d(out_ch)
        if activ == 'relu':
            self.activation = nn.ReLU()
        elif activ == 'leaky':
            self.activation = nn.LeakyReLU(negative_slope=0.2)

    def forward(self, input):
        h = self.conv(input)
        if hasattr(self, 'bn'):          # 假設有bn的屬性，就做batch normalization
            h = self.bn(h)
        if hasattr(self, 'activation'): # 假設有activation的屬性，就再經過激活函數
            h = self.activation(h)
        return h
```


圖 8-63　定義影像還原網路之程式碼

```
class UNet(nn.Module):  # 定義 UNet

    def __init__(self, layer_size=2, input_channels=1, upsampling_mode='nearest'):
        super().__init__()
        self.freeze_enc_bn = False
        self.upsampling_mode = upsampling_mode
        self.layer_size = layer_size
        self.enc_1 = ConActiv(input_channels, 64, bn=False, sample='down-7')
        self.enc_2 = ConActiv(64, 128, sample='down-5')

        self.dec_2 = ConActiv(128 + 64, 64, activ='leaky')
        self.dec_1 = ConActiv(64 + input_channels, input_channels,
                              bn=False, activ=None, conv_bias=True)
    def forward(self, input):
        h_dict = {}
        h_dict['h_0']= input
        h_key_prev = 'h_0'

        # 進行編碼
        for i in range(1, self.layer_size + 1):
            l_key = 'enc_{:d}'.format(i)
            h_key = 'h_{:d}'.format(i)
            h_dict[h_key] = getattr(self, l_key)(    # 呼叫該物件之屬性，使用編碼層
                h_dict[h_key_prev])
            h_key_prev = h_key

        h_key = 'h_{:d}'.format(self.layer_size)
        h = h_dict[h_key]

        # 進行解碼
        for i in range(self.layer_size, 0, -1):
            enc_h_key = 'h_{:d}'.format(i - 1)
            dec_l_key = 'dec_{:d}'.format(i)
            h = F.interpolate(h, scale_factor=2, mode=self.upsampling_mode)
            h = torch.cat([h, h_dict[enc_h_key]], dim=1)
            h= getattr(self, dec_l_key)(h)           # 呼叫該物件之屬性，使用解碼層

        return h
```

圖 8-63　定義影像還原網路之程式碼 (續)

圖 8-63 程式碼建構還原網路，此處定義簡單的 Unet 來復原受損的雜訊影像。圖 8-64 的程式碼則為訓練的過程，並將訓練完成的模型參數存下。

```
unet = UNet()                                                    # 實例化還原網路
if if_use_gpu:                                                   # 若使用GPU，須將網路傳至GPU上
    unet = unet.cuda()
optimizer = torch.optim.Adam(unet.parameters(), lr=LR)           # 建立優化器，使用ADAM作為優化器
loss_function = nn.L1Loss()                                      # 定義損失函數，使用L1 Loss

for epoch in range(20):                                          # 訓練雜訊網路
    for step, (x, y) in enumerate(train_loader):
        if if_use_gpu:
            x = x.cuda()
        original_x = copy.deepcopy(x)
        for index in range(BATCH_SIZE):
            # 為每張圖增加雜訊
            random_seq = random.sample([n for n in range(img_size)],
                                       np.int32(img_size*0.05*random.randint(0, 3)))
            noise_x = x.reshape(-1, img_size)
            noise_x[index][random_seq] = 1

        noise_x = torch.reshape(noise_x, (BATCH_SIZE,1,28,28))
        output = unet(noise_x)                                   # 將雜訊圖傳入影像還原網路進行修復
        loss = loss_function(output, original_x)                 # 計算損失

        optimizer.zero_grad()                                    # 將優化器中的梯度設為 0
        loss.backward()                                          # 反向傳播
        optimizer.step()                                         # 參數更新
        if step % 1000 == 0:
            print('Epoch:', '%2s' % epoch, '|Step:', '%5s' % step, '|Train loss:%.4f'%loss.data)

torch.save(unet.state_dict(), "./unet_restore.pt")               # 存下復原網路參數
```

圖 8-64　訓練還原網路之程式碼

8. 請使用您建構的還原網路，還原不同程度的受損影像，並使用您在 1. 訓練好的網路預測結果，查看其準確度。

```
cnn_restore = UNet()                                                                # 實例化復原網路
cnn_restore.load_state_dict(torch.load("./unet_restore.pt", map_location="cuda:0"))  # 將參數讀入
if if_use_gpu:                                                                      # 是否使用 GPU
    cnn_restore.cuda()                                                              # 將網路傳至GPU

for noisy in range(0,4): # 0%, 5%, 10%, 15%
    cnn = CNN()                                                                     # 實例化辨識網路
    cnn.load_state_dict(torch.load("./cnn.pt", map_location="cuda:0"))
    if if_use_gpu:
        cnn.cuda()

    error1 = 0           # 記錄換原前的錯誤率
    error2 = 0           # 記錄換原後的錯誤率

    for step, (x, y) in enumerate(test_loader):
        if if_use_gpu:
            x = x.cuda()
            y = y.cuda()

        # 加上雜訊
        random_seq = random.sample([n for n in range(img_size)], np.int32(img_size*0.05*noisy))
        x = x.reshape(-1,img_size)
        x[0][random_seq]=1
        x = torch.reshape(x,(1,1,28,28))
        r_x = cnn_restore(x)

        # 使用辨識模型預測結果
        output = cnn(x)
        result = torch.argmax(output, dim=1)
        A = result.tolist()
        B = y.tolist()
        if A[0] != B[0]:
            error1+=1

        # 使用辨識模型預測復原結果
        output = cnn(r_x)
        result = torch.argmax(output, dim=1)
        A = result.tolist()
        B = y.tolist()
        if A[0] != B[0]:
            error2+=1

    error_rate1 = error1/10000
    error_rate2 = error2/10000

    # 印出不同雜訊時，各自的錯誤率
    print("Noisy ", '%.2f' % (0.05*noisy*100), "%")
    print("The error rate 1 is ", error_rate1*100,"%")
    print("The accuracy rate 1 is ", (1-error_rate1)*100,"%")
    print("The error rate 2 is ", error_rate2*100,"%")
    print("The accuracy rate 2 is ", (1-error_rate2)*100,"%")

    # 呈現復原前後的影像圖
    fig = plt.figure()
    plt.subplot(121)
    plt.imshow(x[0].permute(1, 2, 0).detach().cpu().numpy(), cmap='gray')
    plt.subplot(122)
    plt.imshow(r_x[0].permute(1, 2, 0).detach().cpu().numpy(), cmap='gray')
    plt.show()

    print("-"*20)
```

圖 8-65　測試還原網路與辨識網路之程式碼

圖 8-65 的程式碼載入了 1. 訓練完成的辨識模型以及 4. 訓練完成的還原模型，再將受損影像進行修復之後再進行辨識，並將準確度印出 (如圖 8-66 及圖 8-67)。

```
Noisy  0.00 %
The error rate 1 is  0.9299999999999999 %
The accuracy rate 1 is  99.07000000000001 %
The error rate 2 is  1.87 %
The accuracy rate 2 is  98.13 %
```

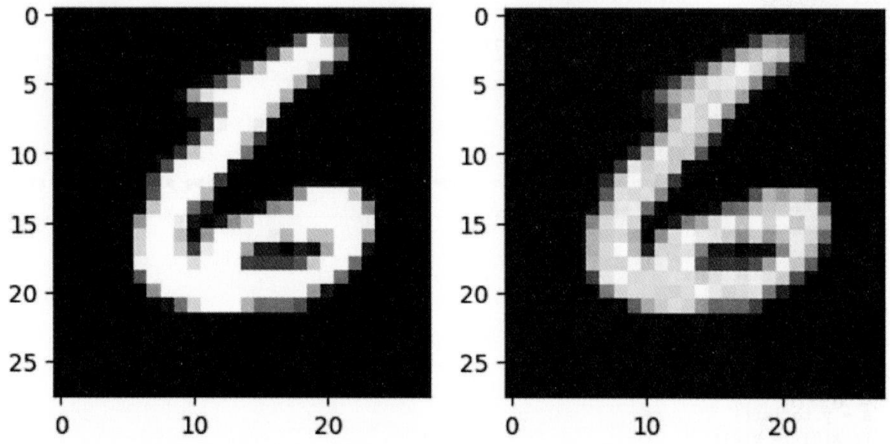

```
--------------------
Noisy  5.00 %
The error rate 1 is  4.3999999999999995 %
The accuracy rate 1 is  95.6 %
The error rate 2 is  1.08 %
The accuracy rate 2 is  98.92 %
```

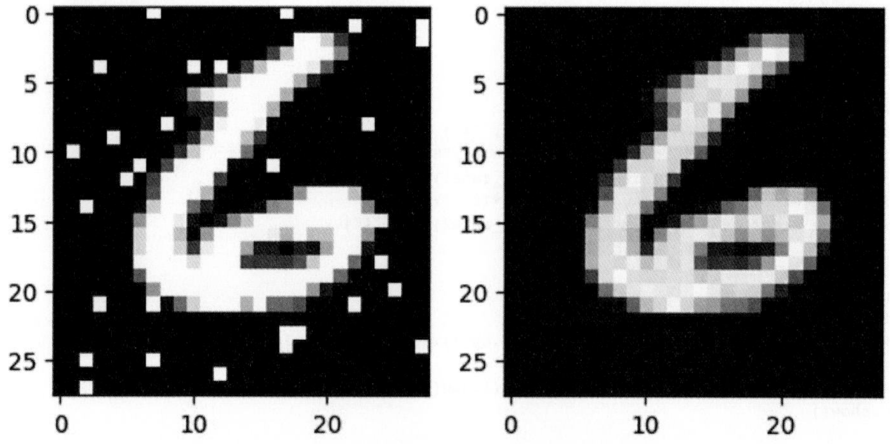

圖 8-66　測試還原網路與辨識網路之結果 (1)

```
--------------------
Noisy  10.00 %
The error rate 1 is  11.55 %
The accuracy rate 1 is  88.44999999999999 %
The error rate 2 is  1.08 %
The accuracy rate 2 is  98.92 %
```

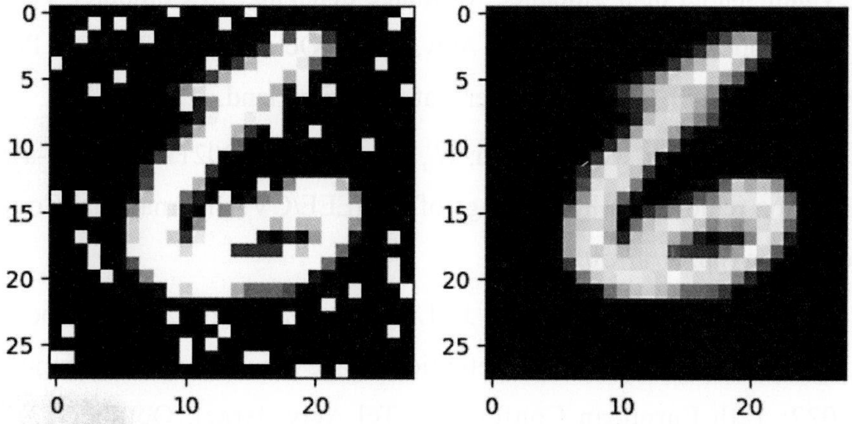

```
--------------------
Noisy  15.00 %
The error rate 1 is  21.05 %
The accuracy rate 1 is  78.95 %
The error rate 2 is  1.06 %
The accuracy rate 2 is  98.94 %
```

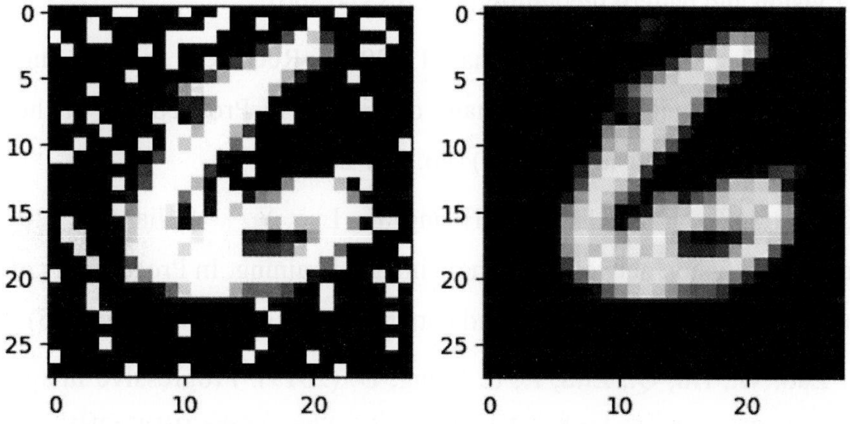

```
--------------------
```

圖 8-67　測試還原網路與辨識網路之結果 (2)

參考：

- Gonzales, R. C., & Woods, R. E. (2018). Digital image processing 4th edition.
- Yu, H., Zheng, N., Zhou, M., Huang, J., Xiao, Z., & Zhao, F. (2022, November). Frequency and spatial dual guidance for image dehazing. In Computer Vision–ECCV 2022: 17th European Conference, Tel Aviv, Israel, October 23–27, 2022, Proceedings, Part XIX (pp. 181-198). Cham: Springer Nature Switzerland.
- Dong, Z., Xu, K., Yang, Y., Bao, H., Xu, W., & Lau, R. W. (2021). Location-aware single image reflection removal. In Proceedings of the IEEE/CVF International Conference on Computer Vision (pp. 5017-5026).
- Yu, X., Dai, P., Li, W., Ma, L., Shen, J., Li, J., & Qi, X. (2022, November). Towards efficient and scale-robust ultra-high-definition image demoiréing. In Computer Vision–ECCV 2022: 17th European Conference, Tel Aviv, Israel, October 23–27, 2022, Proceedings, Part XVIII (pp. 646-662). Cham: Springer Nature Switzerland.
- Yang, W., Tan, R. T., Feng, J., Liu, J., Guo, Z., & Yan, S. (2017). Deep joint rain detection and removal from a single image. In Proceedings of the IEEE conference on computer vision and pattern recognition (pp. 1357-1366).
- Li, X., Wu, J., Lin, Z., Liu, H., & Zha, H. (2018). Recurrent squeeze-and-excitation context aggregation net for single image deraining. In Proceedings of the European conference on computer vision (ECCV) (pp. 254-269).
- Jiang, K., Wang, Z., Yi, P., Chen, C., Huang, B., Luo, Y., ... & Jiang, J. (2020). Multi-scale progressive fusion network for single image deraining. In Proceedings of the IEEE/CVF conference on computer vision and pattern recognition (pp. 8346-8355).
- Ren, D., Zuo, W., Hu, Q., Zhu, P., & Meng, D. (2019). Progressive image deraining networks: A better and simpler baseline. In Proceedings of the IEEE/CVF conference on computer vision and pattern recognition (pp. 3937-3946).
- Wang, H., Xie, Q., Zhao, Q., & Meng, D. (2020). A model-driven deep neural network for single image rain removal. In Proceedings of the IEEE/CVF Conference on Computer Vision and Pattern Recognition (pp. 3103-3112).
- Esakkirajan, S., Veerakumar, T., Subramanyam, A. N., & PremChand, C. H. (2011). Removal of high density salt and pepper noise through modified decision based

unsymmetric trimmed median filter. IEEE Signal processing letters, 18(5), 287-290.

- Erkan, U., Gökrem, L., & Engino lu, S. (2018). Different applied median filter in salt and pepper noise. Computers & Electrical Engineering, 70, 789-798.
- Sheik Fareed, S. B., & Khader, S. S. (2018). Fast adaptive and selective mean filter for the removal of high density salt and pepper noise. IET Image Processing, 12(8), 1378-1387.
- Satti, P., Sharma, N., & Garg, B. (2020). Min-max average pooling based filter for impulse noise removal. IEEE Signal Processing Letters, 27, 1475-1479.
- Chen, F., Ma, G., Lin, L., & Qin, Q. (2013). Impulsive noise removal via sparse representation. Journal of Electronic Imaging, 22(4), 043014-043014.
- Aggarwal, H. K., & Majumdar, A. (2015). Exploiting spatiospectral correlation for impulse denoising in hyperspectral images. Journal of Electronic Imaging, 24(1), 013027-013027.
- Yin, J. L., Chen, B. H., & Li, Y. (2018). Highly accurate image reconstruction for multimodal noise suppression using semisupervised learning on big data. IEEE Transactions on Multimedia, 20(11), 3045-3056.
- Zhang, K., Zuo, W., Chen, Y., Meng, D., & Zhang, L. (2017). Beyond a gaussian denoiser: Residual learning of deep cnn for image denoising. IEEE transactions on image processing, 26(7), 3142-3155.
- Ulyanov, D., Vedaldi, A., & Lempitsky, V. (2018). Deep image prior. In Proceedings of the IEEE conference on computer vision and pattern recognition (pp. 9446-9454).
- Laine, S., Karras, T., Lehtinen, J., & Aila, T. (2019). High-quality self-supervised deep image denoising. Advances in Neural Information Processing Systems, 32.
- Peng, Y. T., Lin, M. H., Tang, C. L., & Wu, C. H. (2019, December). Image denoising based on overlapped and adaptive Gaussian smoothing and convolutional refinement networks. In 2019 IEEE International Symposium on Multimedia (ISM) (pp. 136-1363). IEEE.
- Isola, P., Zhu, J. Y., Zhou, T., & Efros, A. A. (2017). Image-to-image translation with conditional adversarial networks. In Proceedings of the IEEE conference on computer vision and pattern recognition (pp. 1125-1134).

- Krull, A., Buchholz, T. O., & Jug, F. (2019). Noise2void-learning denoising from single noisy images. In Proceedings of the IEEE/CVF conference on computer vision and pattern recognition (pp. 2129-2137).
- Batson, J., & Royer, L. (2019, May). Noise2self: Blind denoising by self-supervision. In International Conference on Machine Learning (pp. 524-533). PMLR.
- Jiang, T. X., Huang, T. Z., Zhao, X. L., Deng, L. J., & Wang, Y. (2018). Fastderain: A novel video rain streak removal method using directional gradient priors. IEEE Transactions on Image Processing, 28(4), 2089-2102.
- Li, Y., Monno, Y., & Okutomi, M. (2022). Single image deraining network with rain embedding consistency and layered LSTM. In Proceedings of the IEEE/CVF Winter Conference on Applications of Computer Vision (pp. 4060-4069).
- Yang, W., Tan, R. T., Feng, J., Liu, J., Guo, Z., & Yan, S. (2017). Deep joint rain detection and removal from a single image. In Proceedings of the IEEE conference on computer vision and pattern recognition (pp. 1357-1366).
- Zhang, H., Sindagi, V., & Patel, V. M. (2019). Image de-raining using a conditional generative adversarial network. IEEE transactions on circuits and systems for video technology, 30(11), 3943-3956.
- Li, C., Guo, C., Ren, W., Cong, R., Hou, J., Kwong, S., & Tao, D. (2019). An underwater image enhancement benchmark dataset and beyond. IEEE Transactions on Image Processing, 29, 4376-4389.
- Liu, R., Fan, X., Zhu, M., Hou, M., & Luo, Z. (2020). Real-world underwater enhancement: Challenges, benchmarks, and solutions under natural light. IEEE Transactions on Circuits and Systems for Video Technology, 30(12), 4861-4875.
- Fan, Q., Yang, J., Hua, G., Chen, B., & Wipf, D. (2017). A generic deep architecture for single image reflection removal and image smoothing. In Proceedings of the IEEE International Conference on Computer Vision (pp. 3238-3247).
- Zhang, X., Ng, R., & Chen, Q. (2018). Single image reflection separation with perceptual losses. In Proceedings of the IEEE conference on computer vision and pattern recognition (pp. 4786-4794).
- Wei, K., Yang, J., Fu, Y., Wipf, D., & Huang, H. (2019). Single image reflection removal

exploiting misaligned training data and network enhancements. In Proceedings of the IEEE/CVF Conference on Computer Vision and Pattern Recognition (pp. 8178-8187).

- Li, C., Yang, Y., He, K., Lin, S., & Hopcroft, J. E. (2020). Single image reflection removal through cascaded refinement. In Proceedings of the IEEE/CVF Conference on Computer Vision and Pattern Recognition (pp. 3565-3574).
- Kim, S., Huo, Y., & Yoon, S. E. (2020). Single image reflection removal with physically-based training images. In Proceedings of the IEEE/CVF Conference on Computer Vision and Pattern Recognition (pp. 5164-5173).
- Hinton, G., Vinyals, O., & Dean, J. (2015). Distilling the knowledge in a neural network. arXiv preprint arXiv:1503.02531.
- Adriana, R., Nicolas, B., Ebrahimi, K. S., Antoine, C., Carlo, G., & Yoshua, B. (2015). Fitnets: Hints for thin deep nets. Proc. ICLR, 2.
- Peng, Y. T., Cheng, K. H., Fang, I. S., Peng, W. Y., & Wu, J. S. (2022). Single image reflection removal based on knowledge-distilling content disentanglement. IEEE Signal Processing Letters, 29, 568-572.
- Lin, Y. Y., Tsai, C. C., & Lin, C. W. (2021). BANet: Blur-aware attention networks for dynamic scene deblurring. arXiv e-prints, arXiv-2101.
- Zaneveld, J. R. V. (1995). Light and water: Radiative transfer in natural waters.
- Islam, M. J., Xia, Y., & Sattar, J. (2020). Fast underwater image enhancement for improved visual perception. IEEE Robotics and Automation Letters, 5(2), 3227-3234.
- Hummel, R. (1975). Image enhancement by histogram transformation. Unknown.
- Cao, K., Peng, Y. T., & Cosman, P. C. (2018, April). Underwater image restoration using deep networks to estimate background light and scene depth. In 2018 IEEE Southwest Symposium on Image Analysis and Interpretation (SSIAI) (pp. 1-4). IEEE.
- Li, J., Skinner, K. A., Eustice, R. M., & Johnson-Roberson, M. (2017). WaterGAN: Unsupervised generative network to enable real-time color correction of monocular underwater images. IEEE Robotics and Automation letters, 3(1), 387-394.
- Mirza, M., & Osindero, S. (2014). Conditional generative adversarial nets. arXiv preprint arXiv:1411.1784.

- Guo, Y., Li, H., & Zhuang, P. (2019). Underwater image enhancement using a multiscale dense generative adversarial network. IEEE Journal of Oceanic Engineering, 45(3), 862-870.
- Li, C., Anwar, S., & Porikli, F. (2020). Underwater scene prior inspired deep underwater image and video enhancement. Pattern Recognition, 98, 107038.
- Coltuc, D., Bolon, P., & Chassery, J. M. (2006). Exact histogram specification. IEEE Transactions on Image processing, 15(5), 1143-1152.
- Wang, Z., Cun, X., Bao, J., Zhou, W., Liu, J., & Li, H. (2022). Uformer: A general u-shaped transformer for image restoration. In Proceedings of the IEEE/CVF Conference on Computer Vision and Pattern Recognition (pp. 17683-17693).
- Howard, A. G., Zhu, M., Chen, B., Kalenichenko, D., Wang, W., Weyand, T., ... & Adam, H. (2017). Mobilenets: Efficient convolutional neural networks for mobile vision applications. arXiv preprint arXiv:1704.04861.
- Qian, R., Tan, R. T., Yang, W., Su, J., & Liu, J. (2018). Attentive generative adversarial network for raindrop removal from a single image. In Proceedings of the IEEE conference on computer vision and pattern recognition (pp. 2482-2491).
- Simonyan, K., & Zisserman, A. (2014). Very deep convolutional networks for large-scale image recognition. arXiv preprint arXiv:1409.1556.
- Vaswani, A., Shazeer, N., Parmar, N., Uszkoreit, J., Jones, L., Gomez, A. N., ... & Polosukhin, I. (2017). Attention is all you need. Advances in neural information processing systems, 30.
- Chen, H. J., Ruan, S. J., Huang, S. W., & Peng, Y. T. (2020). Lung x-ray segmentation using deep convolutional neural networks on contrast-enhanced binarized images. Mathematics, 8(4), 545.
- Peng, Y. T., & Huang, S. W. (2021). Image impulse noise removal using cascaded filtering based on overlapped adaptive gaussian smoothing and convolutional refinement networks. IEEE Open Journal of the Computer Society, 2, 382-392.

國家圖書館出版品預行編目(CIP)資料

深度學習 : 影像處理應用 / 彭彥璁, 李偉華, 陳彥蓉編著. -- 初版. -- 新北市 : 全華圖書股份有限公司, 2023. 06
面 ; 公分
ISBN 978-626-328-479-1(平裝)

1. CST: 人工智慧 2. CST: 機器學習

312.831 112007838

深度學習—影像處理應用

作者 / 彭彥璁、李偉華、陳彥蓉
發行人 / 陳本源
執行編輯 / 張峻銘
出版者 / 全華圖書股份有限公司
郵政帳號 / 0100836-1 號
印刷者 / 宏懋打字印刷股份有限公司
圖書編號 / 06514
初版一刷 / 2023 年 6 月
定價 / 新台幣 420 元
ISBN / 978-626-328-479-1(平裝)
全華圖書 / www.chwa.com.tw
全華網路書店 Open Tech / www.opentech.com.tw
若您對書籍內容、排版印刷有任何問題，歡迎來信指導 book@chwa.com.tw

臺北總公司(北區營業處)
地址：23671 新北市土城區忠義路 21 號
電話：(02) 2262-5666
傳真：(02) 6637-3695、6637-3696

南區營業處
地址：80769 高雄市三民區應安街 12 號
電話：(07) 381-1377
傳真：(07) 862-5562

中區營業處
地址：40256 臺中市南區樹義一巷 26 號
電話：(04) 2261-8485
傳真：(04) 3600-9806(高中職)
(04) 3601-8600(大專)

讀者回函卡

掃 QRcode 線上填寫 ▶▶▶

姓名：＿＿＿＿＿＿ 生日：西元＿＿年＿＿月＿＿日 性別：□男 □女

電話：（ ）＿＿＿＿ 手機：＿＿＿＿＿＿

e-mail：（必填）＿＿＿＿＿＿

註：數字零，請用 Φ 表示，數字 1 與英文 L 請另註明並書寫端正，謝謝。

通訊處：□□□□□＿＿＿＿＿＿

學歷：□高中・職 □專科 □大學 □碩士 □博士

職業：□工程師 □教師 □學生 □軍・公 □其他

學校／公司：＿＿＿＿＿＿ 科系／部門：＿＿＿＿＿＿

・需求書類：

□ A. 電子 □ B. 電機 □ C. 資訊 □ D. 機械 □ E. 汽車 □ F. 工管 □ G. 土木 □ H. 化工 □ I. 設計

□ J. 商管 □ K. 日文 □ L. 美容 □ M. 休閒 □ N. 餐飲 □ O. 其他

・本次購買圖書為：＿＿＿＿＿＿ 書號：＿＿＿＿＿＿

・您對本書的評價：

封面設計：□非常滿意 □滿意 □尚可 □需改善，請說明＿＿＿＿＿＿

內容表達：□非常滿意 □滿意 □尚可 □需改善，請說明＿＿＿＿＿＿

版面編排：□非常滿意 □滿意 □尚可 □需改善，請說明＿＿＿＿＿＿

印刷品質：□非常滿意 □滿意 □尚可 □需改善，請說明＿＿＿＿＿＿

書籍定價：□非常滿意 □滿意 □尚可 □需改善，請說明＿＿＿＿＿＿

整體評價：請說明＿＿＿＿＿＿

・您在何處購買本書？

□書局 □網路書店 □書展 □團購 □其他＿＿＿＿＿＿

・您購買本書的原因？（可複選）

□個人需要 □公司採購 □親友推薦 □老師指定用書 □其他＿＿＿＿＿＿

・您希望全華以何種方式提供出版訊息及特惠活動？

□電子報 □ DM □廣告（媒體名稱＿＿＿＿＿＿）

・您是否上過全華網路書店？（www.opentech.com.tw）

□是 □否 您的建議＿＿＿＿＿＿

・您希望全華出版哪方面書籍？＿＿＿＿＿＿

・您希望全華加強哪些服務？＿＿＿＿＿＿

感謝您提供寶貴意見，全華將秉持服務的熱忱，出版更多好書，以饗讀者。

填寫日期： / /

2020.09 修訂

親愛的讀者：

感謝您對全華圖書的支持與愛護，雖然我們很慎重的處理每一本書，但恐仍有疏漏之處，若您發現本書有任何錯誤，請填寫於勘誤表內寄回，我們將於再版時修正，您的批評與指教是我們進步的原動力，謝謝！

全華圖書 敬上

勘 誤 表

書 號		書 名		作 者	
頁 數	行 數	錯誤或不當之詞句		建議修改之詞句	

我有話要說：（其它之批評與建議，如封面、編排、內容、印刷品質等・・・）

得分欄

班級：＿＿＿＿＿＿

學號：＿＿＿＿＿＿

姓名：＿＿＿＿＿＿

習題演練 Chapter 1 人工智慧基本介紹

(　　) 1. 關於資料科學的敘述，下列何者正確？

(A) 與資料探勘 (Data Mining), 機器學習 (Machine Learning) 和大數據 (Big Data) 有關

(B) 資料科學使用統計學、數據分析相關技術，去了解資料與分析資料背後帶來的現象

(C) 是一種跨學科的領域，應用不同領域中的技術、理論與系統設計在結構化或非結構化的資料上

(D) 以上皆是。

(　　) 2. 關於人工智慧 (AI)、機器學習 (ML) 及深度學習 (DL) 三者之間大小關係爲何？

(A) AI = ML = DL　(B) AI = ML > DL

(C) AI > ML > DL　(D) DL > ML > AI。

(　　) 3. 關於深度學習中的"深"代表的是？

(A) 水很深　(B) 這個主題很艱深

(C) 要瞭解學習過程需要深度的思考　(D) 有非常深層的網路架構。

(　　) 4. 探討人工智慧 (AI)、機器學習 (ML) 與深度學習 (DL) 的關係，以下何者認知是不正確的？

(A) 傳統機器學習與深度學習算法皆屬於機器學習的理論體系

(B) 機器學習是人工智慧的基礎，也是核心技術之一

(C) 深度學習和機器學習是彼此獨立的技術

(D) 深度學習可以應用於電腦視覺、語音和自然語言…等多種領域，爲機器學習的一種技術。

( ) 5. 對於深度學習的不足，以下哪個看法是<u>錯誤</u>的？

(A) 一般來說，深度神經網路的結構較複雜，但是訓練速度快

(B) 透過深度學習訓練時，往往對數據資料的多寡要求較高，當樣本不足時效果通常不好

(C) 深度神經網路有眾多參數需要進行優化，因此具有較高的計算資源成本

(D) 深度學習算法可以獲得影像、聲音和文字等相關的特徵數據，但這些特徵不易解釋。

得分欄

班級：＿＿＿＿＿＿

學號：＿＿＿＿＿＿

姓名：＿＿＿＿＿＿

習題演練

Chapter 2 環境與資料科學套件介紹

(　　) 1. 請問套件 Numpy 不支援下列何者運算？

(A) 矩陣相加　(B) 矩陣相乘　(C) 張量相加　(D) 矩陣內積。

(　　) 2. 如有一個二維矩陣 A = [[1, 2, 3], [4, 5, 6], [7, 8, 9]]，請問 A[1, 2] 的值爲多少？

```
[[1,  2,  3],
 [4,  5,  6],
 [7,  8,  9]]
```

(A)3　(B)2　(C)6。

(　　) 3. 承上題，請問 A[1, :] 的值爲何？

(A)[2, 5, 8]　(B)[4, 5, 6]　(C)[5]。

(　　) 4. 若有一個 Dataframe 如下所示，當中記錄了每個人的名字、身高與年紀，請問下列何者方式可以取得 Ken 的年紀？

(A)df.loc[:, "height"]　(B)df.iloc[1,0]　(C) 以上皆非。

	height	age
Allen	170	16
Ken	164	25
John	180	17
Jason	167	19

(　　) 5. 今有兩張量，分別為 a 與 b，如下圖所示：

```
a = torch.ones([5, 3], dtype=torch.float64)
b = torch.zeros([5, 3], dtype=torch.float64)
print(a)
print(b)
```

```
tensor([[1., 1., 1.],
        [1., 1., 1.],
        [1., 1., 1.],
        [1., 1., 1.],
        [1., 1., 1.]], dtype=torch.float64)
tensor([[0., 0., 0.],
        [0., 0., 0.],
        [0., 0., 0.],
        [0., 0., 0.],
        [0., 0., 0.]], dtype=torch.float64)
```

請問在經過 torch.stack([a,b], dim=1) 運算後產生的結果，其張量應該為何？

(A)
```
tensor([[[1., 1., 1.],
         [0., 0., 0.]],

        [[1., 1., 1.],
         [0., 0., 0.]],

        [[1., 1., 1.],
         [0., 0., 0.]],

        [[1., 1., 1.],
         [0., 0., 0.]],

        [[1., 1., 1.],
         [0., 0., 0.]]], dtype=torch.float64)
torch.Size([5, 2, 3])
```

(B)
```
tensor([[[1., 0.],
         [1., 0.],
         [1., 0.]],

        [[1., 0.],
         [1., 0.],
         [1., 0.]],

        [[1., 0.],
         [1., 0.],
         [1., 0.]],

        [[1., 0.],
         [1., 0.],
         [1., 0.]],

        [[1., 0.],
         [1., 0.],
         [1., 0.]]], dtype=torch.float64)
torch.Size([5, 3, 2])
```

(C)

```
tensor([[[1., 1., 1.],
         [1., 1., 1.],
         [1., 1., 1.],
         [1., 1., 1.],
         [1., 1., 1.]],

        [[0., 0., 0.],
         [0., 0., 0.],
         [0., 0., 0.],
         [0., 0., 0.],
         [0., 0., 0.]]], dtype=torch.float64)
torch.Size([2, 5, 3])
```

(　　) 6. 請問下列何者做法可將張量的形狀從 torch.Size([2, 1, 5, 1, 1, 4]) 壓縮至 torch.Size([2, 1, 5, 4])？

(A) y = torch.squeeze(torch.squeeze(x, 3), 3)

(B) y = torch.squeeze(x, 4)；y = torch.squeeze(y, 3)

(C) 以上皆是。

得分欄

班級：

學號：

姓名：

習題演練

Chapter 3 機器學習與深度學習基礎

(　　) 1. 請問圖 (1) 中哪一線段是經過主成分分析後，最有可能投影的地方？

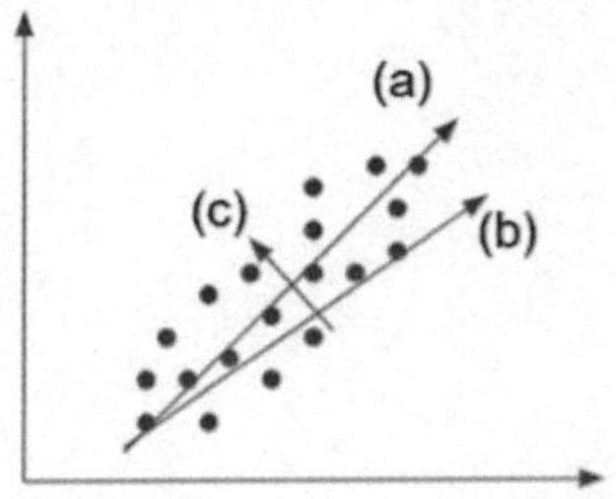

▲ 圖 (1)

(　　) 2. 何謂分類？

(A) 是一種將一個集合的樣本細分成不同子集的方法

(B) 是一種衡量準確度的方法

(C) 是一種將樣本分成不同的子集合，並給各個子集合類別名稱的方法

(D) 以上皆非。

(　　) 3. 何謂梯度下降？

(A) 是一種用來評估機器模型在各個參數下表現的方法

(B) 是一種可以增快訓練神經網路的方法

(C) 是一個用來找最適合參數的優化演算法，該演算法會透過最小化損失函數來進行優化

(D) 是激活函數的別名。

(　　) 4. 反向推播算法 (Backpropagation) 的用途？

(A) 計算梯度　(B) 更新參數　(C) 計算梯度並更新參數。

(　　) 5. 請問下列何者爲 PCA 可能的使用情境？

(A) 需要更多的特徵資料以用來訓練模型時

(B) 資料壓縮，減少資料的維度以節省記憶體空間

(C) 避免過擬合，減少特徵的數量，也就可以減少訓練的參數量。

習題演練

Chapter 4 卷積神經網路

得分欄

班級：________

學號：________

姓名：________

(　　) 1. 在正向傳遞的神經網路中，以下四個節點，何者沒有接觸外部的資料？
(A) 輸入節點　(B) 隱藏節點　(C) 輸出節點。

(　　) 2. 下列何者是神經網路的基本單位？
(A) 神經元　(B) 激活函數　(C) 池化層　(D) 全連接層。

(　　) 3. 下列何者不是卷積神經網路的基本單位？
(A) 激活函數　(B) 全連接層　(C) 繪圖處理器 (GPU)　(D) 池化層。

(　　) 4. 在知名的拍賣網上，買家希望能夠拍照上傳，找尋在拍賣網上相似的產品，請問這拍賣網會需要使用到下列何者技術？
(A) 使用 CNN 去做分類
(B) 使用 autoencoder 去抽取特徵，並做分類
(C) RNN
(D) 生成對抗網路中的生成器去產生產品的資料。

(　　) 5. 根據下圖，請配對下列順序：Sigmoid、Tanh、ReLU、Leaky ReLU、ELU。

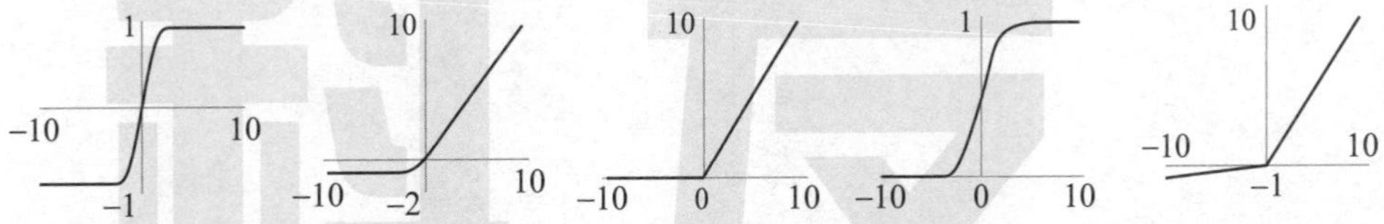

(a)　(b)　(c)　(d)　(e)

(A)(d)、(a)、(b)、(c)、(e)　(B)(a)、(d)、(c)、(e)、(b)
(C)(d)、(a)、(c)、(e)、(b)　(D)(a)、(d)、(c)、(b)、(e)。

習題演練

Chapter 5 常用深度學習訓練技巧

得分欄

班級：＿＿＿＿＿＿

學號：＿＿＿＿＿＿

姓名：＿＿＿＿＿＿

(　　) 1. 下列何者不是特別設計用來避免過擬合的做法？
(A) Dropout
(B) 批次標準化 (Batch Normalization)
(C) 增加模型參數
(D) 增加訓練資料集。

(　　) 2. 下列何者不是深度學習的訓練技巧？
(A) Dropout
(B) Early stopping
(C) Batch normalization
(D) Noise minimization。

(　　) 3. 使用正則化的主要原因？
(A) 改善準確度
(B) 避免過度擬合
(C) 降低訓練時間
(D) 以上皆非。

(　　) 4. 批次標準化 (Batch Normalization) 的優點爲何？
(A) 使模型訓練的收斂速度加快
(B) 可以規範化的輸入，支持更多的激活函數
(C) 可以降低權重初始化的值的分布所造成的影響
(D) 以上皆是。

(　　) 5. 下列何者色彩空間<u>不是</u>動態視訊影像處理之應用？

(A) YCbCr

(B) RGB

(C) CIE L*a*b*

(D) HSV。

(　　) 6. 下列對於色彩及其屬性的敘述何者較<u>不正確</u>？

(A) 亮度 (Brightness) 是一種明暗程度的視覺直覺感受，因此亮度的數值不會隨著光線的強弱而改變

(B) 色彩的飽和程度或純度稱作彩度；色彩的明暗程度稱作明度

(C) HSV 是一種 RGB 的色彩空間，HSV 分別代表色相、飽和度、明度，也稱作 HSB

(D) 色彩的對比是由於兩個或多個顏色受到彼此之間的影響，進而增強了原始的色彩屬性，同時產生了與單看某一色彩不一樣的視覺效果。

得分欄

班級：__________

學號：__________

姓名：__________

習題演練

Chapter 6 深度學習架構介紹

(　　) 1. 下列關於網路架構出現的先後順序，何者正確？

(A) VGGNet > LeNet > UNet > EffcientNet

(B) LeNet > VGGNet > UNet > EffcientNet

(C) UNet > EfficientNet > LeNet > VGGNet

(D) LeNet > UNet > VGGNet > EffcientNet。

(　　) 2. Google Research 在 2019 年提出的 EfficientNet 是針對下列哪三個元素進行調整？

(A) 網路深度、寬度 (通道數)、解析度

(B) 迭代數、樣本數、解析度

(C) 卷積核大小、網路深度、解析度

(D) 網路深度、樣本數、解析度。

(　　) 3. 下列關於 MobileNet 的敘述下列何者正確？

(A) MobileNet 可以在不降低太多準確度的情況下提高運算速度與降低計算量

(B) 在網路中有使用深度可分離卷積 (Depthwise Separable Convolution)，也是降低計算量的關鍵元素

(C) 深度可分離卷積 (Depthwise Separable Convolution) 即是深度卷積 (Depthwise Convolution) 與逐點卷積 (Pointwise Convolution) 的組合

(D) 以上皆是。

(　　) 4. 下列對於 VGGNet 的敘述何者<u>有誤</u>？

(A) 加深其網路層數可以提高網路的性能

(B) VGGNet 的缺點是參數量大，計算量大

(C) VGGNet 的網路結構較為複雜，採用了多種不同大小的卷積核尺寸與最大池化尺寸

(D) VGGNet 透過幾個小濾波器組合的卷積層會比大濾波器的卷積層好。

(　　) 5. 下列對於深度學習架構的敘述何者<u>有誤</u>？

(A) DenseNet 受到 Inception 與 ResNet 的啓發，藉由增加特徵流通性與降低網路的複雜度來解決隨著網路加深所造成的梯度消失問題

(B) ResNet-34、ResNet-50、ResNet-101 中的 34、50、101 代表的是網路架構層數的不同

(C) 全卷積網路的基本概念就是將全連接層替換成卷積層

(D) 以上皆非。

得分欄

班級：__________

學號：__________

姓名：__________

習題演練 Chapter 7 進階深度學習技術介紹

(　　) 1. 下列何者不是長短記憶模型 (LSTM) 所用到的閘門？

(A) 輸入閥 (Input Gate)　(B) 輸出閥 (Output Gate)

(C) 損失閥 (Loss Gate)　(D) 遺忘閥 (Forget Gate)。

(　　) 2. 關於生成對抗網路 (GAN) 的描述，下列何者錯誤？

(A) 可使用於非監督式學習情境

(B) GAN 並沒有計算損失 (Loss)

(C) 通常會有生成器與鑑別器兩者，進行對抗式訓練

(D) 在影像復原或是風格轉換有許多的應用。

(　　) 3. 下列何者沒有被使用在 Transformer 中？

(A) 卷積 (Convolution)

(B) 自注意力機制 (Self-Attention)

(C) 位置編碼 (Position Encoding)

(D) 多層感知器 (Multilayer Perceptron)。

(　　) 4. 關於 SENet 的敘述下列何者正確？

(A) 會對通道 (Channel) 方向的特徵各自乘上一個權重

(B) 承 (A) 選項，該權重是經過全域平均池化 (Global Average Pooling) 計算而得

(C) 當中有使用全連階層和激活函數

(D) 以上皆是。

得分欄

班級：＿＿＿＿＿＿

學號：＿＿＿＿＿＿

姓名：＿＿＿＿＿＿

習題演練

Chapter 8 基於影像的深度學習案例

(　　) 1. 關於直方圖均衡化的敘述下列何者正確？

(A) 透過拉伸影像像素的強度分布範圍來提升對比度

(B) 能在不改變整體對比度的情況下增強局部的對比

(C) 可使過度曝光或曝光不夠的影像顯示更多細節

(D) 以上皆是。

(　　) 2. 下列何者不屬於低階影像還原技術的範疇？

(A) 影像除雨

(B) 影像去雜訊

(C) 場景文字偵測與辨識

(D) 水下影像還原技術。

(　　) 3. 拜爾濾色鏡中何者顏色佔據最多單位，以及其原因？

(A) 紅色，因爲人眼對紅色比較敏感

(B) 綠色，因爲人眼對綠色比較敏感

(C) 黑色，因爲黑色的像素強度 (Intensity) 最低

(D) 白色，因爲白色的像素強度 (Intensity) 最高。